光纤陀螺旋转惯导系统误差抑制技术

查 峰 覃方君 常路宾 胡柏青 著

边少锋 主 审

军委科技委技术基础加强计划领域基金（2019-5CJQJJ037）
国家自然科学基金（61503404，42176195）资助出版

科学出版社

北 京

内 容 简 介

近年来，国内基于光纤陀螺的旋转惯导系统研究广受重视，并取得较大突破，其中基于光纤陀螺的旋转惯导系统的旋转策略、调制特性、误差补偿等系统技术研究引起了学者的广泛研究兴趣。本书以光纤陀螺及其旋转惯导系统为背景，从光纤陀螺误差特性分析与建模、旋转惯导系统传统误差源的调制特性分析与标定、旋转性误差的分析与抑制、不同旋转方案的误差特性、旋转惯导系统的误差校正等方面展开研究。本书系统分析光纤陀螺的误差特性，提出光纤陀螺的温度漂移补偿模型与随机误差的分析方法，系统梳理旋转惯导系统的误差传播理论，综合分析旋转惯导系统传统误差源的调制特性，提出旋转惯导系统的优化双轴旋转方案；并在此基础上，研究实现高精度旋转控制的算法；最后，从系统层面阐述无外信息源条件下，系统振荡性误差的阻尼校正与状态切换超调等误差抑制技术。

本书可作为高等院校导航、制导与控制，仪器科学与技术等相关专业本科、研究生的教学辅导教材，同时可作为航海、航天、航空等导航专业的厂、所、部队工程技术人员的参考书。

图书在版编目（CIP）数据

光纤陀螺旋转惯导系统误差抑制技术 / 查峰等著. —北京：科学出版社，2021.12

ISBN 978-7-03-071206-6

Ⅰ. ①光…　Ⅱ. ①查…　Ⅲ. ①光学陀螺仪-惯性导航系统-研究　Ⅳ. ①TN965

中国版本图书馆 CIP 数据核字（2021）第 269857 号

责任编辑：吉正霞 / 责任校对：高　嵘
责任印制：彭　超 / 封面设计：图阅盛世

科 学 出 版 社 出版
北京东黄城根北街 16 号
邮政编码：100717
http://www.sciencep.com
武汉首壹印务有限公司印刷
科学出版社发行　各地新华书店经销
*
2021 年 12 月第　一　版　开本：787×1092　1/16
2021 年 12 月第一次印刷　印张：11 1/2
字数：293 000

定价：92.00 元

（如有印装质量问题，我社负责调换）

前言 Foreword

海洋既是人类能源资源运输、经济活动往来的战略通道，也是蕴藏水产、矿产、能源等重大资源的宝藏，是国家可持续发展的宝贵财富，更是各国开展国防军事活动、支撑国家战略利益的角力场。21 世纪，人类进入了大规模开发利用海洋的时期。海洋在国际政治、经济、军事、科技竞争中的战略地位也明显上升。提高海洋资源开发能力，坚决维护国家海洋权益，建设海洋强国已纳入我国国家发展战略。随着人类认识海洋广度和深度的进一步深入，遥感、激光、声学、电子、生物等技术越来越多地应用到海洋开发和海军装备中。近年来，高精度传感、大数据、人工智能等高新技术的迅速发展催生了数字海洋和智慧海洋。

自主、高精度的水下定位与导航成为人类利用和开发海洋所要面临的首要问题之一，同时也是建设数字海洋和智慧海洋的前提和基础。由于卫星无线电信号入水衰减很快，难以实现定位，水下导航定位特别是深海导航定位，一直以来都是海洋资源开发、海军装备应用的技术瓶颈。目前，惯性导航是解决水下载体自主导航定位最主要的技术途径。惯性导航利用安装在载体上的惯性器件来测定载体运动参数，在给定的初始条件下根据牛顿运动定律来推算载体的速度、姿态和位置等运动信息，是一种完全自主的导航技术。惯导系统工作既不需要接收外界信息，也不会向外界辐射能量，其隐蔽性好，工作不受环境条件限制，因此在航天、航空和航海领域得到了广泛应用。但是，惯导系统有其天然的缺陷，因为在计算运动参数的过程中需进行相应的积分运算处理，系统误差在各误差源作用下随时间累积。提高惯导系统精度主要从两个方面展开：一方面要提高系统核心惯性器件（陀螺仪和加速度计）的精度水平，减小系统误差源；另一方面要利用系统技术对器件或系统误差进行估计和补偿，从算法上提升系统精度潜力。惯性技术属于国防科技的尖端领域，无论是器件工艺还是系统技术都受到国外技术封锁。惯性技术发展至今，受限于国内基础研究、技术工艺、器件水平等因素，器件精度短时间难以得到本质改善，因此采用系统技术进行误差补偿与抑制成为现阶段破除国外技术封锁、缩小与欧美技术差距的主要途径。

20 世纪 80 年代初，美国首先提出了旋转调制技术，用以补偿和抑制惯导系统的常值和慢变误差。这一技术优势迅速得到验证，很快被应用到美国海军装备中，极大地提升了美国海军的水下定位与导航能力。90 年代，采用旋转调制技术的惯导系统被北约选定为舰艇的标准导航装备，大量应用于水面舰艇和潜艇。当时，国内光纤陀螺尚未成熟，缺乏高可靠性、高动态的惯性器件，这一技术未能得到有效应用。21 世纪以来，国内光纤陀螺技术发展逐渐成熟，以光纤陀螺为核心器件的旋转调制技术迅速成为国内导航领域的研究热点。一方面，不同于机械转子陀螺，光纤陀螺为全固态结构，其误差的产生机理、影响因素、表现形式均呈现新的特点。另一方面，旋转惯导系统作为一种介于平台式惯导系统和捷联式惯导系统的中间形式，兼顾了平台式惯导系统和捷联式惯导系统的技术优势，同时由于加入了旋转机构，系统呈现出新的技术特点。作者在实际科研和学术工作中发现，虽然近年来光纤陀螺旋转惯导技术在国内得到广泛重视和快速发展，但是针对旋转惯性技术系统论述的专著相对较少。主要原因为：一方面，军工院所主要精力用在产品研发和技术攻关，针对理论的研究和提炼相对较少；另一方面，目前旋转惯导系统的研究大部分见于期刊和学位论文，主要针对具体问题或具体方案展开研讨和验证，未形成完善、系统的理论体系。

为此，我在从事了光纤陀螺及旋转惯导系统的技术研究后，决定撰写《光纤陀螺旋转惯导系统误差抑制技术》这部学术专著，希望能够在梳理、总结国内外光纤陀螺旋转惯导技术领域研究成果和经验的基础上，重点结合读博以来对该技术领域的认知和总结，就旋转惯导技术的误差建模、特性分析、旋转策略、旋转控制、综合校正等关键问题进行系统探讨和梳理总结。

本书以光纤陀螺及其构建的旋转惯导系统为背景，从器件和系统层次详细地阐述误差特性分析、算法建模与补偿、旋转控制实现、阻尼校正等技术。在内容组织上按照“先器件后系统、先理论后实践、先仿真后试验”的递进式逻辑，重点围绕目前旋转惯导系统的误差调制特性、旋转控制算法、综合阻尼校正等方面展开。本书第 1 章系统概述光纤陀螺及其惯性导航技术的发展历程、研究现状，以及目前的研究热点和前沿；第 2 章从器件层次阐述光纤陀螺常见的误差特性及其产生机理，分别提出针对随机误差和温度漂移的建模分析方法；第 3 章从旋转惯导系统的误差方程出发，详细、系统地推导旋转惯导系统的误差调制特性，建立较为完善的旋转惯导系统误差理论，并在此基础上提出一种新的双轴旋转惯导系统方案；第 4 章从系统实现角度重点阐述系统总体技术方案和误差标定方案；第 5 章针对旋转控制实现问题，研究常见的 PID、模糊控制等经典理论，提出模式自适应 PID 控制实现算法；第 6 章较为详细地分析惯导系统在进行阻尼校正过程中的问题，提出系统阻尼状态切换和误差抑制方法，为提升惯导系统精度提供技术途径。

本书是我就读博士阶段以来研究成果的系统梳理、总结和凝练。研究过程中，覃方君教授针对阻尼问题进行了深入分析，提出了状态切换与误差抑制技术的思路，常路宾副教授完成了本书部分算法的程序设计与实现，胡柏青教授对本书内容体系和组织结构进行了规划。同时，我在论文撰写和学术研究过程中有幸得到了冯培德院士、许厚泽院士的勉励和指导。本书撰写得到了海军工程大学李安、边少锋、许江宁、胡柏青等教授的支持和帮助。此外，我在撰写书稿过程中，与海军工程大学覃方君教授、常路宾副教授、何泓洋讲师等在该技术领域进行了多次研讨和交流，极大地拓展了技术视野和思路。在此，衷心感谢所有关心和帮助过我的专家和同行们！

本书阐述的旋转惯导系统技术可为导航、制导与控制、仪器科学与工程、光电信息工程等相关专业的本科生、研究生提供技术参考；同时，能够为惯性导航、组合导航等技术的研究人员提供技术参考。旋转惯性技术是近年来惯性技术研究的热点和前沿，有关的新理论和新方法也在不断迭代和更新。本书是系统梳理、完善旋转惯性技术理论体系的一种尝试和探索，在促进该技术领域的学术成果交流和推广的同时，我们也清楚地认识到，限于水平，书中难免存在疏漏，敬请广大读者和同行提出宝贵意见，以便本书不断完善和提高。

查 峰

2021 年 9 月 28 日于武汉

目录 Contents

第1章

绪　论

本章主要对旋转惯性导航（简称惯导）系统的发展和研究现状进行概述。首先，分别从国内和国外两个角度阐述光纤陀螺仪（简称光纤陀螺）的发展历程。然后，在此基础上，引出以美国为重点的光纤陀螺旋转惯导系统的研究现状。最后，重点从惯性器件误差分析与建模、系统误差参数的标定方法研究、系统误差分析与建模、系统误差补偿与校正四个方面分析现在旋转惯导技术的主要理论、研究方向及进展，并对本书的主要工作进行概述。

惯导技术利用安装在载体上的惯性器件来测定载体相对于惯性空间的线运动和角运动参数，在给定的初始条件下根据牛顿（Newton）运动定律及测定的运动参数来推算载体的速度、姿态和位置等运动信息，是一种完全自主的导航技术[1]。惯导系统工作既不需要接收外界信息，也不会向外界辐射能量，其隐蔽性好，工作不受环境条件限制。因此，惯导系统在航天、航空和航海领域得到了广泛应用。

惯导系统利用陀螺仪和加速度计输出进行导航解算，需进行相应的积分运算和处理，积分过程使得系统误差在各误差源作用下随时间振荡或累积[2]，从而制约系统精度。不同的应用领域和工作环境对惯导系统的精度要求也不相同。应用于航空、航天领域的惯导系统，导航时间较短，同时容易获得其他导航信息进行融合实现组合导航，因此对系统的纯惯性精度要求相对宽松，但载体空间小、高动态的特点对惯导系统的可靠性、体积和质量要求高。而应用于航海领域的惯导系统，其工作时间长（一般为几天甚至十几天），工作环境受限（水下载体无法接收外界信息），因此对系统的纯惯性精度要求极高。

按系统结构和工程实现形式不同，惯导系统分为平台式和捷联式两种。平台式惯导系统精度高，器件动态条件小，但成本高，结构复杂。捷联式惯导系统组成简单，可靠性好，但精度低，器件工作环境恶劣[3]。军用惯导系统 1984 年以前全部为平台式惯导系统。捷联式惯导系统的发展滞后主要原因在于：系统对惯性器件的动态范围和精度要求高，系统计算量大。光纤陀螺的成熟极大地推动了捷联式惯导系统的发展，同时，计算机技术的发展解除了计算的限制。光纤陀螺具有可靠性高、动态范围广、启动迅速、标度因数稳定性好等一系列优点，特别适合应用于捷联式惯导系统。因此，光纤陀螺惯导系统迅速成为各国研究的重点。1994 年，美国海军惯导系统 90%以上采用捷联式结构。

目前，我国已有多种激光陀螺捷联式惯导系统成功应用于航空领域，但就光纤陀螺自身精度而言，仍难以满足高精度长航时舰船惯导系统应用需求。因此，如何提高惯导系统长航时的系统精度已经成为我国海军船用惯导系统研究面临的突出问题。基于旋转调制技术的船用激光陀螺惯导技术在近几年受到国内重视，多家单位相继研制了系统原理样机，部分系统进行了湖试、海试试验[4]。由于在现有技术条件下的精度优势，目前国内的船用旋转惯导系统样机均采用激光陀螺作为角速率敏感器件。不同于激光陀螺，光纤陀螺利用光纤环代替激光谐振腔，通过增加光纤环的匝数来提高光的传播路程，同时用检测光传播的相位差代替频率差。从原理上讲，光纤陀螺因增加了光路传播长度而更具精度潜力。同时，光纤陀螺全固态、高可靠性的优势使得其非常适用于旋转惯导系统，光纤陀螺旋转惯导系统有可能成为满足我国海军长航时、高精度导航定位需求的主要技术途径，因此成为目前国内外惯性技术研究的前沿和热点方向。

1.1 光纤陀螺的发展历程

1913 年，法国人萨奈克（Sagnac）发现了萨奈克效应[5]，由此奠定了光纤陀螺的理论基础[6]。

20 世纪 60 年代，激光技术的出现使得光纤陀螺的研究突飞猛进[7]。1963 年，Macek 等[8]首次提出了环形激光陀螺的概念。1975 年，Vali 等[9]首次提出了光纤陀螺的构想。1976 年，美国犹他州立大学采用分立元件制成了世界上第一台光纤陀螺，其分辨率为 2°/s。光纤陀螺构想的提出到工程实践存在着一系列的技术困难，Pavlath[10]对此进行了详述。1980 年，Bergh 等研制出了第一台全光纤陀螺试验样机，成为光纤陀螺迈向实用化的标志。

目前，具有光纤陀螺研制和生产能力的国家有美国、法国、德国、英国、俄罗斯、日本等。我国对光纤陀螺的研究起步较晚，但近年来也取得了一些可喜的成绩。

1.1.1 国外光纤陀螺的研究

目前，美国具有光纤陀螺研制的最高水平，研制单位中最具代表的有 Honeywell、Northrop Grumman、Macdonald Douglas 等公司。

Honeywell 公司是光纤陀螺最主要的研发单位，其研制过程很大程度上代表了光纤陀螺的发展历程：1986 年开始研制战术级陀螺，1991 年产品精度达到要求；1989 年开始研制导航级保偏陀螺，1994 年获得成功，精度达到 0.001 °/s，随机游走系数为 0.000 2 $°/\sqrt{h}$；随后研制高精度保偏陀螺，1997 年产品精度达到 0.000 2 °/h，随机游走系数为 0.000 1 $°/\sqrt{h}$；1993 年开始研制消偏陀螺，1996 年达到导航级精度；1998 年开始研制高精度消偏陀螺，精度达到 0.001 °/h，随机游走系数为 0.000 09 $°/\sqrt{h}$ [11]。

20 世纪 90 年代，Honeywell 为美国军方干涉型光纤陀螺（interferometric fiber optic gyroscope，IFOG）计划（该计划旨在用光纤陀螺替代静电陀螺应用于战略核潜艇）研制了 ADM I 和 ADM II 两种高精度光纤陀螺[12]。ADM I 的随机游走系数达到了 0.000 3 $°/\sqrt{h}$。ADM II（图 1.1）为 ADM I 的改进型，预期目标为进一步降低随机游走系数，提高器件精度。文献[10]～[13]报道了该陀螺的研制情况。

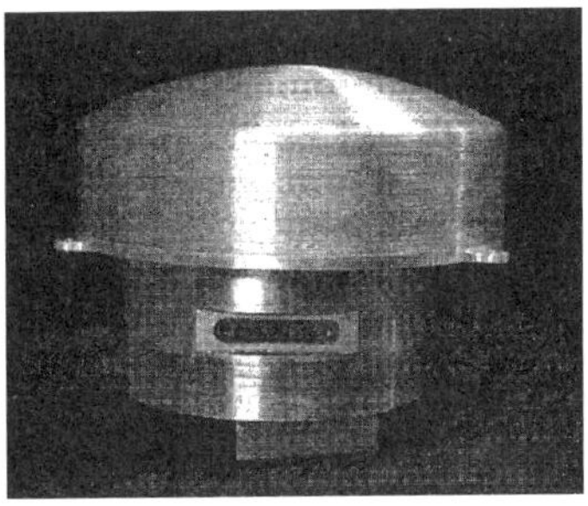

图 1.1 ADM II 光纤陀螺

2016 年，Honeywell 公司研制出新一代参考级光纤陀螺原理样机，并将参考级陀螺精度定义为陀螺零偏小于 0.000 1 °/h，随机游走系数小于 0.000 05 $°/\sqrt{h}$。该陀螺仪主要应用于地球相关科学的探测与研究。图 1.2 给出了该陀螺仪 1 个月的测试数据的阿伦（Allan）方差分析结果：在 1 个月的数据测试中，未补偿的零偏不稳定性小于 0.000 03 °/h，而随机游走系数约为 0.000 016 $°/\sqrt{h}$。Honeywell 公司认为该陀螺达到了原子陀螺的随机游走系数，且具有很好的体积和工程化优势，还具有与目前最高精度的半球谐振陀螺相当的零偏不稳定性和角度白噪声水平。

Honeywell 公司在光纤陀螺上的优势主要基于以下技术：①光纤长度可达到 2～4 km，大功率光源保证了波长稳定性和低噪声；②利用反馈回路减少了光线光源输出光的相对强度；③采用“双斜坡”反馈方案，保证了刻度系数线性度和最大动态范围；④合理的误差抑制调制技术[14-18]。

法国光纤陀螺的研究也一直走在世界的前列，其最具代表性的研发单位为 Sextant、Sagem 和 Ixsea 公司。

20 世纪 70 年代后期，Herve Ardittry 和 Herve Lefevere[19-22]发表了许多关于光纤陀螺的论文，促进了光纤陀螺技术的发展成熟。80 年代后期，Photonetics 公司取得了技术上的重大突破，

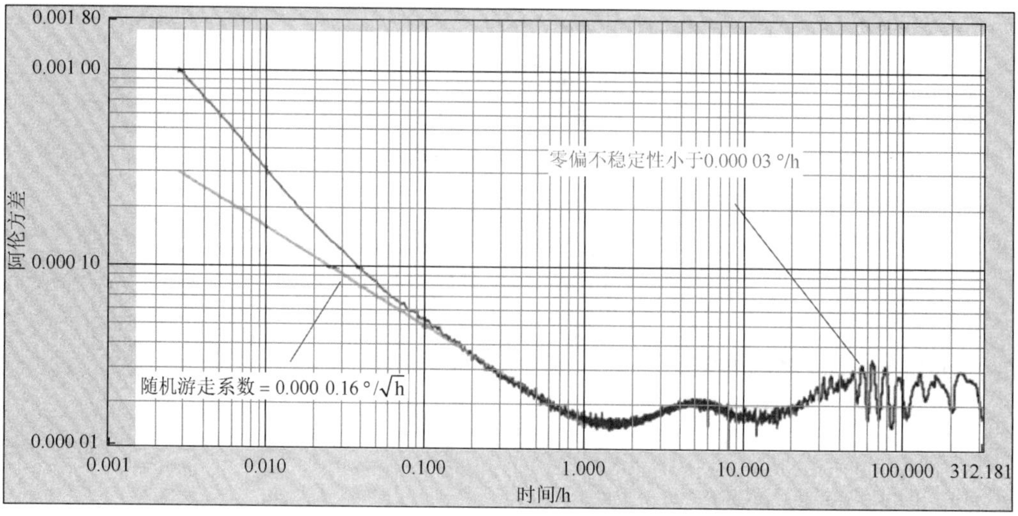

图 1.2 参考级陀螺仪的阿伦方差曲线（1 个月）

提出的“全数字”概念为高性能的光纤陀螺研制提供了先决条件。90 年代初，无制冷、波长稳定的光纤光源的出现使得产品精度进一步提高。到 20 世纪末，Photonetics 公司对外公布的量产产品的精度达到了 0.05 °/h 。据文献[23]介绍，该公司为了配合 NASA 的 Sofia 计划，于 1997 年底研制了 4 只精度为0.000 22 °/h 的光纤陀螺产品。

另外，德国、意大利、俄罗斯、日本也是光纤陀螺研究和生产的大国。俄罗斯的 VG 系列光纤陀螺应用广泛。VG951 和 VG910 两种型号的产品已成功应用于捷联式惯性/卫星组合导航与定位系统和陀螺仪水平罗经。日本的中、低精度光纤陀螺在实用化、民用化方面卓有成效。

1.1.2 国内光纤陀螺的研究

我国在 20 世纪 90 年代开始了光纤陀螺的研究。目前，中国航天科工集团公司第三研究院第三十三所（简称三院 33 所）、中国航天科工集团公司第九研究院第十三研究所（简称九院 13 所）、中国航空工业集团有限公司西安飞行自动控制研究所（简称 618 所）、中国航天科工集团公司第八研究所（简称 8 所）、浙江大学、北京交通大学、北京航空航天大学等单位都相继开展了光纤陀螺的研制工作[24-25]。

“九五”期间，清华大学开展了光波导陀螺的研究，提出了将敏感线圈改为光纤敏感环，使双向光束在敏感环中循环传播，以减小光纤长度，这种光纤陀螺被称为循环干涉型光纤陀螺。这一改进减小了光纤敏感线圈在结构和绕制等方面的难度，降低了光纤陀螺的成本。浙江大学和 Honeywell 公司几乎同时发现，应用消偏技术能够提高光纤陀螺精度[26-28]。北京航空航天大学在光纤陀螺研究方面较有成效，具备了从 0.5 °/h 到 0.01 °/h 不同精度的光纤陀螺的量产能力。2009 年后，北京航空航天大学与 618 所进行合作以研制更高精度的产品。另外，三院 33 所研制的光纤陀螺已成功应用于罗经系统。除上述研制单位外，在公开信息中难以了解其他单位的研究状况。由于光学器件、制造工艺、测控技术等方面的差距，我国光纤陀螺的研制水平和生产能力离欧美国家还有较大距离。

1.2 旋转惯导系统的发展

捷联式惯导系统对惯性器件精度要求高，系统长时间导航精度有限。为提高系统在有限器件精度下的性能，有研究人员[29-31]提出了在捷联式惯导系统的基础上，对系统惯性测量单元（inertial measurement unit，IMU）进行周期性旋转以调制系统和器件误差，提升系统精度，从而出现了旋转惯导系统的概念。目前，关于此类系统的表述不一，有称旋转惯导系统、旋转调制式惯导系统、旋转式惯导系统、旋转调制式捷联惯导系统等。为规范表述，本书统一称旋转惯导系统。相对于平台式惯导系统，旋转惯导系统组成简单、可靠性高、成本低；相对于捷联式惯导系统，在器件水平相当的情况下旋转惯导系统精度明显提高。

1.2.1 美国旋转惯导系统的研究

Levinson 等[32-33]在讨论激光陀螺长航时的精度潜力问题时提出了旋转调制思想。随后，Sperry 公司利用激光陀螺研制了单轴旋转惯导系统。与此同时，Honeywell 公司采用双轴转位方案研制了 SLN 舰用激光陀螺导航仪。Rockwell 公司研制了一种惯性组件绕舰船龙骨轴连续旋转的激光陀螺惯导系统，并于 1985 年进行了海上试验和鉴定。随后，美国对旋转惯导系统的研究发展迅速，至今已经研制出 WSN-5L、SLN、MARLIN、MK39、MK49、AN/WSN-7A、AN/WSN-7B 等高精度系统，并分别成功装备海军水面舰艇和潜艇。系统应用单轴或双轴旋转技术后导航精度明显提高。

20 世纪 90 年代后期，Sperry 公司将单轴旋转调制方案引入捷联式 MK39 惯导系统，研制出 MK39 Mod3C（图 1.3），系统位置精度达到了1 nmile/24 h [34]。而后，又研制了采用双轴旋转的 MK49 系统。根据文献[35]报道，系统航向误差为 0.75′（95%CEP①），横摇误差为 0.72′（95%CEP），纵摇误差为 0.6′（95%CEP），系统无故障时间达到了 14 400 h。

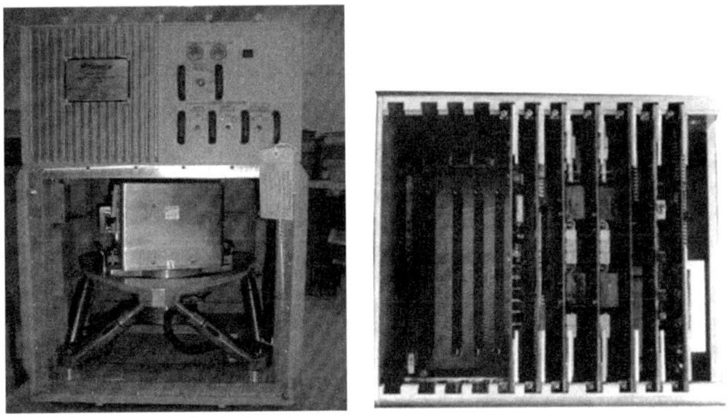

图 1.3 MK39 Mod3C 系统结构

而后，在 MK39 Mod3C 的基础上又发展了 AN/WSN-7B 系统，系统采用 Honeywell 公司的 GG1320 激光陀螺和单轴旋转方案，重调周期为 24 h[36]；在 MK49 的基础之上发展了 AN/WSN-7A

① circnlar error probable，圆概率误差。

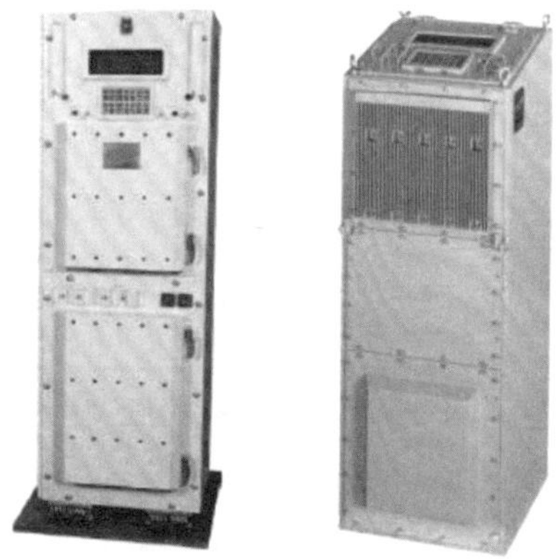

图 1.4　AN/WSN-7A 和 AN/WSN-7B 系统

系统[37]，如图 1.4 所示。系统采用双轴旋转方案，IMU 定期绕横摇轴和方位轴进行 180°翻转，用来消除陀螺漂移及其他误差源，转位机构还用来对系统进行自校准、隔离外界的横摇和方位运动等，系统全自主条件下能够提供 14 天的导航能力。

由于系统精度显著提高，20 世纪 90 年代开始，美国的旋转惯导系统系列迅速取代原有的船用惯导系统，成为多国海军舰船和潜艇的主要导航装备[37-38]。

20 世纪 90 年代，美国海军开始执行 IFOG 计划，旨在利用高精度光纤陀螺导航仪取代静电陀螺惯导系统[39-40]。该系统包括一个三轴稳定平台，三轴稳定平台由元件安装底座、内环框架、外环框架水冷外壳组成。框架构成可隔离舰船运动的影响。此外，系统采用了旋转调制等四项系统技术来提高系统导航精度[41-42]。1998 年，电气和电子工程师协会（Institute of Electrical and Electronics Engineers，IEEE）定位与导航会议上报道了该系统的应用情况，指出了其成本是静电陀螺的十分之一，而可靠性可达到 300 000 h。由于军事保密等因素，系统精度未公开。

1.2.2　国内旋转惯导系统的研究

近年来，国内光纤陀螺旋转惯导系统的研究受到了广泛重视。北京航空航天大学、航天时代电子技术股份有限公司、国防科技大学、618 所、三院 33 所、中国船舶重工集团有限公司第七〇七研究所（简称 707 所）、中国船舶重工集团有限公司第七一七研究所（简称 717 所）等都进行了相关的研究工作，并取得了显著成效。

北京航空航天大学双单元体的单轴旋转惯导系统样机，与 618 所联合研制了国内第一套双轴旋转的激光陀螺捷联式惯导系统（图 1.5），并与中国人民解放军海军工程大学合作完成了海试，取得了理想效果。国防科技大学研制了一种单轴旋转的激光陀螺惯导系统样机（图 1.6），并进行了相应的湖试和海试，系统试验情况及精度在文献[4]中有所提及。为促进激光陀螺旋转惯导系统的生产、定型，相关部门组织开展了高精度激光陀螺旋转惯导系统的试验工作。目前，国内的优势单位，如 707 所、717 所、三院 33 所、中国船舶集团有限公司四四二厂（简称 442 厂）、中国船舶集团有限公司三六八厂（简称 368 厂）等参加了系统测试和试验。作者所在课题组也参与了其中的试验方案设计和精度评定等工作。

目前，国内的旋转惯导系统均采用激光陀螺。有关光纤陀螺旋转惯导系统的研究都处在理论研究和试验阶段。哈尔滨工程大学、707 所均研制了光纤陀螺捷联航姿系统。三院 33 所利用自身研制的光纤陀螺研制了高精度的姿态系统，系统可采用罗经和惯导两种编排方式。同时，着眼于光纤陀螺的精度潜力和应用需求，北京航空航天大学与作者课题组都展开了单轴光纤陀螺旋转惯导系统的研究，并进行了深入合作。北京航空航天大学在进行系统研制的同时，在系统硬件、电路等方面给予课题组技术支持，课题组完成对系统的误差分析与标定、导航解算、系统误差校正等方面的研究工作。

图 1.5 双轴旋转激光惯导系统

图 1.6 单轴旋转激光惯导系统

1.3 旋转惯导系统的误差研究

捷联式惯导系统通过基座固连于载体，其主要的误差源有器件误差、安装误差、初始条件误差、运动干扰、计算误差等。这些误差中，占主导地位的是器件误差和安装误差[43]。因此，对于器件误差和安装误差的研究成为惯导系统误差分析与抑制的重点方向。

旋转惯导系统通过电机驱动 IMU 在系统基座内按一定规律旋转，改变了测量坐标系与载体坐标系的相对关系。这将从两方面给系统带来影响：第一，各误差源在系统内的传播规律和误差特性发生改变；第二，IMU 旋转将带入旋转轴安装、旋转控制等额外误差。因此，误差分析与抑制技术成为系统研究的理论热点，许多团队和学者对此进行了相关研究。这些研究概括起来主要集中在：①惯性器件误差分析与建模；②系统误差参数的标定；③系统误差分析与建模；④系统误差补偿与校正。

惯导技术主要应用于国防科技领域，国外技术封锁严密，大多数文献资料未能涉及技术细节和解决措施。下面概述国内在系统误差分析与抑制方面的研究情况。

1.3.1 惯性器件误差分析与建模

光纤陀螺的输出误差主要包括两方面：一是噪声，二是漂移。前者决定了光纤陀螺的最小可检测相移，即最终精度；后者表征了陀螺输出信号的长期稳定性。对于应用于长航时的惯导系统而言，光纤陀螺的漂移是决定系统精度的最重要因素[44]。

光纤陀螺的温度漂移是影响其长期稳定性的重要因素。目前，工程上抑制光纤陀螺温度漂移主要有两种途径[45]：合理的内部温控使光纤陀螺工作在相对稳定的温度环境内，减少陀螺输出漂移；利用温度传感器测量光纤陀螺的环境温度，通过建立陀螺温度漂移的数学模型用软件实现温度漂移的补偿。

美国 IFOG 计划的负责人认为，有限数量的传感器很难完全描述陀螺仪的环境特征，因此通过测量温度进行补偿的方法不能获得高精度。在其新一代高精度光纤陀螺导航仪中采用了基于球形框架的热传导式（或传导-对流混合式）温控技术，同时系统根据球形框架进行连续旋转，对系统温控产生了更为优越的效果[46-50]。但是，这种球形结构极为复杂，增加了系统成本和控制难度，因此主要针对高精度光纤陀螺。针对目前国内光纤陀螺的精度水平和应用背景，对温度漂移的研究主要从建立温度与陀螺输出的模型出发，在不增加成本的基础上，通过合理的算法补偿，抑制温度变化对陀螺输出的影响。文献[51]推导了单输入单输出系统的一阶受控马尔可夫（Markov）链与差分方程的关系，并在此基础上建立了光纤陀螺的温度模型；但是该方法只考虑了温度变化率，未考虑温度对陀螺漂移的影响。相关研究人员[52-53]考虑了温度、温度变化率对零偏和刻度系数误差的影响，利用逐步回归法建立了零偏误差和刻度系数误差的多元线性回归模型。由于诸多因素的影响，光纤陀螺的温度和漂移呈现出非线性的特点，模型拟合精度有限。

文献[54]提出了利用径向基函数（radial basis function，RBF）神经网络对光纤陀螺进行温度补偿的模型，根据光纤陀螺的温度误差分布情况设计了刻度系数误差和漂移联合补偿的方案，将基于多尺度分析的噪声和趋势项分离算法应用于建模数据预处理，以提高数据建模的准确性，并利用测试数据建立了 RBF 神经网络模型。文献[55]推导了径向基神经网络（radical basis function neural network，RBFNN）中隐含层神经元、网络的抗噪声性能与拟合精度三者之间的关系，并在此基础上提出了一种新的 RBF 神经网络辨识学习规则。该方法具有很强的抗噪声性能，网络输出不会被陀螺噪声所污染，同时能动态地确定神经元数，辨识精度高，有效地避免了传统 RBF 网络学习算法中事先固定网络结构可能存在的盲目性。李家垒等[56-57]提出了采用经典小波网络进行零偏温度建模的方案，并研究了一种基于动量变步长梯度下降法，提高了网络的收敛速率和拟合精度。在小波神经网络中，小波基的选取对网络性能影响较大。

对光纤陀螺随机噪声的研究有助于分析惯性器件精度及其对系统的影响。目前，关于光纤陀螺随机噪声主要采用阿伦方差分析。Tehrani[58]第一次将阿伦方差应用到激光陀螺的随机噪声分析中，随后得到了广泛应用。处理系统长时间的频率稳定性问题还有总方差，#1 理论方差等方法[59-60]，但总方差计算时两端数据的延伸超过实际测量的时间长度，不能真实反映被测系统的性能。利用#1 理论方差分析，除随机游走系数外，其他噪声项标准差相对于阿伦方差存在偏差。因此，阿伦方差成为 IEEE 推荐的陀螺噪声过程特性分析方法。在阿伦方差分析中，因为噪声特点、拟合模型等因素影响导致其系数拟合误差较大。文献[61]提出了采用分段阿伦方差的方法进行光纤陀螺误差分析。同时，张梅等[62-63]在激光陀螺的随机噪声分析中认为阿伦方差各噪声项的功率谱不合理而导致拟合系数为负，并基于噪声为阻尼振荡的假设，提出了利用经典方差进行激光陀螺的误差分析，且通过大量实验验证了方法的有效性。该方法的前提是陀螺噪声中不快不慢类噪声可以忽略。

1.3.2 系统误差参数的标定

标定技术按其观测量不同可以分为分立式标定和系统级标定[64]。分立式标定直接利用陀螺和加速度计的输出辨识出各误差参数；系统级标定利用惯导系统导航输出误差作为观测量辨识各误差参数。对于旋转惯导系统，由于其误差源受到旋转调制，通过导航输出误差难以估计出其器件和系统误差。系统一般采用分立式标定，传统的分立式标定一般采用角速率实验和多位置实验。

目前，对于分立式标定的研究主要从简化误差模型和测试程序，以减少标定时间和改进测试编排减小标定对水平和北向基准的要求，以及增强环境适应性两方面入手。文献[65]提出了一种 IMU 的 6 位置 24 点无定向静态标定方法，实现了 IMU 在无定向情况下的标定，其精度改善主要针对机械转子陀螺的重力有关误差项。文献[66]提出了利用加速度输出来确定 IMU 北向的标定方法，其北向基准精度受加速度计精度限制。文献[67]提出了利用 6 位置正反转旋转消除不对北误差和地球角速度水平分量的影响；但是转动过程会对重力加速度造成干扰，影响加速度计的标定精度。文献[68]提出了一种激光陀螺惯性组件的 6 位置无定向标定方法，缩短了测试时间；但是其简化了激光陀螺的误差模型，未标定出刻度系数和安装误差项。文献[69]将动态角速率实验方法与静态多位置实验方法结合起来，提出了动静混合高精度标定方法，大大提高了标定的准确度，但该方法需要 IMU 精确定向。

1.3.3 系统误差分析与建模

旋转惯导系统因系统旋转改变了惯性器件测量坐标系与机体坐标系的关系，因此其误差特性较为复杂，且与旋转方案有关。目前，系统误差特性研究成为旋转惯导系统技术的研究热点。

文献[70]～[71]从一般捷联式惯导系统的误差方程出发，根据旋转坐标系与载体坐标系的关系，类推了旋转惯导系统的误差传递方程。文献[72]～[73]以陀螺常值漂移为例分析了不同旋转方案对系统误差的调制效果，并进行了相应的仿真。文献[74]基于线性时变模型推导了仅在陀螺漂移作用下的单轴旋转系统导航误差表达式。文献[75]在此基础上，指出了因 IMU 旋转转速与刻度系数相耦合而使得系统精度受转速影响，并对不同转速下刻度系数引起的误差进行了仿真。文献[76]以激光陀螺旋转系统为对象较为全面地分析了旋转对误差的抵消和调制原理，其分析基于位置和方向对消的定性分析，并在此基础上，分别针对单轴和双轴旋转方案提出了一种改进的 4 位置单轴旋转和双轴 16 位置转停方案，相对于传统方案取得了较好的误差抑制效果。

上述研究都集中于传统的误差源在旋转惯导系统的误差特性和传播规律。对因旋转造成的误差未进行深入讨论。在实际系统中，由于安装精度、轴间间隙、旋转控制精度等因素的影响，系统在旋转过程中会产生误差，该误差会在一定程度上影响系统精度。

1.3.4 系统误差补偿与校正

旋转调制技术可以抑制惯导系统误差，但并不能完全消除各误差源对系统的影响。在剩余误差作用下系统误差仍会随时间振荡或累积。文献[2]和文献[77]研究了舰船平台式惯导系统的阻尼校正问题，利用试探法设计了惯导系统的水平阻尼和方位阻尼网络，有效抑制了系统振荡误差。但试探法建立在尝试和经验判断的基础上，设计效率不高且设计人员不能预知网络的预期效果。文献[78]利用两台惯导系统的速度、位置、加速度差值反馈到舒拉回路（Shura loop）形成阻尼网络，有效提高了系统精度。该方法的实现需要两套惯导系统，应用受限。文献[79]～[80]研究了平台式惯导系统阻尼网络的自适应控制，提出了利用外速度信息与系统信息误差来改变阻尼系数的自适应算法。对于水下载体，高精度的外速度信息获得相对困难。文献[81]～[82]对平台式惯导系统的校正和超调进行了研究，提出了利用外速度补偿减小超调误差，利用多阻尼比网络减小载体机动对系统的影响，取得了较好的效果。文献[83]～[84]将平台式惯导系统的阻尼思想引入捷联式航姿系统中，并设计了三阶水平内阻尼网络；为减小载体加速度对系统的影响，提出了利用三轴加速度计输出信息模糊判断系统是否进入阻尼工作方式。在此基础上，文献[85]～[86]设计了模糊自适应滤波器，提出了利用加速度计输出信息大小改变量测方差阵以抑制滤波器发散。该方法忽略了加速度和速度误差对姿态的影响，使得观测量存在误差，同时未考虑系统误差角较大情况下状态方程的非线性。

1.4 本书内容概述

本书以单轴旋转光纤惯导系统研究为背景[87]，从光纤陀螺的误差分析与补偿、系统误差源调制特性分析与标定、旋转性误差分析与抑制、系统校正等方面开展工作，主要研究归结如下。

（1）光纤陀螺误差特性分析与建模。针对光纤陀螺温度漂移非线性、多因素影响的特点，建立一种基于迭代无味卡尔曼滤波（iterated unscented Kalman filter，IUKF）训练算法的温度漂移神经网络模型，实现了温度漂移的补偿。实验室条件下常温、升温和降温测试试验的建模结果表明，该模型精度优于反向传播（back propagation，BP）算法神经网络模型；分别利用阿伦方差和经典方差对光纤陀螺随机误差进行分析，指出两种方法在光纤陀螺分析中的前提与不足，给出合理解释，并进行仿真和试验验证。在此基础上，提出正弦噪声项较小条件下，基于混合分段的光纤陀螺随机误差分析方法，有效估计出各项噪声系数[88-97]。

（2）旋转惯导系统误差源调制特性分析与标定。从旋转惯导系统的误差方程出发，综合考虑地球自转、系统旋转、载体运动的耦合效应，详细推导器件常值漂移、随机漂移、刻度系数误差、安装误差等误差源在单轴、双轴等不同旋转方案下的传播规律，通过仿真验证理论分析。立足于国内光纤陀螺器件水平，构建单轴旋转光纤惯导系统，针对器件常值漂移、随机漂移、刻度系数误差、安装误差等传统误差，基于实验室高精度双轴速率转台进行无北向基准条件下的误差标定[98-114]。

（3）旋转惯导系统旋转性误差分析与抑制。从理论上分析因旋转引入的旋转轴不正交、测角误差、换向超调误差、转速稳态误差等旋转性误差对系统的影响。针对该类误差难以标定的特点，通过快速、准确的旋转电机控制算法进行抑制。面向工程应用，提出一种基于反向衰减电压与 PID 混合控制的旋转控制算法，并进行算法仿真和实际控制实验；面向系统适应性和抗干扰性，研究一种模糊自适应 PID 控制算法，进行仿真验证。仿真和试验结果分别验证了两种算法的有效性和优势[115-119]。

（4）无外信息源条件下系统振荡性误差的校正技术。针对传统的阻尼校正，在系统单通道水平回路建模的基础上提出一种解析式的阻尼网络设计方法，从理论上分析阻尼对系统的影响。针对系统无阻尼到阻尼切换过程中的误差超调现象，从改变阻尼形式出发，提出一种渐进改变阻尼网络参数的状态切换方法，在抑制舒拉振荡误差的同时有效抑制阻尼状态直接切换时的超调误差。同时，针对传统阻尼校正网络结构复杂、参数固定的缺陷，从简化网络结构出发，设计一种基于比例环节的阻尼校正算法，仿真和实测数据的离线试验验证算法的有效性。该算法结构简单，易于调整参数，为后续根据载体机动状态进行模糊自适应阻尼校正技术研究提供了重要的技术途径[120-123]。

第 2 章

光纤陀螺误差分析与补偿

本章将从光纤陀螺的温度漂移和随机噪声两大误差源出发，分别研究其误差分析与补偿办法。针对光纤陀螺的温度漂移多因素影响、非线性的特点，建立一种基于 IUKF 学习训练算法的神经网络模型。根据神经网络模型，建立网络权值和阈值的状态方程和观测方程，利用 IUKF 算法实现其权值和阈值的估计和更新，提高网络模型精度。在实验室条件下，进行光纤陀螺的常温、升温和降温测试。利用测试数据进行温度漂移建模，结果表明基于 IUKF 算法的神经网络模型精度比 BP 网络提高 1 倍。针对光纤陀螺随机噪声的特点，指出利用阿伦方差分析和基于阻尼振荡的经典方差分析时遇到的问题和矛盾，深入研究和分析出现矛盾的原因，得到仿真和实际验证。并在此基础上，提出一种基于混合重叠分段的阿伦方差分析办法，减小因单一分段和总体拟合带来的拟合误差。通过对测试数据的分析，得到在其他噪声较小前提下的传统五项噪声的系数。

光纤陀螺的工作原理决定了它具有一系列机械陀螺不可比拟的优势。同时，光在光纤环中传播易受散射、偏振、温度、磁场等环境因素影响产生输出误差。输出误差主要表现在噪声和漂移两个方面。噪声大小决定了光纤陀螺的最小可检测相移即最终精度，漂移表征了陀螺输出的长期稳定性。本章将从光纤陀螺的特点出发，针对温度变化引起的陀螺漂移，通过建立光纤陀螺准确、有效的模型对其进行补偿；针对随机噪声，找到客观、合理的分析和评价方法。

2.1 光纤陀螺简介

2.1.1 萨奈克效应

光纤陀螺的理论基础是萨奈克效应[124]，即沿着同一圆周路径反向传播的两束光在光源和路径发生旋转时将经过不同的行进路程而产生相位差。

现简述环形光路的萨奈克效应，图 2.1 为环形光路（N 匝环路）。假定光学环路的半径为 R，旋转角速率为 ω，光速为 c，则光学环路上任意一点的切向速率为 $R\omega$。静止时，光波经过光路的传输时间 t_0 为

$$t_0 = \frac{N \cdot 2\pi R}{c} \tag{2.1.1}$$

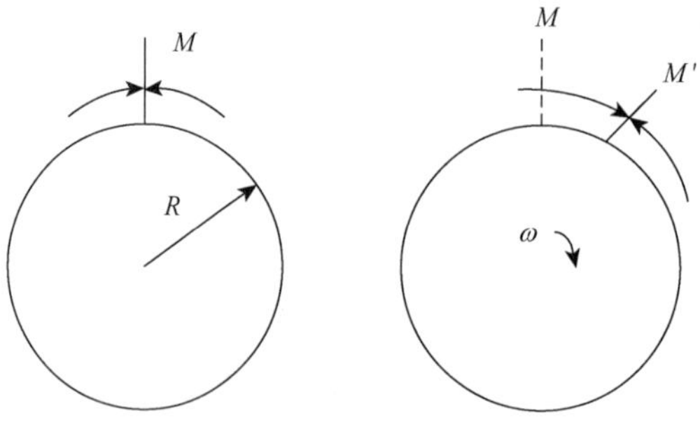

图 2.1 环形光路的萨奈克效应

由于光环相对于惯性空间旋转，光波在闭合光路内传播 N 匝又回到出射点时，出射点从 M

移动至 M'。为分析方便，假定光的传播路程不变，顺时针的传播速率减小而逆时针的传播速率增加，则得到沿顺时针和逆时针的传播速率 C_s 和 C_n 分别为

$$C_s = c - R\omega, \qquad C_n = c + R\omega \tag{2.1.2}$$

对应的传播时间 t_s 和 t_n 分别为

$$t_s = \frac{N \cdot 2\pi R}{C_s} = \frac{N \cdot 2\pi R}{c - R\omega}, \qquad t_n = \frac{N \cdot 2\pi R}{C_n} = \frac{N \cdot 2\pi R}{c + R\omega} \tag{2.1.3}$$

沿顺时针与逆时针传播的光波之间的相位差为 $\Delta\phi$，由于 $c^2 \gg (\omega R)^2$，$\Delta\phi$ 可简化为

$$\Delta\phi = \frac{2\pi c}{\lambda}(t_s - t_n) = \frac{2\pi c}{\lambda}\frac{N \cdot 2\pi R \cdot 2\omega R}{c^2 - (\omega R)^2} \approx \frac{8\pi A}{\lambda c}\omega = \frac{4\pi RL}{\lambda c}\omega \tag{2.1.4}$$

式中：L 为光路长度；λ 为光波长；$A = N \cdot \pi R^2$ 为闭合光路的总面积。式（2.1.4）表述了光的相位差与光路旋转角速率的关系，通过检测相位差即可得到光路的旋转角速率。

2.1.2　光纤陀螺的原理及特点

光纤陀螺的工作原理基于上述萨奈克效应。如图 2.2 所示，光纤陀螺主要由激光器、光纤、分光镜、探测器，以及相应光学调制器等组成。

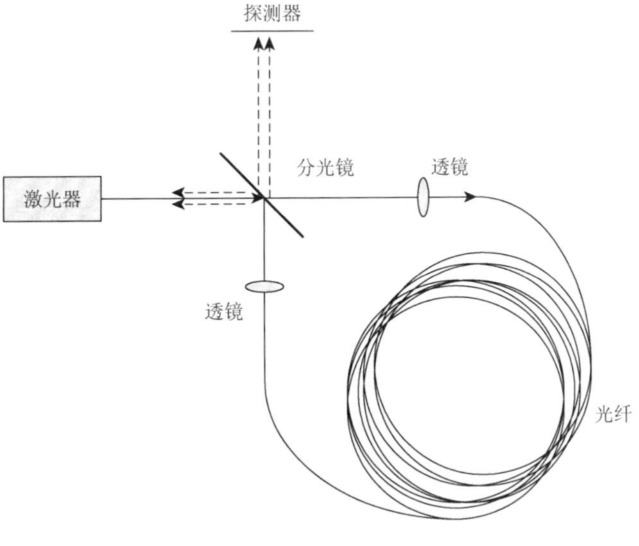

图 2.2　光纤陀螺组成

激光器发出的光束经过半透半反分光镜进入多匝光纤线圈的两端，两束光在光纤内的传播方向相反。若光纤环相对于惯性空间静止，则两束传播方向相反的光束到达接收器时具有相同的相位。若光纤环相对于惯性空间有垂直于光纤环平面的角速率 ω，则两束光的传播光程将发生变化，根据萨奈克效应给出的关系有

$$\Delta\phi = \frac{4\pi LR}{c\lambda}\omega \tag{2.1.5}$$

式中：R 为光纤环半径；λ 为光源波长；c 为真空中的光速；L 为光路长度。当绕制 N 匝光纤时，$L = 2\pi RN$，因此光纤陀螺的优势在于可以采用多匝光路来增强萨奈克效应。检测出两束光的相位差可以得到光环转动的角速率。

与机械式转子陀螺不同，光纤陀螺的工作原理建立在量子力学的基础上。它利用传播的光路代替了传统陀螺的机械转子，陀螺无旋转和运动部件，因此它具有一系列传统机械陀螺不可比拟的优势，主要表现如下。

（1）陀螺性能稳定，可靠性好。

（2）能够承受强烈的速度和振动冲击，寿命长，动态范围广。

（3）由于不存在马达的启动和稳定问题，陀螺启动迅速，标定因数稳定性好。

（4）输出信息数字化，方便计算机处理。

（5）相对于同精度的机械陀螺，成本较低。

（6）可直接固连于载体，方便构成捷联式惯导系统。

同时，因为光在光纤环中传播受环境、噪声等因素的影响，所以光纤陀螺也表现出其特有的误差特点。

（1）光子散粒噪声的影响。在光电检测相位过程中，光子散粒噪声使得光子撞击探测器且发射电子数目是随机的，这导致萨奈克相位检测上出现随机变化。这种变化在陀螺输出中会产生一个噪声等效速率，表现为光纤陀螺的角度随机游走。

（2）偏振的影响。光纤的双折射会在光纤陀螺中导致两束反向传播的光波的主偏振分量历经不同的光程，从而产生一个偏振相位误差，导致陀螺输出角速率的漂移。

（3）光学克尔（Kerr）效应的影响。光学克尔效应表现为光纤中的折射率有一个与光强有关的扰动，因此当传播方向相反的两束光具有不同的功率时，会导致光程上的波动，从而导致角速率的检测误差。

（4）温度的影响。当光纤环中存在不对称的温度扰动时，两束传播方向相反的光波在不同时间内经过同一段光纤会产生不同的相移，从而引起陀螺漂移。

（5）磁场的影响。偏振光沿磁场方向通过介质时其偏振面将发生旋转，从而引起光程变化，因此不同的磁场环境会给陀螺带来一定的漂移。

上述因素决定了光纤陀螺的性能，对于前三个因素的影响，一般可以在光纤陀螺研制和生产阶段，通过改进光学器件或利用合理的检测技术加以抑制。磁场和温度的影响一般通过磁屏蔽或相应的温控措施进行控制。在惯导系统应用中，光纤陀螺工作时间较长，工作环境温度变化较大，因此仅通过温控难以完全抑制因温度变化而引起的漂移。

2.2 光纤陀螺的温度漂移建模与补偿

2.2.1 温度漂移机理

当光纤陀螺的环境温度变化或有热传导时，光纤折射率将发生改变，进而发生非互易相移。舒普（Shupe）指出，当光纤线圈中的光纤存在时变温度扰动时，两束传播方向相反的光波在不同时间经过光纤会因温度变化而经历不同的相移。这种与时间有关的环境温度变化引起的非互易相移称为舒普误差[124]。舒普误差将给光纤陀螺带来温度漂移。

若光纤环折射率为n，长度为T，则此时产生的相位延时为

$$\Phi = \int_0^L \beta_0 n(z) \mathrm{d}z \tag{2.2.1}$$

式中：$\beta_0 = 2\pi / \lambda$为光在真空中的传播系数；z为光纤上一段长度为$\mathrm{d}z$的基元。环境温度变化

使得光纤环的材料折射率和介质的热膨胀系数发生改变，从而影响光的传播，于是有

$$\Phi = \beta_0 nL + \beta_0 \left(\frac{\partial n}{\partial T} + n\alpha \right) \int_0^L \Delta T(z) \mathrm{d}z \tag{2.2.2}$$

式中：T 为光纤内温度；$\Delta T(z)$ 为在光纤环点 z 处的温度变化量；α 为光纤折射率的热膨胀系数。由此可知，在一个变化的温度场中，光通过光纤产生的相位延迟受到温度变化的影响。在此条件下，当两束干涉光分别沿顺时针和逆时针方向传播时，距离端点 A 为 z 处的一段光纤基元 $\mathrm{d}z$ 产生的相位延迟分别为

$$\Phi_{\mathrm{cw}}(t) = \beta_0 nL + \beta_0 \left(\frac{\partial n}{\partial T} + n\alpha \right) \int_0^L \Delta T\left(z, t - \frac{z}{c_0} \right) \mathrm{d}z \tag{2.2.3}$$

$$\Phi_{\mathrm{ccw}}(t) = \beta_0 nL + \beta_0 \left(\frac{\partial n}{\partial T} + n\alpha \right) \int_0^L \Delta T\left(L - z, t - \frac{z}{c_0} \right) \mathrm{d}z \tag{2.2.4}$$

式中：t 为光在光纤环中的传播时间；z 为光纤环中任一点到端点 A 的距离；c_0 为光在光纤环中的传播速率。化简可得由温度变化而产生的舒普误差为

$$\Delta\Phi_{\mathrm{e}}(z) = \frac{\beta_0}{c_0} n \frac{\partial n}{\partial T} \int_0^{L/2} [\Delta T(z) - \Delta T(L - z)](2z - L) \mathrm{d}z \tag{2.2.5}$$

整理得

$$\Delta\Phi_{\mathrm{e}}(z) = \frac{2\pi}{\lambda} \frac{\mathrm{d}n}{\mathrm{d}T} \frac{\mathrm{d}T(z)}{\mathrm{d}t} \frac{L - 2z}{v} \delta z \tag{2.2.6}$$

式中：$(L-2z)/v$ 为权因子。式（2.2.6）表明，环境温度引起的相位误差 $\Delta\Phi_{\mathrm{e}}(z)$ 与光纤折射率随温度的变化率 $\mathrm{d}n/\mathrm{d}T$ 成正比，与该段光纤上的温度变化率 $\mathrm{d}T(z)/\mathrm{d}t$ 成正比，与位置有关的权因子 $(L-2z)/v$ 成正比。距光纤环中点越远，权因子越大，同时有

$$\Delta\Phi_{\mathrm{e}}(z) = -\Delta\Phi_{\mathrm{e}}(L - z) \tag{2.2.7}$$

若相对光纤中点对称的两段光纤上的热扰动相同，则温度引起的相位差被抵消。在光路设计中，采用双极对称绕法、四极对称绕法等方法绕制光纤线圈可以有效抑制舒普误差。研究表明，在理想情况下，四极对称绕法对抑制由温度产生的非互易相移非常有效。但对于中、高精度的光纤陀螺来说，光纤环在绕制过程中的非理想性，线圈中点轻微的不对称，以及 Y 波导、保偏光纤耦合器、光源波长等受温度影响产生的变化，都会造成不可忽略的残余温度漂移，在实际应用中有必要对其进行补偿[125]。

从舒普误差表达式（2.2.6）可以看出，温度变化引起的漂移不仅与温度变化率有关，而且与折射随温度的变化率有关，呈现出非线性的特点。由于折射率的检测较为困难，难以通过式（2.2.6）建立准确的数学模型进行补偿。

2.2.2　基于 IUKF 和神经网络的温度建模与补偿

人工神经网络（artificial neural network，ANN）是在对复杂的生物神经网络研究的基础上发展起来的一种信息处理系统，具有强大的学习和适应、自组织、函数逼近、大规模并行处理的能力，因而适用于解决非线性系统和含有不确定性的控制问题。它能够以很高的精度逼近任何非线性系统，广泛应用于非线性建模、系统信号处理、系统辨识和优化等领域[126]。

1. 神经网络结构及其训练

一个典型的神经网络结构如图 2.3 所示，它包含输入层、隐含层和输出层。每层包含若干

个神经元，各层的神经元之间通过网络权值相连，同层间的神经元无连接关系，前一层的输出即为后一层的输入。根据图 2.3，网络输出与输入之间的关系可以表示为

$$y_k = f^2(W^2 f^1(W^1 x_k + b^1) + b^2) + b^3 \tag{2.2.8}$$

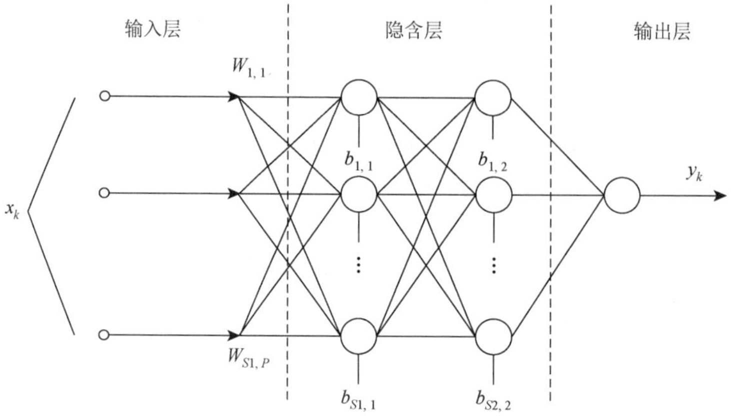

图 2.3　神经网络的典型结构

以 BP 算法为例简述神经网络进行权值和阈值学习训练的过程。在学习过程中设定一个目标函数（一般取实际输出与期望输出的误差平方和），利用逼近算法（如梯度下降算法）求解权值和阈值的调整量，从而实现反向修正。对于给定的输入，根据式（2.2.8）求出网络在当前权值和阈值下的输出，对实际输出与期望输出作差后计算目标函数。若误差满足要求，则此时的权值和阈值满足要求，完成训练；否则，根据相应的阈值调整算法，求出权值和阈值的变化量以修正当前权值和阈值，而后根据式（2.2.8）继续进行下一步网络输出计算。若与期望输出作差后的目标函数满足误差要求，则结束训练；否则，按上述步骤进行下一次计算及权值和阈值调整。

神经网络的建模过程就是通过相应的训练算法调整网络中神经元的权值和阈值，使得系统的模型误差控制在允许范围内。目前已经得到广泛应用的神经网络训练算法有 BP 算法、基于分组加密的消息认证码（cypher-based message authentication code，CMAC）、遗传算法、蚁群算法等。BP 算法是训练前馈网络最常用的算法，但该算法也存在缺点：①学习的好坏受网络初始权值、阈值和隐含层节点数的影响较大；②算法本身基于全局的权值和阈值的调整，收敛很慢；③对噪声的适应性不强；④网络泛化能力较差。

2. IUKF 算法

针对神经网络的算法缺陷，文献[127]～[129]提出了一些解决方案，但改进算法并没有解决非线性函数的数学模型、输入输出数据噪声较大等问题。为此，将卡尔曼（Kalman）滤波及其改进算法与神经网络融合成为近年来系统建模和辨识领域的研究热点[130-131]。其基本思想是：利用卡尔曼滤波算法的滤波框架对神经网络中的权值和阈值进行线性建模和滤波，实现对权值和阈值的最优估计后进行下一步的网络训练和计算。文献[131]研究了基于卡尔曼滤波算法的径向基神经网络训练算法。文献[132]提出了一种基于扩展卡尔曼滤波的神经网络学习算法。

1960 年，卡尔曼采用线性递推框架推导了在时域内的线性滤波算法。但卡尔曼滤波只有在

系统为线性系统且随机变量为高斯（Gauss）变量的前提下，才可以得到全局最优估计。为了解决非线性系统的应用问题，Candy[133]提出了扩展卡尔曼滤波（extended Kalman filter，EKF）。EKF 算法的线性化存在截断误差，且雅可比（Jacobi）矩阵计算量大。Julier 等[134]于 1997 年提出了基于无味变换（unscented transformation，UT）的无味卡尔曼滤波（unscented Kalman filter，UKF）。Lefebvre 等[135]指出，UT 本质上是一种在 sigma 点集上的统计线性回归。van der Merwe[136]对此观点进行了进一步阐述，指出 UT 是一种考虑了线性化误差补偿的近似统计线性化方法。对于观测方程存在较强非线性的系统，迭代扩展卡尔曼滤波（iterated extended Kalman filter，IEKF）可以充分挖掘观测量包含的信息，提高估计精度。Bell 等[137]研究发现，迭代扩展卡尔曼滤波的迭代更新是一个高斯-牛顿（Gauss-Newton）迭代过程。Sibley 等[138]和 Zhan 等[139]在此基础上探索了迭代在 UKF 中的应用问题，提出了 IUKF。国内很多学者[140-143]也对各种迭代滤波算法的性能和应用进行了较深入的研究。

文献[144]～[145]从观测更新公式成立的条件出发，指出为了保证迭代前估计值和观测噪声统计正交，必须把观测噪声扩充进状态量，基于这种扩展状态量，对 IUKF 进行了重新推导和改进，通过仿真取得了较好效果。

IUKF 在 UKF 算法的基础上引入迭代思想，将算法测量更新的状态均值和方差多次进行 UT 变换，从而进一步提高总体精度。UKF 是一种基于 UT 变换的非线性滤波算法，利用 UT 变换可以计算经非线性变换的随机变量的统计特性。

设 L 维随机变量 $\boldsymbol{w}$ 的均值和方差阵分别为 $\hat{\boldsymbol{w}}$ 和 $\boldsymbol{P}_w$，且随机变量 $\boldsymbol{y}$ 满足非线性方程

$$\boldsymbol{y}=h[\boldsymbol{w}] \tag{2.2.9}$$

为了确定随机变量 $\boldsymbol{y}$ 的均值 $\hat{\boldsymbol{y}}$ 和方差 $\boldsymbol{P}_y$，对其做 UT 变换如下：

$$\begin{cases}\boldsymbol{W}_0=\hat{\boldsymbol{w}}\\ \boldsymbol{W}_i=\hat{\boldsymbol{w}}+\left(\sqrt{(L+\lambda)\boldsymbol{P}_w}\right)_i \quad (i=1,2,\cdots,L)\\ \boldsymbol{W}_i=\hat{\boldsymbol{w}}-\left(\sqrt{(L+\lambda)\boldsymbol{P}_w}\right)_{i-L} \quad (i=L+1,L+2,\cdots,2L)\\ C_0^{(m)}=\dfrac{\lambda}{\lambda+L}\\ C_0^{(c)}=\dfrac{\lambda}{\lambda+L}+(1-\alpha^2+\beta)\\ C_i^{(m)}=C_i^{(c)}=\dfrac{1}{2(L+\lambda)} \quad (i=1,2,\cdots,2L)\end{cases} \tag{2.2.10}$$

式中：$\lambda=\alpha^2(L+k)-L$ 为比例参数；α 为常数，它决定 sigma 点围绕均值 $\hat{\boldsymbol{w}}$ 的距离，通常为一很小的正数(如 $10^{-4}\leqslant\alpha\leqslant 1$)；$k$ 为冗余量，取值为 0 或 $3-L$；β 为用于引入先验状态概率分布信息的参数(高斯分布时，$\beta=2$ 最优)。根据式（2.2.10）可得随机变量 $\boldsymbol{y}$ 的均值 $\hat{\boldsymbol{y}}$ 和方差 $\boldsymbol{P}_y$ 分别为

$$\hat{\boldsymbol{y}}=\sum_{i=0}^{2L}C_i^{(m)}\boldsymbol{Y}_i \tag{2.2.11}$$

$$\boldsymbol{P}_y=\sum_{i=0}^{2L}C_i^{(c)}(\boldsymbol{Y}_i-\boldsymbol{y})(\boldsymbol{Y}_i-\boldsymbol{y})^{\mathrm{T}} \tag{2.2.12}$$

式（2.2.11）和式（2.2.12）表示随机变量进行 UT 变换前后其均值与方差的关系。基于上述关系式，结合卡尔曼的线性滤波框架，可以得到 UKF 的滤波方程。IUKF 将迭代思想应用到

状态估计中，其算法框架与 UKF 区别不大，只是在算法步骤上有所改进，其步骤如下。

（1）初始化。

$$\hat{\boldsymbol{w}} = E[\boldsymbol{w}] \tag{2.2.13}$$

$$\boldsymbol{P}_{w_0} = E[(\boldsymbol{w}-\hat{\boldsymbol{w}}_0)(\boldsymbol{w}-\hat{\boldsymbol{w}}_0)^{\mathrm{T}}] \tag{2.2.14}$$

（2）时间更新。

$$\hat{\boldsymbol{w}}_{\bar{k}} = \hat{\boldsymbol{w}}_{k-1} \tag{2.2.15}$$

$$\boldsymbol{P}_{\overline{w_k}} = \boldsymbol{P}_{w_{k-1}} + \boldsymbol{Q}_{k-1} \tag{2.2.16}$$

（3）状态扩展。

为了满足迭代前估计和量测噪声的正交性，需要将两侧噪声扩展进状态向量，扩展的状态用上标“α”表示，因此状态向量的均值和方差可以分别表示为

$$\boldsymbol{w}_k^{\alpha-} = \begin{bmatrix} \boldsymbol{w}_{\bar{k}} \\ \boldsymbol{O} \end{bmatrix} \tag{2.2.17}$$

$$\boldsymbol{P}_{w_k}^{\alpha-} = \begin{bmatrix} \boldsymbol{P}_{w_k}^{-} & \boldsymbol{O} \\ \boldsymbol{O} & \boldsymbol{R} \end{bmatrix} \tag{2.2.18}$$

（4）量测更新。

$$\boldsymbol{W}_{k|k-1}^{\alpha} = \begin{bmatrix} \hat{\boldsymbol{w}}_k^{\alpha-} & \hat{\boldsymbol{w}}_k^{\alpha-} + \gamma\sqrt{\boldsymbol{P}_{w_k}^{\alpha-}} & \hat{\boldsymbol{w}}_k^{\alpha-} - \gamma\sqrt{\boldsymbol{P}_{w_k}^{\alpha-}} \end{bmatrix} \tag{2.2.19}$$

$$\boldsymbol{Y}_{k|k-1}^{\alpha} = h(\boldsymbol{W}_{k|k-1}^{\alpha}, \boldsymbol{x}_k) \tag{2.2.20}$$

$$\hat{\boldsymbol{y}}_k = \sum_{i=0}^{2L} C_i^{(m)} \boldsymbol{Y}_{k|k-1,i}^{\alpha} \tag{2.2.21}$$

$$\boldsymbol{P}_{\tilde{y}_k^\alpha \tilde{y}_k^\alpha}^{\alpha} = \sum_{i=0}^{2L} C_i^{(c)} (\boldsymbol{Y}_{k|k-1,i}^{\alpha} - \hat{\boldsymbol{y}}_k^{\alpha})(\boldsymbol{Y}_{k|k-1,i}^{\alpha} - \hat{\boldsymbol{y}}_k^{\alpha})^{\mathrm{T}} \tag{2.2.22}$$

$$\boldsymbol{P}_{w_k^\alpha y_k^\alpha}^{\alpha} = \sum_{i=0}^{2L} C_i^{(c)} (\boldsymbol{W}_{k|k-1,i}^{\alpha} - \hat{\boldsymbol{w}}_k^{\alpha-})(\boldsymbol{Y}_{k|k-1,i}^{\alpha} - \hat{\boldsymbol{y}}_k^{\alpha})^{\mathrm{T}} \tag{2.2.23}$$

$$\boldsymbol{K}_k^{\alpha} = \boldsymbol{P}_{w_k^\alpha y_k^\alpha}^{\alpha} (\boldsymbol{P}_{\tilde{y}_k^\alpha \tilde{y}_k^\alpha}^{\alpha})^{-1} \tag{2.2.24}$$

$$\hat{\boldsymbol{w}}_k^{\alpha} = \hat{\boldsymbol{w}}_k^{\alpha-} + \boldsymbol{K}_k^{\alpha}(\boldsymbol{y}_k - \hat{\boldsymbol{y}}_k^{\alpha}) \tag{2.2.25}$$

$$\boldsymbol{P}_{w_k}^{\alpha} = \boldsymbol{P}_{w_k}^{\alpha-} - \boldsymbol{K}_k^{\alpha} \boldsymbol{P}_{\tilde{y}_k^\alpha \tilde{y}_k^\alpha}^{\alpha} (\boldsymbol{K}_k^{\alpha})^{\mathrm{T}} \tag{2.2.26}$$

式中：$\gamma = \sqrt{L+\lambda}$。

（5）迭代更新。

步骤（1）～（4）即为 UKF 算法的滤波框架。相对于标准的 UKF 算法，IUKF 在量测更新前插入了步骤（3），以满足在进行迭代之前估计噪声与量测噪声的正交性。UKF 也是一种近似估计，难免存在偏差，因此，将测量更新式（2.2.25）和式（2.2.26）的均值 $\hat{\boldsymbol{w}}_k^{\alpha}$ 和方差 $\boldsymbol{P}_{w_k}^{\alpha}$ 进行迭代运算是非常有必要的。迭代更新后的均值和方差可以分别表示为

$$\hat{\boldsymbol{w}}_k^{\alpha}(j+1) = \hat{\boldsymbol{w}}_k^{\alpha-}(j) + \boldsymbol{K}_k^{\alpha}(j)(\boldsymbol{y}_k - \hat{\boldsymbol{y}}_k^{\alpha}(j)) \tag{2.2.27}$$

$$\boldsymbol{P}_{w_k}^{\alpha}(j+1) = \boldsymbol{P}_{w_k}^{\alpha-}(j) - \boldsymbol{K}_k^{\alpha}(j) \boldsymbol{P}_{\tilde{y}_k^\alpha \tilde{y}_k^\alpha}^{\alpha}(j)(\boldsymbol{K}_k^{\alpha}(j))^{\mathrm{T}} \tag{2.2.28}$$

式中：j 为迭代次数。迭代结束后，取扩展状态估计及方差中的相应部分赋值给状态估计及方差以进行下一次滤波。步骤（1）～（5）为 IUKF 算法一个完整的滤波周期。

3. 基于 IUKF 的光纤陀螺温度建模

基于光纤陀螺温度漂移机理，利用其温度和温度变化率作为网络输入，陀螺输出为网络输出，根据文献[145]的主要思想，建立基于改进 IUKF 的神经网络学习算法。将神经网络权值和阈值作为状态量建立卡尔曼滤波框架，利用 IUKF 算法进行权值和阈值的迭代更新。算法更新过程中，反复利用估计值进行多次迭代，并将过程噪声和量测噪声扩充进状态，实现对权值和阈值的最优估计，其模型结构如图 2.4 所示。

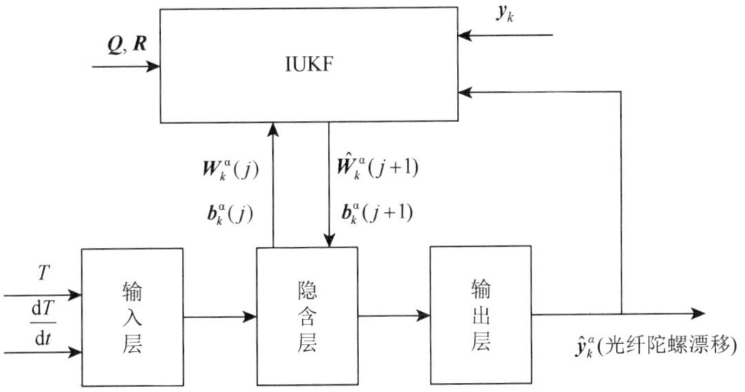

图 2.4　基于 IUKF 训练算法的神经网络结构

神经网络的训练过程为：首先将网络的权值和阈值矩阵 $\hat{\boldsymbol{w}}_k^\alpha(j)$ 作为 IUKF 的输入完成初始化，然后通过温度和温度梯度反向传播产生预测值 $\hat{\boldsymbol{y}}_k^\alpha$，该预测值与温度采样值 T 和变化率 $\mathrm{d}T/\mathrm{d}t$、网络输出 $\boldsymbol{y}_k$、过程噪声 $\boldsymbol{Q}$、量测噪声 $\boldsymbol{R}$ 等被返回 IUKF 中完成量测更新，因此可以估计出新的权值和阈值矩阵 $\hat{\boldsymbol{w}}_k^\alpha(j+1)$ 被代入神经网络中进行下一步网络更新。

根据神经网络神经元选取原则，建立一个含有 5 个神经元隐含层的神经网络。输入层节点为 2 个，分别为采集的光纤陀螺温度和温度变化率；隐含层的激励函数选择 S 型函数；输出层为采集的陀螺漂移，输出层激励函数选取线性函数。设隐含层的权值矩阵为 $\boldsymbol{W}_{11},\boldsymbol{W}_{12},\boldsymbol{W}_{13},\boldsymbol{W}_{14},\boldsymbol{W}_{15}$（均为 1×2 矩阵），其阈值矩阵为 $\boldsymbol{b}_1$（为 5×1 的矩阵），输出层的权值矩阵为 $\boldsymbol{W}_{21}$（为 1×5 的矩阵），阈值矩阵为 $\boldsymbol{b}_2$（为 1×1 的矩阵）。

将神经网络的每个神经元的权值和阈值作为状态量，陀螺温度和温度变化率为已知输入，令输入向量 $\boldsymbol{I}=[T,\mathrm{d}T/\mathrm{d}t]^{\mathrm{T}}$，采集的陀螺漂移为观测量，根据权值和阈值更新过程以及隐含层和输出层的激励函数建立模型的状态方程和量测方程分别为

$$\begin{cases}\boldsymbol{x}(k+1)=\boldsymbol{x}(k)+\boldsymbol{\Delta}(k)\\ \boldsymbol{y}(k)=f(\boldsymbol{x}(k))+\boldsymbol{\rho}(k)\end{cases} \tag{2.2.29}$$

式中：$\boldsymbol{x}(k)$ 为所有权值和阈值的状态向量；$\boldsymbol{\Delta}(k)$ 为状态更新中的噪声；$\boldsymbol{\rho}(k)$ 为量测噪声；$\boldsymbol{y}$ 为期望的网络输出，即采集的陀螺漂移。$f(\cdot)$ 为状态量与观测量的非线性关系。由于隐含层的传递函数为 S 型函数，而输出层为线性函数，根据式（2.2.8）可得

$$f(\cdot)=\boldsymbol{W}_2\frac{1}{1+\mathrm{e}^{-(\boldsymbol{W}_{1i}\boldsymbol{I}+\boldsymbol{b}_{1i})}}+\boldsymbol{b}_2 \tag{2.2.30}$$

将式（2.2.30）代入式（2.2.29）即可得到关于状态量的非线性观测方程。根据 2.2.2 小节的 IUKF 算法的滤波框架对状态量进行估计更新。

IUKF 算法的迭代次数直接影响其状态估计精度。根据文献[145]，当 IUKF 算法中状态估计和方差的迭代次数达到 4 时，其算法性能趋于稳定。进一步增加迭代次数会增加算法的计算量，因此陀螺漂移的温度模型选取 IUKF 算法中状态量的迭代次数为 4。在实验室分别对正常工作条件、升温条件、降温条件下的光纤陀螺进行测试，利用测试数据建立温度漂移的神经网络模型。

4. 陀螺温度试验及其结果

1）常温下的温度试验

实验室条件下，将由三个光纤陀螺（按陀螺编号进行标记，08027 记为 x 陀螺，08029 记为 y 陀螺，F120 记为 z 陀螺）构成的 IMU 固定在转台上，保持转台静止。利用数据测试系统采集陀螺输出脉冲和温度。待陀螺工作温度稳定后，继续采集一段时间。现选取一次典型温度测试数据建模。测试过程中采样时间为 27 590 s，采样间隔时间为 0.01 s。对陀螺输出进行 1 min 平滑后零均值处理，得到的陀螺温度和输出如图 2.5 和图 2.6 所示。从图中可以看出，陀螺在工作近 100 min 后，温度逐渐趋于稳定，陀螺输出也逐渐稳定。

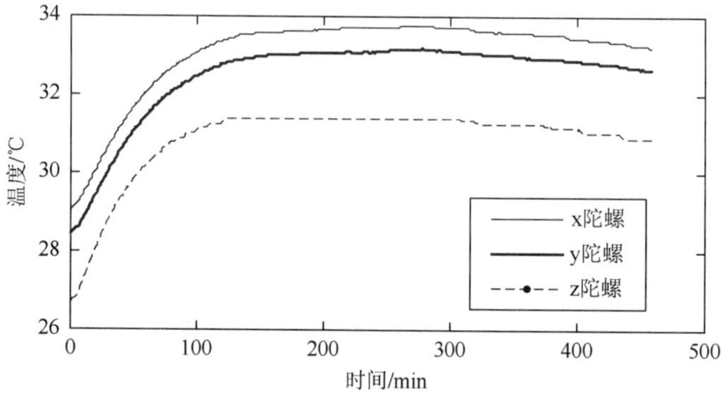

图 2.5 常温下的陀螺温度输出

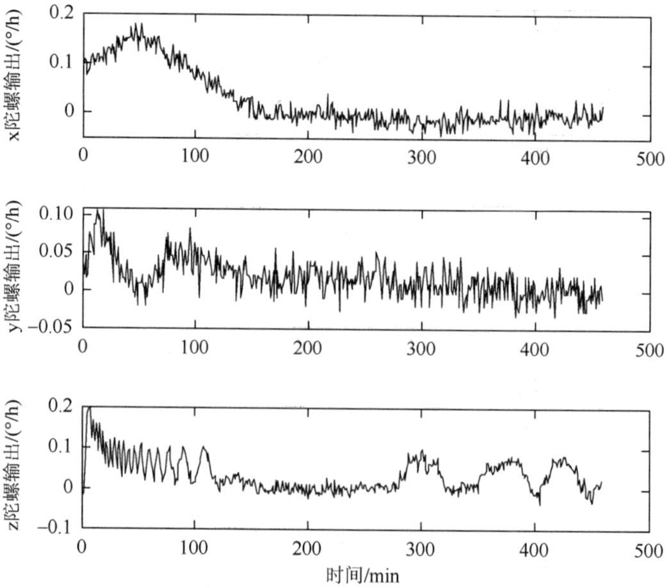

图 2.6 常温下的陀螺输出

利用温度输出可求其温度变化率，将温度和温度变化率作为模型输入，利用陀螺输出作为模型期望输出，建立陀螺温度漂移 IUKF 神经网络模型。同时，建立 BP 神经网络模型，以验证基于 IUKF 算法的神经网络模型的有效性和优势。限于篇幅，仅给出 x 陀螺的网络建模结果及利用 IUKF 网络模型补偿后的输出曲线，如图 2.7 和图 2.8 所示。

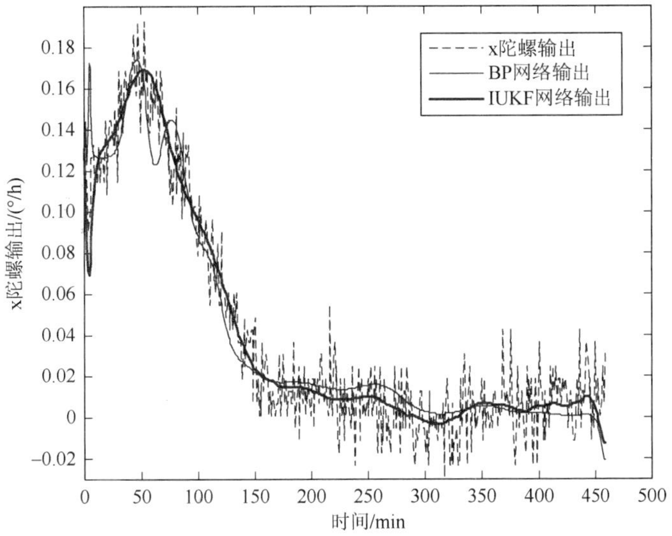

图 2.7　温度漂移神经网络模型输出

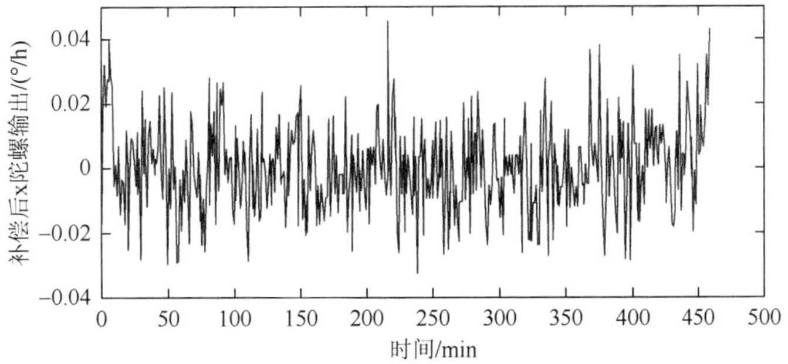

图 2.8　温度补偿后 x 陀螺漂移

常温下陀螺漂移温度补偿结果如表 2.1 所示。

表 2.1　常温下陀螺漂移温度补偿结果　（单位：°/h）

陀螺	未补偿	BP 网络补偿	IUKF 网络补偿
x 陀螺	0.082 51	0.029 28	0.016 75
y 陀螺	0.095 62	0.037 97	0.021 46
z 陀螺	0.089 37	0.032 88	0.018 28

图 2.9 光纤陀螺温箱内测试

2）升温试验

将光纤陀螺 IMU 置于温箱内，利用过渡板将其固定在温箱底面（图 2.9）。为防止低温结冰使 IMU 上的电路板短路，将其用真空袋密封。

由于温箱工作时，压缩机工作引起振动会对光纤陀螺的输出产生干扰，试验开始前接通温箱电源，使其工作在制冷工作状态。待温度稳定在低温工作点后，切断温箱电源，使光纤陀螺处于静态，开始采集其温度和陀螺输出，直至其自然升温至常温。现选取一次升温试验数据进行建模。试验采样时间为 17 100 s，采样时间间隔为 0.01 s。对陀螺输出进行 1 min 平滑和零均值处理，得到的陀螺温度和输出如图 2.10 和图 2.11 所示。

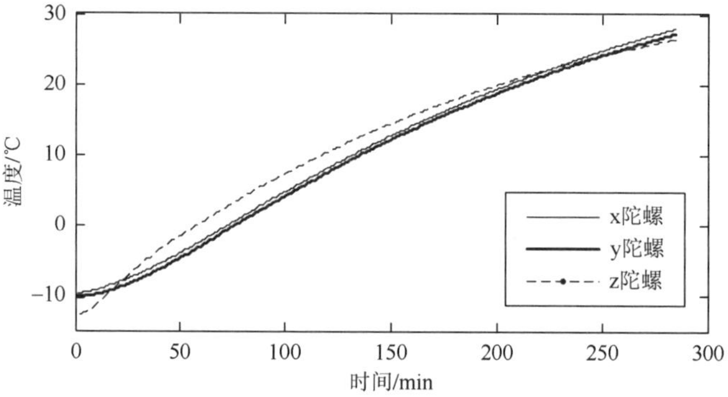

图 2.10 升温时的陀螺温度输出

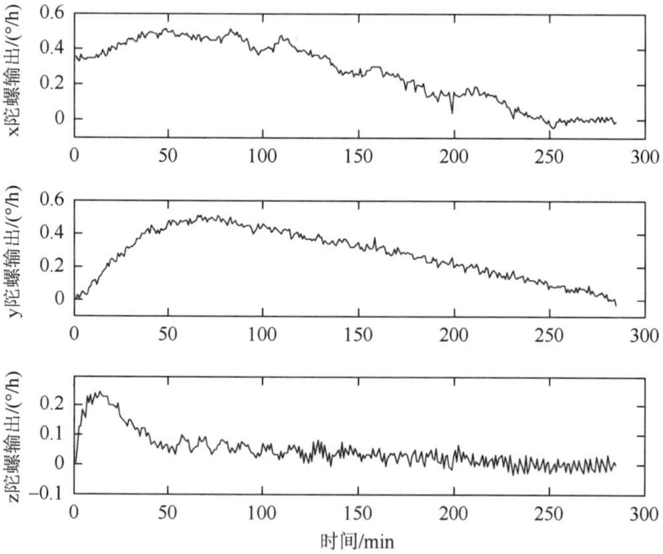

图 2.11 升温时的陀螺输出

利用采集的温度输出可求其温度变化率，将温度和温度变化率作为模型输入，利用陀螺输出作为模型期望输出，建立陀螺温度漂移的 BP 网络模型和基于 IUKF 算法的网络模型。图 2.12

为 x 陀螺升温试验的陀螺漂移建模结果，从图可以看出，陀螺输出在温度变化下呈现出很强的非线性，但基于 IUKF 算法的网络模型具有很强的适应性。图 2.13 为补偿后的陀螺输出。

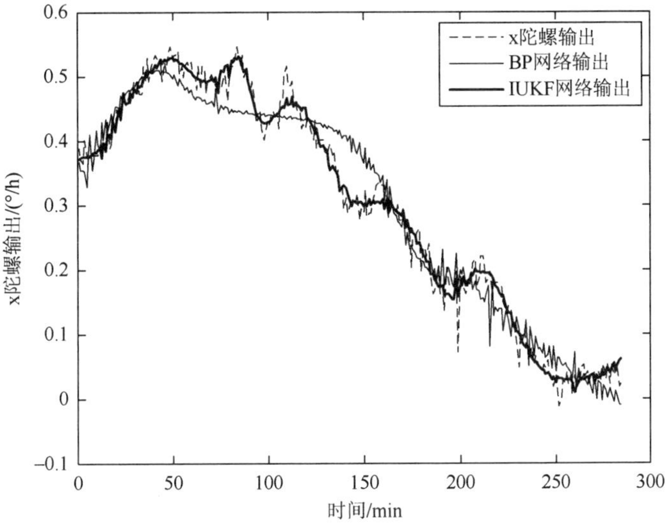

图 2.12　温度漂移的神经网络模型输出

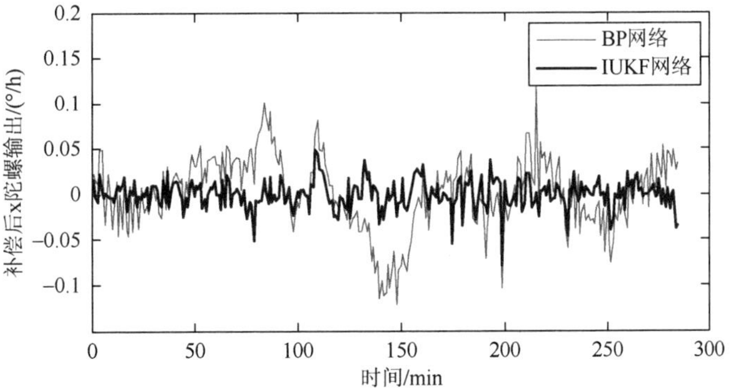

图 2.13　温度补偿后 x 陀螺漂移

同样，将 x 陀螺、y 陀螺、z 陀螺的补偿后漂移列入表 2.2。从表中可以看出，基于 IUKF 算法的神经网络补偿精度比 BP 网络高 1 倍。

表 2.2　升温时陀螺漂移温度补偿结果　（单位：°/h）

陀螺	未补偿	BP 网络补偿	IUKF 网络补偿
x 陀螺	0.257 8	0.048 21	0.023 04
y 陀螺	0.305 5	0.054 87	0.033 54
z 陀螺	0.302 4	0.048 52	0.027 51

3）降温试验

降温试验时，首先接通温箱电源，使温箱升温至固定温度点（75 ℃）后，切断温箱电源，消除温箱压缩机对陀螺输出的影响；然后开始采集光纤陀螺输出，直至其自然冷却至常温。现以一组典型的降温过程数据进行建模验证。数据采样时间为 15 080 s，采样时间间隔为 0.01 s。对陀螺输出进行 1 min 平滑及零均值处理后得到的陀螺温度和输出如图 2.14 和图 2.15 所示。

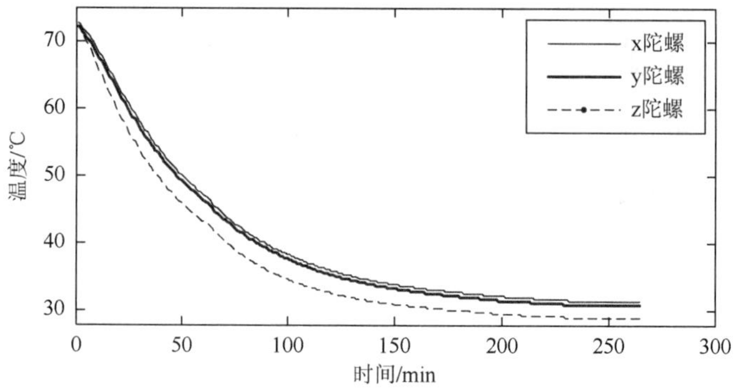

图 2.14　降温时的陀螺温度输出

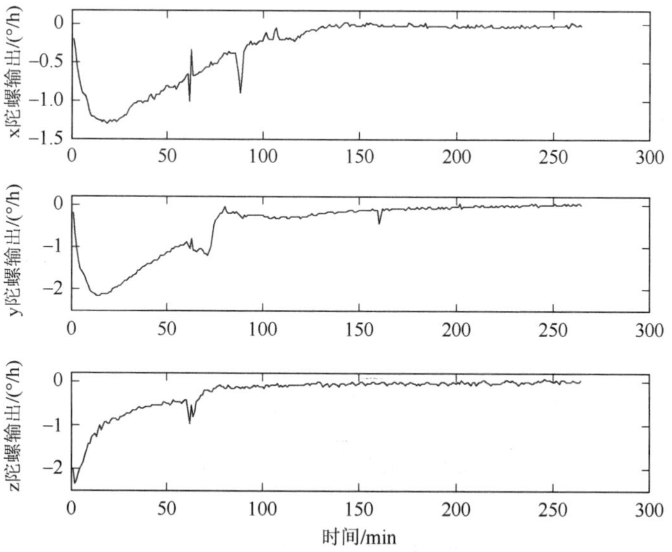

图 2.15　降温时的陀螺输出

从图 2.15 可以看出，在近 1 h 处陀螺输出发生改变，这是因为在降温试验进行至 1 h 后，人为打开了温箱门，改变温箱内温度变化率以验证光纤陀螺温度漂移模型的适应性。测试过程中的温度变化率曲线如图 2.16 所示。由图可见，其温度变化率在打开温箱门后发生了改变。

同样以温度输出和温度变化率作为模型输入，建立 x 陀螺输出的神经网络模型，其模型输出如图 2.17 所示。从图中可以看出，在人为改变温箱温度变化率以后，陀螺漂移发生了明显改变，IUKF 网络的输出结果更好地吻合了实际曲线，具有更好的适应性。

图 2.18 为进行温度补偿后的陀螺漂移曲线。将 x 陀螺、y 陀螺、z 陀螺温度补偿后的结果列入表 2.3，从表中同样可以看出基于 IUKF 算法的神经网络具有更高精度。

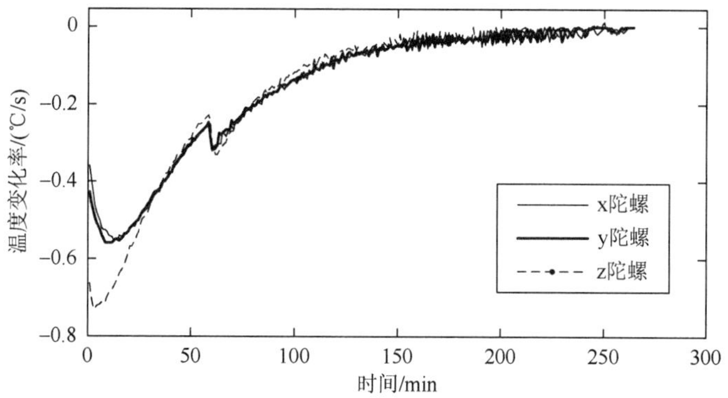

图 2.16　降温时的陀螺变化率

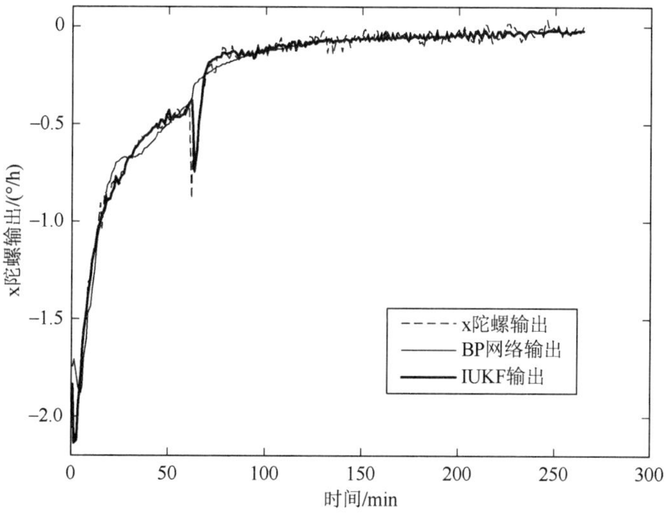

图 2.17　基于 IUKF 神经网络模型输出

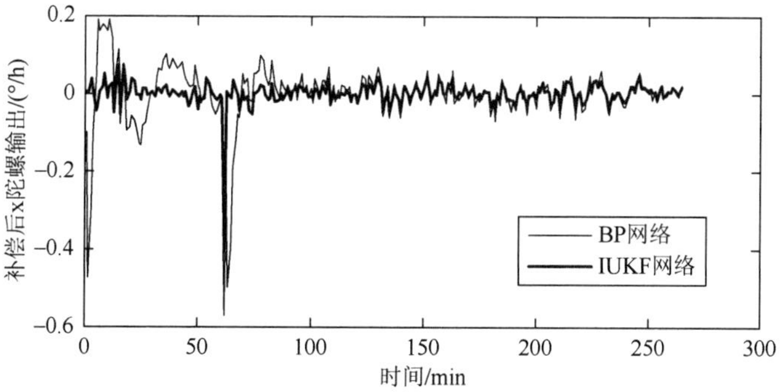

图 2.18　补偿后的 x 陀螺输出

表 2.3　陀螺漂移温度补偿结果　（单位：°/h）

陀螺	未补偿	BP 网络补偿	IUKF 网络补偿
x 陀螺	0.854 1	0.065 47	0.045 87
y 陀螺	0.962 1	0.086 58	0.053 24
z 陀螺	0.957 8	0.089 54	0.053 51

2.3 光纤陀螺的随机误差分析

一般认为，光纤陀螺随机误差主要包括量化噪声、角度随机游走、零偏不稳定性、角速率随机游走、速率斜坡和正弦分量。对于这些随机误差，常规的分析方法（如计算样本均值和方差）并不能揭示出其潜在的误差源。虽然自相关函数和功率谱密度函数能够分别从时域和频域描述随机误差的统计特性，但很难分离出这些随机误差。阿伦方差是由美国国家标准协会（American National Standards Institute，ANSI）的阿伦为时钟系统中的特征噪声和稳定性分析而提出的时域分析方法，其主要特点是能非常容易地对各种类型的误差源和整个噪声统计特性进行辨识，目前已成为 IEEE 推荐的噪声过程特性分析方法[146-147]。

2.3.1 阿伦方差局限分析

1. 阿伦方差的定义

现以光纤陀螺的角速率输出为采样数据，阐述阿伦方差的定义和计算过程。首先以采样间隔 τ_0 对光纤陀螺的输出角速率进行采样，采样长度为 N。将采集的 N 个数据分成 $K(K=N/M)$ 组，每组包含 M $(M \leqslant (N-1)/2)$ 个采样点。数据分组如图 2.19 所示。

$$\underbrace{\omega_1, \omega_2, \cdots, \omega_M}_{\text{第1组}}, \underbrace{\omega_{M+1}, \omega_{M+2}, \cdots, \omega_{2M}}_{\text{第2组}}, \cdots, \underbrace{\omega_{N-M+1}, \omega_{N-M+2}, \cdots, \omega_N}_{\text{第}K\text{组}}$$

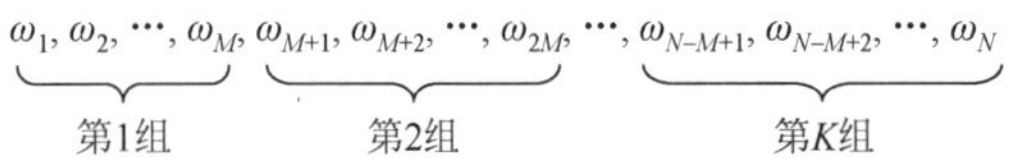

图 2.19　数据分组示意图

每一组数据的时间长度为 $\tau_M = M\tau_0$，称为相关时间。按下式对每一组求平均值：

$$\overline{\omega}_k(M) = \frac{1}{M} \sum_{i=1}^{M} \omega_{(k+1)M+i} \quad (k=1,2,\cdots,K) \tag{2.3.1}$$

阿伦方差定义为

$$\begin{cases} \sigma^2(\tau_M) = \frac{1}{2}\langle [\overline{\omega}_{k+1}(M) - \overline{\omega}_k(M)]^2 \rangle = \frac{1}{2(K-1)} \sum_{k=1}^{K-1} [\overline{\omega}_{k+1}(M) - \overline{\omega}_k(M)]^2 \\ \overline{\omega}_k(M) = \frac{1}{M} \sum_{i=1}^{M} \overline{\omega}_{k+1} \end{cases} \tag{2.3.2}$$

式中：$\langle \cdot \rangle$ 表示求总体平均。

在实际陀螺测试中，数据长度和分组数决定阿伦方差的估计精度，IEEE 激光陀螺测试标准给出了相关计算公式[148]。

上述阿伦方差的定义基于的测量值为光纤陀螺的角速率信息。若光纤陀螺输出为角增量为 $\theta(t)$，则增量的测量值是在采样时刻 $t_k = k\tau_0$ 上进行的，记为 $\theta(k) = \theta(k\tau_0)$。$t_k$ 和 $t_k + \tau$ 时刻间的平均角速率为

$$\overline{\omega}_k(\tau) = \frac{\theta_{k+M} - \theta_k}{\tau} \tag{2.3.3}$$

式中：$\tau = M\tau_0$。将式（2.3.3）代入式（2.3.2），可得基于角增量的阿伦方差定义为

$$\sigma^2(\tau) = \frac{1}{2}\langle [\overline{\omega}_{k+1}(M) - \overline{\omega}_k(M)]^2 \rangle = \frac{1}{2\tau^2(N-2M)} \sum_{k=1}^{N-2M} (\theta_{k+2M} - 2\theta_{k+2} + \theta_k)^2 \tag{2.3.4}$$

阿伦方差的平方根 $\sigma(\tau)$ 通常被称为阿伦标准差。

2. 阿伦方差分析过程

根据阿伦方差的定义，基于陀螺随机过程为平稳过程的假设，可推导出阿伦方差与原始测量数据中噪声项的双边功率谱密度（power spectral density，PSD）$S_{\omega}(f)$ 存在如下关系：

$$\sigma^2(\tau)=4\int_0^{\infty}S_{\omega}(f)\frac{\sin^4(\pi f\tau)}{(\pi f\tau)^2}\mathrm{d}f \tag{2.3.5}$$

式（2.3.5）说明，当通过一个传递函数为 $\dfrac{\sin^4(\pi f\tau)}{(\pi f\tau)^2}$ 的滤波器时，阿伦方差与陀螺仪输出的噪声总能量成正比。由此，阿伦方差提供了一种能够识别并量化存在于数据中的不同噪声项的方法。

根据各噪声项的功率谱密度，光纤陀螺的量化噪声 Q 、角度随机游走 N 、零偏不稳定性 B 、角速率随机游走 K 、速率斜坡 R 、马尔可夫噪声 M 和正弦噪声 S 的阿伦方差分别为

$$\sigma_Q^2(\tau)=\frac{3Q^2}{\tau^2} \tag{2.3.6}$$

$$\sigma_{\mathrm{ARW}}^2(\tau)=\frac{N^2}{\tau} \tag{2.3.7}$$

$$\sigma_B^2(\tau)=\frac{B^2}{0.6648} \tag{2.3.8}$$

$$\sigma_{\mathrm{RRW}}^2(\tau)=\frac{K^2\tau}{3} \tag{2.3.9}$$

$$\sigma_R^2(\tau)=\frac{R^2\tau^2}{2} \tag{2.3.10}$$

$$\sigma_M^2(\tau)=\frac{qT_c^2}{\tau}\left[1-\frac{T_c}{2\tau}\left(3-4\mathrm{e}^{-\frac{\tau}{T_c}}+\mathrm{e}^{-\frac{2\tau}{T_c}}\right)\right] \tag{2.3.11}$$

$$\sigma_S^2(\tau)=\omega_0^2\left[\frac{\sin^2(\pi f_0\tau)}{(\pi f_0\tau)^2}\right]^2 \tag{2.3.12}$$

在假设各噪声源统计独立情况下，光纤陀螺输出的阿伦方差可以表示为

$$\sigma^2(\tau)=\sigma_N^2(\tau)+\sigma_{\mathrm{ARW}}^2(\tau)+\sigma_B^2(\tau)+\sigma_{\mathrm{RRW}}^2(\tau)+\sigma_{\mathrm{RR}}^2(\tau)+\sigma_M^2(\tau)+\sigma_S^2(\tau) \tag{2.3.13}$$

由于各噪声的相关时间不同，不同的噪声项出现在不同的 τ 域上。一般来说，由于马尔可夫噪声 M 和正弦噪声 S 的影响较小且不易观察，在实际分析中忽略。式（2.3.13）可以表示为

$$\sigma^2(\tau)=\sum_{n=-2}^{2}A_n\tau^n \tag{2.3.14}$$

在得到陀螺输出噪声的阿伦方差后，通过绘制 $\sigma^2(\tau)-\tau$ 的双对数曲线，根据曲线不同 τ 的斜率即可求出各噪声系数 A_n 。由于方差较小，为了提高实际拟合精度，一般对阿伦标准差进行拟合，拟合模型表示为

$$\sigma(\tau)=\sum_{n=-2}^{2}A_n^2\tau^{n/2}=A_{-2}\tau^{-1}+A_{-1}\tau^{-1/2}+A_0+A_1\tau^{1/2}+A_2\tau \tag{2.3.15}$$

由式（2.3.6）～式（2.3.12）得到光纤陀螺的量化噪声 Q 、角度随机游走 N 、零偏不稳定性 B 、角速率随机游走 K 、速率斜坡 R 的估计值可表示为

$$
\begin{aligned}
&Q=\frac{A_{-2}}{\sqrt{3}}\mu\text{rad}\\
&N=\frac{A_{-1}}{60}(^\circ/\sqrt{\text{h}})\\
&B=\frac{A_0}{0.6443}(^\circ/\text{h})\\
&K=60\sqrt{3}A_1\left(^\circ/\text{h}^{\frac{3}{2}}\right)\\
&R=3600\sqrt{2}A_2(^\circ/\text{h}^2)
\end{aligned}
\tag{2.3.16}
$$

3. 光纤陀螺的阿伦方差分析及其局限

阿伦方差分析方法的突出优点是能容易地对各种类型的误差源和整个噪声统计特性进行细致的表征与辨识。但实际陀螺测试和误差分析中，由于存在许多非确定性误差的影响，其结果通常难以与实际情况相符。在进行光纤陀螺测试和阿伦方差分析时，会遇到噪声项方差系数为负的情况；同时，光纤陀螺误差还表现出一些激光陀螺所没有的特性。

首先，在实验室转台上对 x、y、z 三只光纤陀螺进行测试试验。为剔除温度变化对噪声分析的影响，待陀螺工作温度稳定后再进行陀螺数据采集，数据采样时间间隔为 1 s。为便于比较其噪声分析的精度和重复性，分别进行约 4.6 h（16 794 s）、7.3 h（26 458 s）、13.6 h（48 920 s）的测试试验（为最大程度利用数据，未对采集数据截断取整数小时处理）。图 2.20 为 x 陀螺在三次试验中的输出（1 min 平滑）。

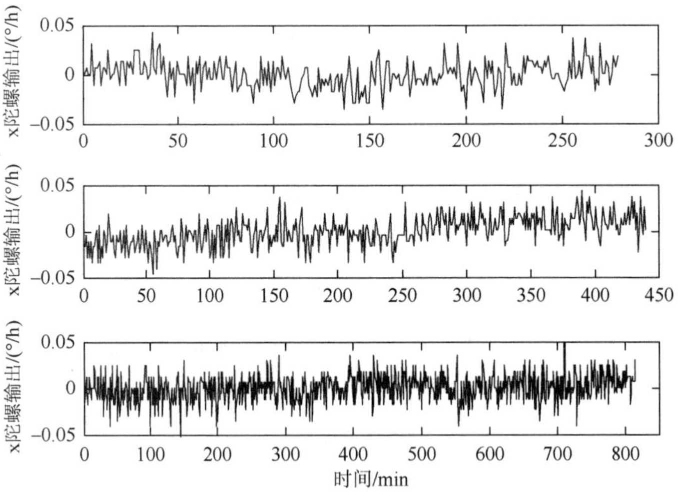

图 2.20　不同时长测试的 x 陀螺输出

根据阿伦方差的分析过程，基于式（2.3.15）的模型，分别对三只光纤陀螺的三次测试数据进行阿伦方差噪声分析，相关时间按采集数据长度分别取 2 000 s、3 000 s、6 000 s。图 2.21（a）、（b）、（c）分别为 x 陀螺三次试验的阿伦方差曲线和拟合曲线，图 2.20（d）、（e）、（f）分别为 y 陀螺三次试验的阿伦方差曲线和拟合曲线，图 2.20（g）、（h）、（i）分别为 z 陀螺三次试验的阿伦方差曲线和拟合曲线。

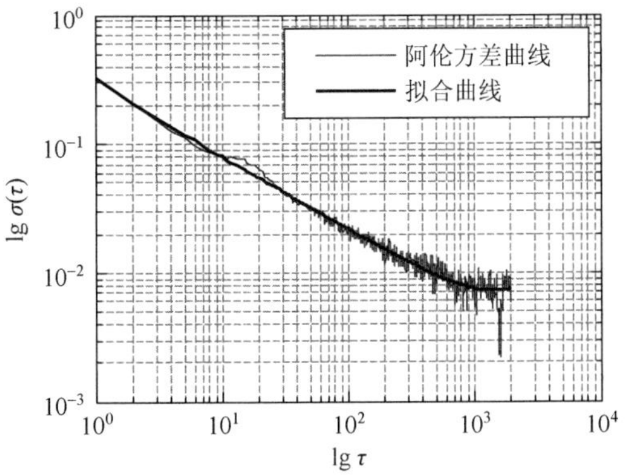

(a) x陀螺第一次试验曲线

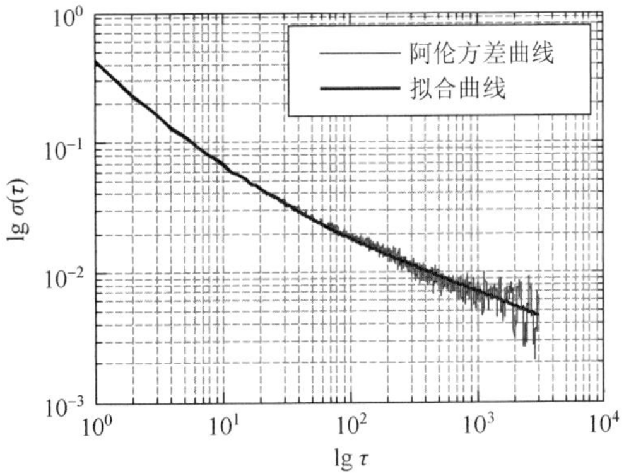

(b) x陀螺第二次试验曲线

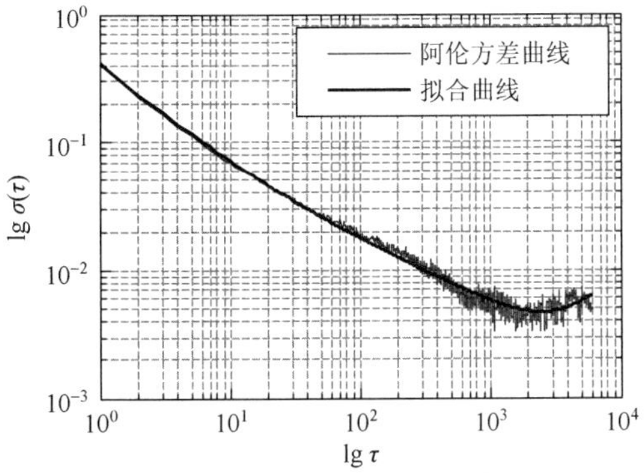

(c) x陀螺第三次试验曲线

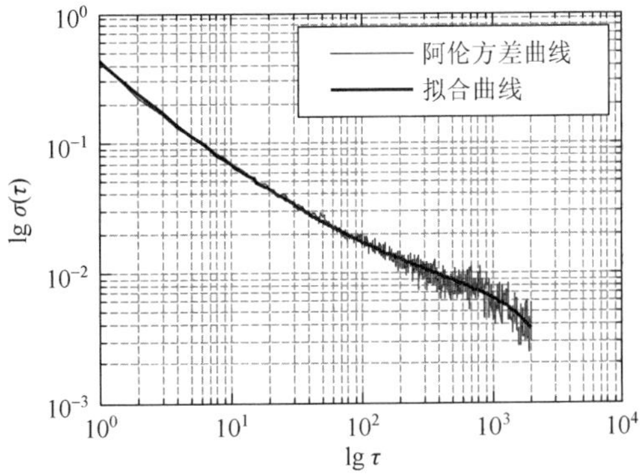

(d) y陀螺第一次试验曲线

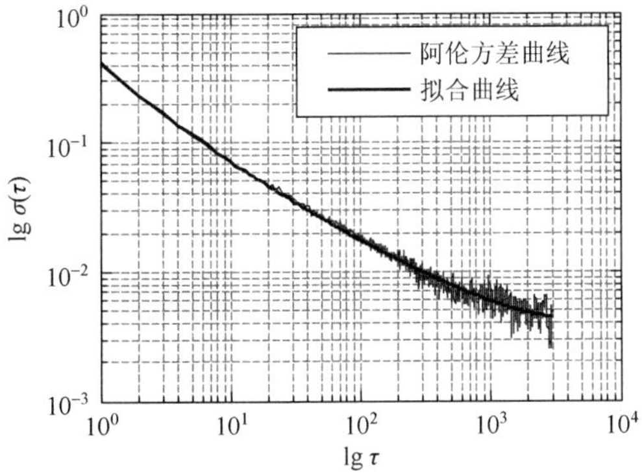

(e) y陀螺第二次试验曲线

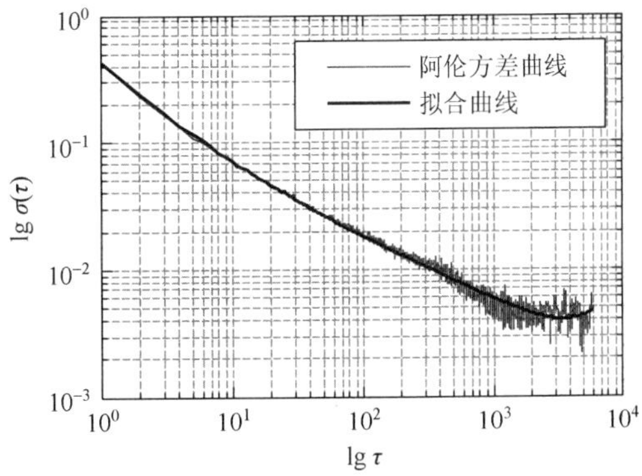

(f) y陀螺第三次试验曲线

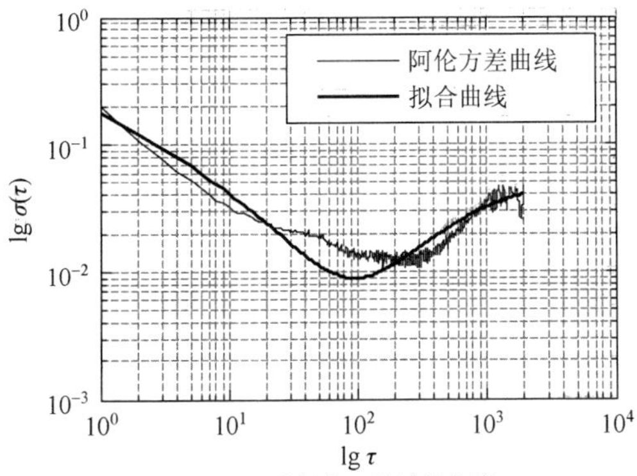

(g) z陀螺第一次试验曲线

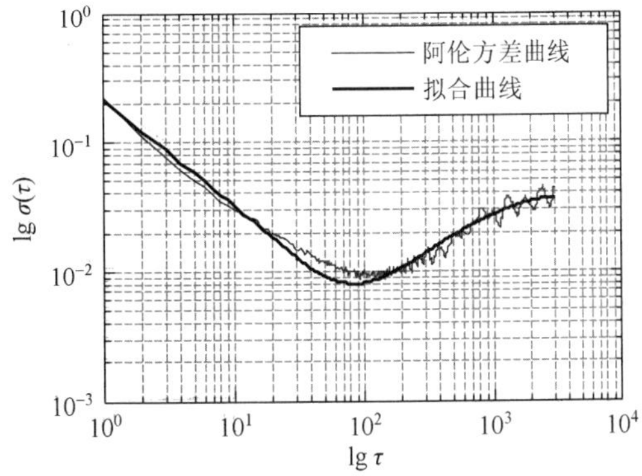

(h) z陀螺第二次试验曲线

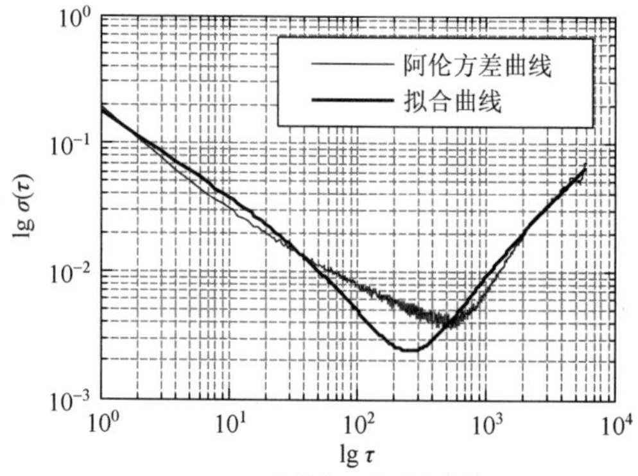

(i) z陀螺第三次试验曲线

图 2.21 不同测试中的阿伦方差及拟合曲线

从图 2.21（a）～（f）可以看出：当测试时间较短时，阿伦方差中斜率为 1/2 和 1 的成分较少；当测试时间达到 13 h 时，其噪声成分逐渐显现。这验证了速率游走和速率斜坡噪声一般具有较长的相关时间。从图 2.21（g）～（i）可以看出，z 陀螺的拟合误差较大，z 陀螺仅仅在 4 h 内的测试中就已经包含有斜率为 1/2 和 1 的成分。这显然不应是速率游走和速率斜坡噪声带来的，因此 z 陀螺可能还有其他噪声成分。将利用传统的五次多项式进行阿伦方差拟合的各项系数列入表 2.4。

表 2.4 不同陀螺的阿伦方差拟合结果

陀螺	序次	τ^{-2}	τ^{-1}	τ^{0}	τ	τ^{2}
x 陀螺	1	$5.737\ 3\times10^{-2}$	$3.746\ 4\times10^{-3}$	$-2.063\ 2\times10^{-3}$	$-2.393\ 0\times10^{-3}$	$1.230\ 0\times10^{-2}$
	2	$18.415\ 6\times10^{-2}$	$1.585\ 4\times10^{-3}$	$9.928\ 6\times10^{-3}$	$-1.169\ 0\times10^{-2}$	$4.033\ 5\times10^{-3}$
	3	$16.372\ 6\times10^{-2}$	$2.118\ 4\times10^{-2}$	$4.889\ 3\times10^{-3}$	$-1.062\ 3\times10^{-2}$	$7.897\ 3\times10^{-3}$
y 陀螺	1	$18.784\ 2\times10^{-2}$	$1.720\ 5\times10^{-3}$	$5.296\ 0\times10^{-3}$	$5.777\ 3\times10^{-3}$	$-1.227\ 9\times10^{-2}$
	2	$15.966\ 5\times10^{-2}$	$2.254\ 6\times10^{-3}$	$2.483\ 8\times10^{-3}$	$2.473\ 2\times10^{-3}$	$2.697\ 9\times10^{-3}$
	3	$16.761\ 8\times10^{-2}$	$2.064\ 7\times10^{-3}$	$6.184\ 8\times10^{-3}$	$-1.183\ 9\times10^{-2}$	$6.516\ 5\times10^{-3}$
z 陀螺	1	−0.012 72	$4.016\ 5\times10^{-3}$	$-6.333\ 9\times10^{-2}$	0.311 1	−0.145 4
	2	0.064 15	$2.070\ 7\times10^{-3}$	$-3.634\ 7\times10^{-2}$	0.212 8	−0.091 61
	3	0.028 70	$2.396\ 2\times10^{-3}$	$-2.015\ 2\times10^{-2}$	0.027 74	0.046 55

从表 2.4 可以看出，x 陀螺和 y 陀螺的量化噪声、随机游走系数、零偏稳定性三项系数在后两次试验中相对稳定。这表明该三项噪声具有较短的相关时间，经过 6 h 的测试能较好地拟合出其系数。其中：量化噪声成分相对较大，主要因为测试的光纤陀螺为脉冲输出，其最高输出频率确定了计数电路的频率；但速率游走和速率斜坡项出现了较大幅度的负值，与实际不符。z 陀螺三次拟合系数差别较大，多项噪声系数出现负值。因此，基于上述五项噪声模型的阿伦方差分析结果不可信。

2.3.2　基于阻尼振荡假设的经典方差分析及其前提

文献[62]～[63]在进行激光陀螺随机噪声分析时，也遇到了相关系数拟合为负值的问题，为有效进行激光陀螺的噪声分析，基于高伯龙等[148]提出的陀螺噪声信号为阻尼振荡的假设，利用其阻尼振荡的弛豫时间不同将噪声分为快漂项、慢漂项和不快不慢项，在进行了大量的试验的基础上提出了利用经典方差进行不同陀螺噪声系数拟合的方法。

假设除量化噪声外的陀螺噪声符合 $A_m \mathrm{e}^{-t/\tau_m}\sin(2\pi f_m t+\varphi_m)$，将陀螺噪声的功率谱表示为阻尼振荡功率谱与量化噪声功率谱之和，即

$$
\begin{aligned}
S_\Omega(f) &= \sum_m \frac{B_m^2/\tau_m}{(\omega-\omega_m)^2+1/\tau_m^2}+S_Q(f) \\
&= \begin{cases} (2\pi f)^2\sigma_Q^2\tau, & f\leqslant 1/2\tau \\ 0, & f>1/2\tau \end{cases}
\end{aligned}
\tag{2.3.17}
$$

式中参数定义见文献[62]～[63]。根据经典方差与频率表达式的关系可得陀螺噪声的标准方差表示为

$$
\begin{cases}
\sigma^2(\tau)=\sum\limits_m B_m^2 f\left(\dfrac{\tau}{\tau_m},y_m\right)+\dfrac{2\sigma_Q^2}{\tau^2} \\
y_m=\omega_m\tau_m
\end{cases}
\tag{2.3.18}
$$

式中

$$
f(x,y)=\frac{1}{x(y^2+1)}\times\left[1+\frac{y^2-1}{x(y^2+1)}-\frac{(y^2-1)\cos(xy)+2y\sin(xy)}{x\mathrm{e}^x(y^2+1)}\right]
\tag{2.3.19}
$$

根据经典方差与阿伦方差的恒等关系

$$
\sigma_{\text{Allan}}^2(\tau)=2[\sigma^2(\tau)-\sigma^2(2\tau)]
\tag{2.3.20}
$$

可得阿伦方差为

$$
\begin{cases}
\sigma_{\text{Allan}}^2(\tau)=\sum\limits_m B_m^2 g\left(\dfrac{\tau}{\tau_m},y_m\right)+\dfrac{3\sigma_Q^2}{2\tau^2} \\
g(x,y)=2[f(x,y)-f(2x,y)]
\end{cases}
\tag{2.3.21}
$$

对于经典方差和阿伦方差的表达式，直接讨论各要素的关系及系数是困难的。文献[62]～[63]根据采样周期和弛豫时间的大小，将噪声分为三项。

（1）慢漂项。

$x=\tau/\tau_m\ll 1, xy\ll 1$，此时有

$$
f(x,y)\cong\frac{1}{2}-\frac{x}{6}-\frac{(y^2-1)x^2}{24}
\tag{2.3.22}
$$

（2）快漂项。

$x=\tau/\tau_m\gg 1$，此时有

$$
f(x,y)=\frac{1}{x(y^2+1)}\times\left[1+\frac{y^2-1}{x(y^2+1)}\right]
\tag{2.3.23}
$$

（3）不快不慢项。

对 $f(x,y)$ 不能做相应简化，只能按式（2.3.19）计算。

综合上述噪声特点，将 $f(x,y)$ 代入式（2.3.18），求得经典方差为

$$\sigma^2(\tau)=\sum_{m'}\frac{B_{m'}^2}{2}-\left(\sum_{m'}\frac{B_{m'}^2}{6\tau_{m'}}\right)\tau-\left[\sum_{m'}\frac{B_{m'}^2(y_{m'}^2-1)}{24\tau_{m'}^2}\right]\tau^2+\left(\sum_{m'}\frac{B_{m'}^2\tau_{m'}}{y_{m'}^2+1}\right)\frac{1}{\tau}+\left\{\left[\sum_{m''}\frac{B_{m''}^2\tau_{m''}^2(y_{m''}^2-1)}{(y_{m''}^2+1)^2}\right]+2\sigma_Q^2\right\}\frac{1}{\tau^2}+B_m^2 f\left(\frac{\tau}{\tau_m},y_m\right) \tag{2.3.24}$$

式中：下标 m' 、 m'' 和 m 分别表示慢漂项、快漂项和不快不慢项对方差的贡献。

将式（2.3.24）中 τ 的系数写成 a_1 、 a_2 、 a_0 、 a_{-1} 、 a_{-2} ，有

$$\sigma^2(\tau)=a_{-2}\frac{1}{\tau^2}+a_{-1}\frac{1}{\tau}+a_0+a_1\tau+a_2\tau^2+B_m^2 f\left(\frac{\tau}{\tau_m},y_m\right) \tag{2.3.25}$$

由经典方差和阿伦方差的恒等式得到其阿伦方差为

$$\sigma_{\text{Allan}}^2(\tau)=\left(\sum_{m'}\frac{B_{m'}^2}{3\tau_{m'}}\right)\tau+\left[\sum_{m'}\frac{B_{m'}^2(y_{m'}^2-1)}{4\tau_{m'}^2}\right]\tau^2+\left(\sum_{m'}\frac{B_{m'}^2\tau_{m'}}{y_{m'}^2+1}\right)\frac{1}{\tau}+\frac{3}{2}\left\{\left[\sum_{m''}\frac{B_{m''}^2\tau_{m''}^2(y_{m''}^2-1)}{(y_{m''}^2+1)^2}\right]+2\sigma_Q^2\right\}\frac{1}{\tau^2}+B_m^2 f\left(\frac{\tau}{\tau_m},y_m\right) \tag{2.3.26}$$

将阿伦方差中 τ 的系数写成 A_{-2} 、 A_{-1} 、 A_0 、 A_1 、 A_2 ，有

$$\sigma_{\text{Allan}}^2(\tau)=A_{-2}\frac{1}{\tau^2}+A_{-1}\frac{1}{\tau}+A_1\tau+A_2\tau^2+B_m^2 f\left(\frac{\tau}{\tau_m},y_m\right) \tag{2.3.27}$$

从式（2.3.27）可以看出，在阿伦方差中慢漂项噪声对陀螺方差的影响表现为 τ 、 τ^{-1} 、 τ^2 ，快漂项噪声的影响主要表现为 τ^{-2} ，而不快不慢项的影响形式较为复杂。文献[62]认为，激光陀螺的不快不慢项噪声较小，忽略式（2.3.18）和式（2.3.21）最后一项后得到经典方差和阿伦方差拟合的各系数取值的结论： $a_{-1}\geqslant 0$ ， $a_0\geqslant 0$ ， $a_1\leqslant 0$ ， a_{-2} 和 a_2 不确定； $A_{-1}\geqslant 0$ ， $A_0\geqslant 0$ ， $A_1\geqslant 0$ ， A_{-2} 和 A_2 不确定。

针对相同问题，考虑利用上述基于阻尼振荡的经典分析方差方法对 z 陀螺进行噪声分析。根据经典方差分析的步骤，对前两次测试数据取 2^{14} s，对第三次数据取 2^{15} s，计算其经典方差。根据文献[62]～[63]，利用式（2.3.25）前五项进行拟合，得到经典方差在三次试验下的系数如表 2.5 所示。

表 2.5 不同陀螺的经典方差拟合结果

陀螺	序次	τ^{-2}（10^{-2}）	τ^{-1}（10^{-2}）	τ^0（10^{-3}）	τ（10^{-6}）	τ^2（10^{-7}）
x 陀螺	1	1.852 0	4.246 3	1.035 0	−5.030 9	6.289 5
	2	5.636 2	1.214 3	4.330 4	−106.888 4	16.856 1
	3	5.238 1	1.710 8	3.248 9	−47.152 5	6.531 1
y 陀螺	1	5.743 7	1.326 6	3.667 0	−114.223 4	15.334 3
	2	4.985 4	2.082 9	2.514 8	−12.072 8	3.883 5
	3	4.963 9	2.196 2	2.021 5	−46.696 5	4.602 4
z 陀螺	1	3.361 9	−0.988 0	12.900 1	−112.128 3	8.370 2
	2	4.086 3	−1.512 0	12.966 0	−82.140 2	0.429 8
	3	3.154 6	−0.883 6	13.556 4	−31.901 3	2.543 9

从表 2.5 可以看出，x 陀螺和 y 陀螺的噪声系数符号很好地满足上述结论，但三次拟合系数差别较大。对于 z 陀螺，出现了 $a_{-1} \leqslant 0$，与文献[62]～[63]结论矛盾。同时，按式（2.3.20）两种方法求出的系数应成对应关系，但是比较表 2.4 和表 2.5，其系数差别较大，为此下一小节对两种分析方法中出现的问题和矛盾进行探讨和解释。

2.3.3 两种分析方法的前提探讨与合理解释

对光纤陀螺的随机噪声进行分析时，利用阿伦方差拟合遇到了系数为负，甚至有绝对值较大的负值的情形，在利用基于阻尼振荡假设的经典方法分析时，其拟合系数与阿伦方差相差较大，并没有恒等式中的对应关系。为此，进行陀螺输出的时域和频域分析，力求找到这种矛盾的合理解释。

对 z 陀螺输出进行频域分析。为清楚显示，将其输出的低频段（$0 \sim 3.158\times10^{-4}$ Hz）和高频段（$3.315\times10^{-4} \sim 0.5$ Hz）的频谱分别绘于图 2.22（a）和（b）。

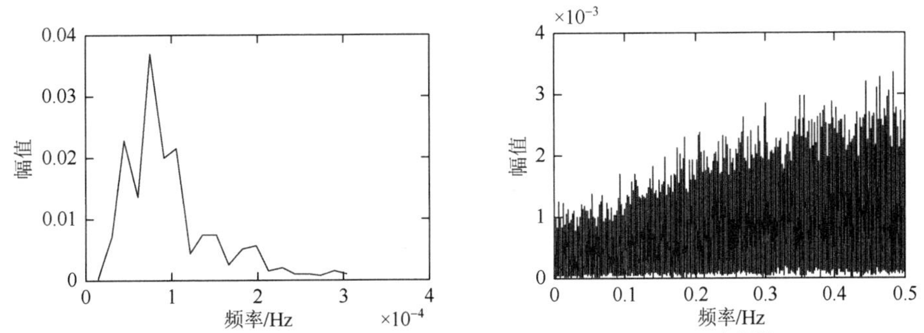

(a) 低频段　　(b) 高频段

图 2.22　z 陀螺输出频谱

从图 2.22 可以看出，陀螺输出在低频段（7.894×10^{-5} Hz）存在峰值，对应的信号周期约为 218.65 min，因此陀螺输出中可能存在低频周期性波动。

为此，进行信号的时域分析，对陀螺输出进行 10 s、30 s、1 min 平均零均值处理后得到的输出曲线如图 2.23 所示。从图 2.23 可以看出，陀螺输出中确实含有低频周期成分，其周期与频域分析结果相符，下面讨论上述两种分析方法的矛盾所在。

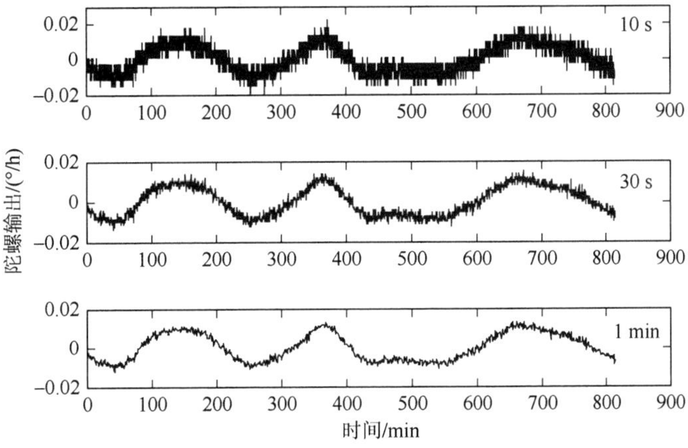

图 2.23　z 陀螺的时域波形

阿伦方差分析中，一般将光纤陀螺噪声分为量化噪声、角度随机游走、零偏不稳定性、角速率随机游走、速率斜坡、马尔可夫噪声和正弦噪声等几类。但在系数拟合中，一般舍去了马尔可夫噪声和正弦噪声等其他噪声对方差的贡献，在双对数曲线图中将其他噪声分离为与τ有关的不同系数项。而上述对陀螺的时域和频域分析表明，光纤陀螺低频率的波动较大，而正弦噪声的功率谱较为复杂，在τ小于其正弦频率的倒数时，其阿伦方差曲线斜率为1。因此，图2.23中在较短的相关时间内出现的斜率为1的直线，可能正是这种低频波动对方差的贡献。而该周期性波动的功率谱较为复杂，其对方差的贡献还有可能表现为τ的其他函数形式，若在拟合模型中忽略其成分，则阿伦方差不能正确反映光纤陀螺的噪声特点，从而影响τ的幂次项的拟合系数。

现以仿真验证上述分析，设陀螺1输出中只含有随机游走系数为$0.01\ °/\sqrt{\text{h}}$的白噪声，陀螺2除含有随机游走系数为$0.01\ °/\sqrt{\text{h}}$的白噪声外，还包含噪声强度为$0.01\ °/\sqrt{\text{h}}$、周期为218 min的正弦噪声。仿真步长为1 s，数据长度为6 h，仿真陀螺输出如图2.24所示。

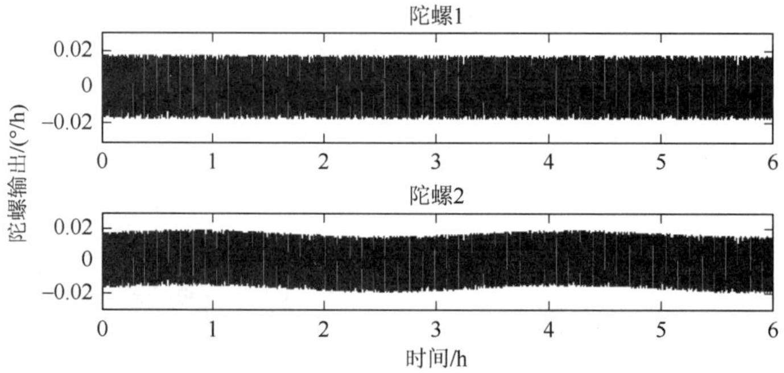

图2.24 不同噪声下的陀螺输出

从图2.24中并不能看出其噪声形式的本质区别，为此利用阿伦方差对其进行分析，最大相关时间取2 h。按照五次项模型进行阿伦方差拟合，图2.25（a）和（b）分别为陀螺1和陀螺2的阿伦方差曲线和拟合曲线。

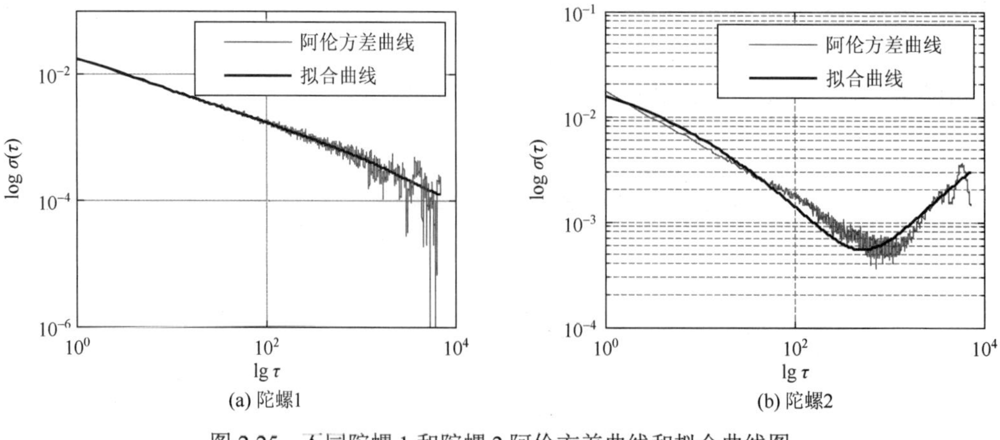

图2.25 不同陀螺1和陀螺2阿伦方差曲线和拟合曲线图

从图2.25可以看出，当在较短的相关时间内，陀螺2的阿伦方差出现了斜率为1的趋势，而陀螺噪声中并不含有速率游走噪声成分。因此，当陀螺输出中含有不可忽略的正弦噪声时，式（2.3.15）模型将不符合实际陀螺噪声特点，拟合时将产生较大误差。

为清楚比较，将两陀螺的阿伦方差拟合系数列于表 2.6。

表 2.6　陀螺 1 和陀螺 2 的阿伦方差拟合结果

陀螺	τ^{-2}	τ^{-1}	τ^{0}	τ	τ^{2}
陀螺 1	5.0728×10^{-5}	1.0500×10^{-2}	-9.1516×10^{-5}	7.9820×10^{-6}	-1.4352×10^{-8}
陀螺 2	-5.0120×10^{-3}	2.2676×10^{-2}	-1.0141×10^{-3}	3.07862×10^{-5}	-3.3078×10^{-7}

从表 2.6 可以看出，阿伦方差很好地估计出陀螺 1 的随机游走项，其他项较小（其值主要由计算的拟合误差造成）；由于陀螺 2 中存在不可忽略的正弦噪声，阿伦方差不能估计出各误差项参数。由此可见，正弦噪声不可忽略时，其对拟合系数产生影响。

上述分析合理解释了阿伦方差在进行光纤陀螺误差分析时遇到的问题，并得到仿真验证。下面探讨利用阻尼振荡为基础经典方差分析的前提。

利用经典方差对仿真陀螺 2 进行分析，得到各系数如表 2.7 所示。

表 2.7　经典方差的拟合结果

陀螺	τ^{-2}	τ^{-1}	τ^{0}	τ	τ^{2}
陀螺 2	2.1532×10^{-4}	3.2602×10^{-3}	1.9344×10^{-4}	1.3298×10^{-5}	-1.1619×10^{-7}

从表 2.7 可以看出，由于忽略了正弦噪声的贡献，阿伦方差与经典方差拟合的系数差别较大。这解释了两种方法下求出的拟合系数不符合式（2.3.20）所示的比例关系。

文献[62]～[63]以阻尼振荡为基础将陀螺噪声按阻尼弛豫时间划分为快漂项、慢漂项和不快不慢项，并通过推导指出快漂项和慢漂项对阿伦方差的 τ 的不同幂次项系数的贡献，得出在忽略不快不慢项噪声情况下激光陀螺经典方差 τ 系数小于 0、τ^{-1} 大于 0、其他系数符号不确定的结论，并通过大量的激光陀螺测试试验很好地验证了其结论。利用经典方差对 z 陀螺和仿真的陀螺 2 输出分析时，分别出现了 $a_{-1}<0$ 和 $a_1>0$，这与文献结论矛盾。这是因为：文献[62]～[63]进行拟合的前提是不快不慢项漂移较小，并提到当该项漂移不可忽略时模型的局限性。而在 z 陀螺和陀螺 2 仿真输出中存在不快不慢的正弦噪声项，可能存在较大的拟合误差，因此仿真和实际测试都得到验证。从 z 陀螺频谱分析可以看出，其噪声频谱特点类似于文献[62]～[63]中的例 7，这也验证了在光纤陀螺中存在不可忽略的不快不慢项漂移，因此文献[62]～[63]的模型拟合结果也不可信。

2.3.4　基于混合分段的阿伦方差分析

针对研究的光纤陀螺，阿伦方差传统拟合模型存在较大误差，其噪声特点又不满足基于阻尼振荡假设的经典方差分析的前提，因此单一利用两种方法难以准确衡量陀螺性能。文献[61]提出了利用分段阿伦方差的方法进行系数拟合。方法指出，在 $\sigma(\tau)-\tau$ 双对数曲线中每一特征段内只有一种噪声起主导作用，通过找到五种主要噪声曲线上的分界点可以进行分段拟合。

在实际光纤陀螺噪声分析中，每个频域都可能存在噪声，因此准确找到每一噪声的分界点较为困难；甚至在某特定的 τ 域内相关时间相近的两种噪声在阿伦方差都有贡献，若人为对其进行单一分段利用对应多项式拟合，可能产生较大误差。

文献[61]指出，可以利用阿伦方差拟合曲线斜率确定不同噪声的分段点，利用曲线分段外推各个噪声系数。利用上述方法，以 x 陀螺为例，用 13 h 测试的测试数据进行分段阿伦方差分析，其阿伦方差拟合曲线在 0～300 s 的斜率如图 2.26 所示。

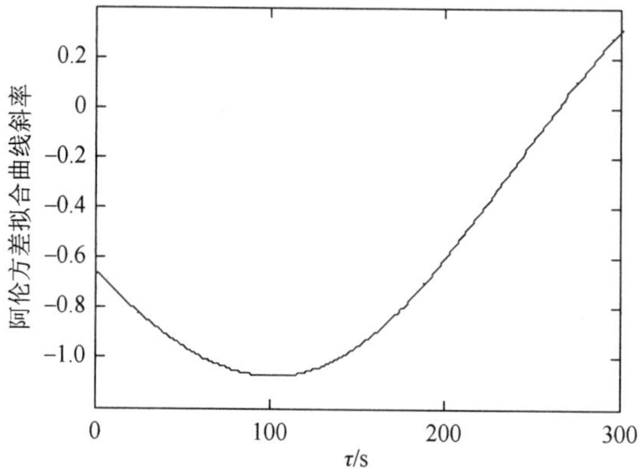

图 2.26　300 s 内阿伦方差拟合曲线的斜率

从图 2.26 可以看出，在较短相关时间的噪声（对应量化噪声和随机游走噪声）的阿伦方差曲线斜率并不是由 1 变为 –1/2 的折线。这说明量化噪声和随机游走噪声的相关时间没有明确的界限，在短时间内这两种类型的噪声对阿伦方差都有贡献，并不能通过斜率来直接划分分界点。

若根据噪声相关时间进行单一分段拟合，量化噪声相关时间较短（选为 1～100 s），光纤陀螺随机游走相关时间一般为 300 s 左右（选为 100～500 s），分别对 1～100 s 和 100～500 s 的阿伦方差进行单一分段拟合。根据噪声功率谱特点，拟合模型为

$$\sigma_Q^2(\tau)=A_{-2}\frac{1}{\tau^2} \tag{2.3.28}$$

$$\sigma_N^2(\tau)=A_{-1}\frac{1}{\tau} \tag{2.3.29}$$

文献[61]分段拟合曲线如图 2.27 所示，其系数为 $A_{-2}=0.12$， $A_{-1}=0.001\,387$ 。从图 6.26 可以看出，两个分段内都存在较大拟合误差，其中系数 A_{-2} 误差尤为明显，拟合均方差分别为 0.092 7 和 0.067 7。

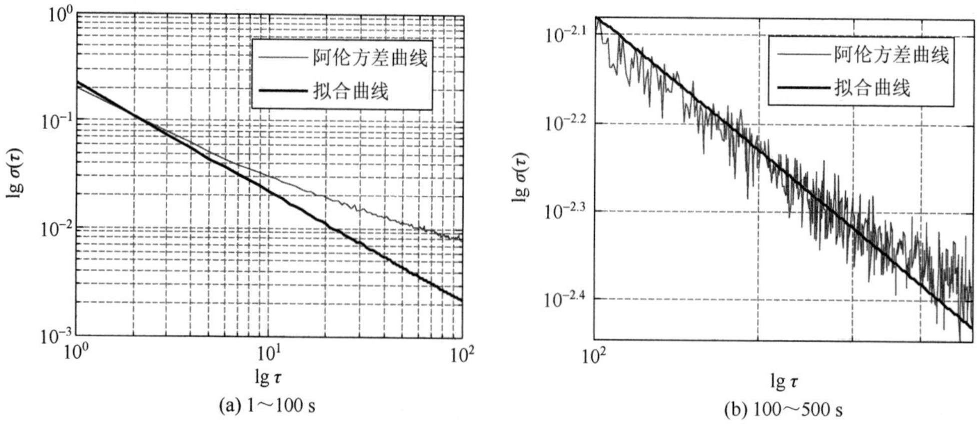

图 2.27　不同时间段内的阿伦方差曲线和拟合曲线

综上所述，单一分段拟合的方法也难以估计出各噪声成分的系数。针对 x 陀螺和 y 陀螺的速率游走和速率斜坡拟合系数为负的问题，提出一种基于混合重叠分段的光纤陀螺噪声分析方法。该方法根据阿伦方差双对数曲线及噪声相关时间特点对 τ 域进行重叠混合分段，根据 τ 域内的噪声成分和特点，将相关时间相近的不同噪声化为同一区段，同时为减小相邻区段噪声的方差贡献带来的拟合误差，拟合时将相邻频段内 τ 的幂次项纳入拟合模型。由于速度游走和速率斜坡系数相关时间较长，现以 x 陀螺和 y 陀螺的第三组测试数据为例进行分析。

根据各噪声的特点及相关时间，选取第一区段为 0～500 s，此区段内的噪声主要为量化噪声和随机游走，同时考虑零偏不稳定性噪声的影响，将拟合模型选为

$$\sigma_{\text{Allan}}^2(\tau) = A_{-2}\frac{1}{\tau^2} + A_{-1}\frac{1}{\tau} + A_1\tau \tag{2.3.30}$$

利用模型（2.3.30）进行拟合的结果如图 2.28 所示。其中：x 陀螺的拟合系数为 $A_{-2} = 0.162\,5$，$A_{-1} = 2.607\,6\times10^{-3}$，拟合均方差为 0.029 3；y 陀螺的拟合系数为 $A_{-2} = 0.162\,2$，$A_{-1} = 2.132\,6\times10^{-3}$，拟合均方差为 0.021 6。$A_0$ 加入模型只是为了减小拟合误差，其值不予采信，其系数将在其主要作用区段内进行拟合。

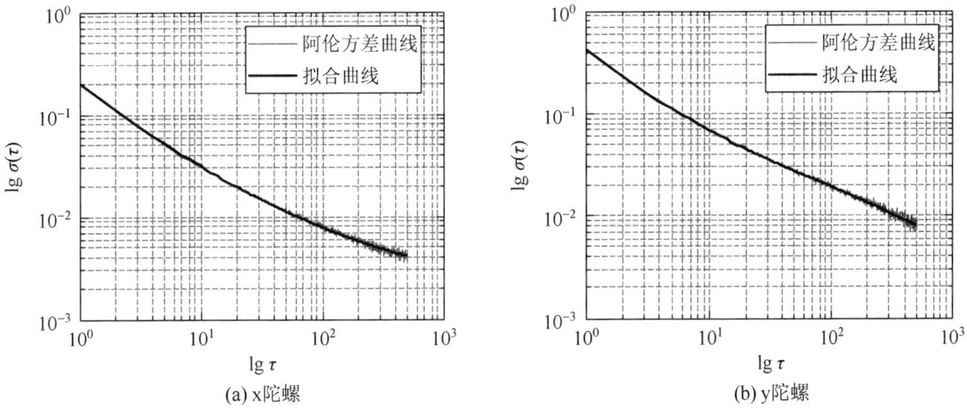

图 2.28　x 陀螺和 y 陀螺的阿伦方差曲线和拟合曲线（0～500 s）

选取第二区段为 300～3 000 s，此区段内的噪声主要为零偏不稳定性噪声，同时考虑随机游走和速率游走的影响，其拟合模型为

$$\sigma_{\text{Allan}}^2(\tau) = A_{-1}\frac{1}{\tau} + A_0 + A_1\tau \tag{2.3.31}$$

利用模型（2.3.31）进行拟合的结果如图 2.29 所示。其中：x 陀螺的拟合系数为$A_0 = 6.542\,7\times10^{-3}$，拟合均方差为 0.032 0；y 陀螺的拟合系数为 A_0=$5.257\,7\times10^{-3}$，拟合均方差为 0.035 4。

选取第三区段为 1 000～10 000 s，此区段内的噪声主要为速率游走和速率斜坡噪声，同时考虑零偏不稳定性的影响，其拟合模型为

$$\sigma_{\text{Allan}}^2(\tau) = A_0 + A_1\tau + A_2\tau^2 \tag{2.3.32}$$

利用模型（2.3.32）进行拟合的结果如图 2.30 所示。其中：x 陀螺的拟合系数为 $A_1 = 3.589\,3\times10^{-3}$，$A_2 = 5.454\,4\times10^{-4}$，拟合均方差为 0.028 78；y 陀螺的拟合系数为 $A_1 = 7.354\,4\times10^{-4}$，$A_{-1} = 4.576\,4\times10^{-5}$，拟合均方差为 0.025 45。

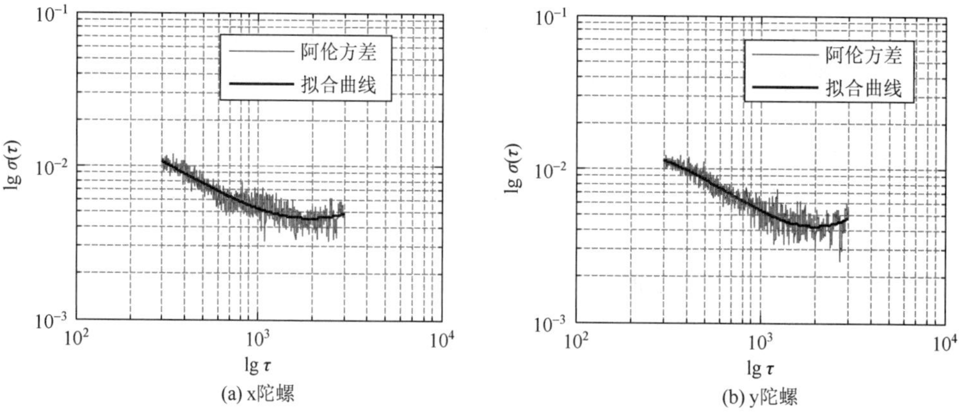

图 2.29　x 陀螺和 y 陀螺的阿伦方差曲线和拟合曲线（500～3 000 s）

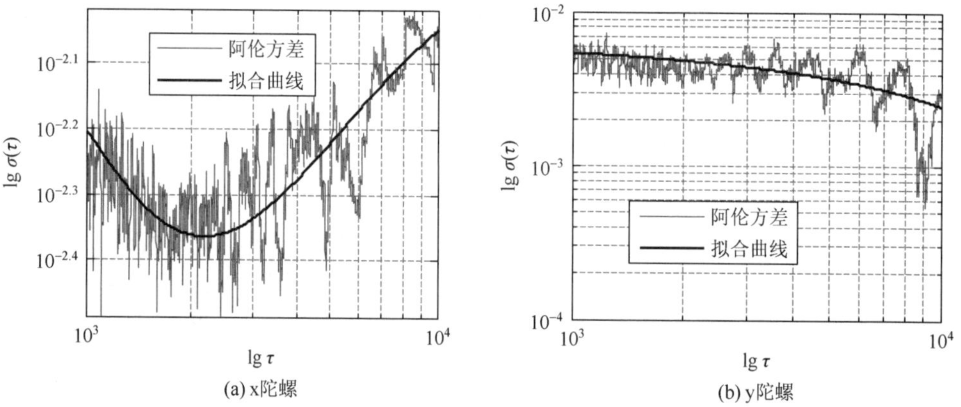

图 2.30　x 陀螺和 y 陀螺的阿伦方差曲线和拟合曲线（1 000～10 000 s）

通过上述分段分析，得到 x 陀螺和 y 陀螺的各噪声系数列于表 2.8。

表 2.8　阿伦方差分段拟合结果

陀螺	τ^{-2}	τ^{-1}	τ^{0}	τ	τ^{2}
x 陀螺	0.162 5	$2.607\ 6\times10^{-3}$	$6.542\ 7\times10^{-3}$	$3.589\ 3\times10^{-3}$	$5.454\ 4\times10^{-4}$
y 陀螺	0.162 2	$2.132\ 6\times10^{-3}$	$5.257\ 7\times10^{-3}$	$7.354\ 4\times10^{-4}$	$4.576\ 4\times10^{-5}$

从表 2.8 可以看出，两个陀螺的量化噪声相当，因为均采用同一块采样计数电路，两陀螺的随机游走和零偏不稳定性噪声相当。但 x 陀螺的速率游走和速率斜坡项较大，与之相比，y 陀螺的性能更为优越。

由于进行了混合分段，减小了在噪声成分分布不均匀时利用总体五项多项式拟合造成的拟合误差，隔离了不同类型噪声对相关时间相差较远的噪声拟合系数的影响，同时也避免了相关时间相近的噪声被单一分段隔离而导致其系数拟合误差。

由于 z 陀螺含有不可忽略的正弦噪声项，下面考虑其噪声分析方法。

单一频率的正弦噪声的阿伦方差为

$$\sigma_{\text{Allan}}^{2}(\tau)=\omega_{0}^{2}\cdot\frac{\sin^{2}(\pi f_{0}\tau)}{\pi f_{0}\tau} \tag{2.3.33}$$

式中：ω_0 为正弦幅值；f_0 为正弦频率。根据上述频域分析，z 陀螺的噪声频率 $f_0 \approx 7.894\times10^{-5}\,\text{Hz}$，若进行分区段拟合，当 $\tau<300$ s 时，$\pi f_0\tau<0.074\,39$，$\sin(\pi f_0\tau)\approx\pi f_0\tau$，式（2.3.33）可化为

$$\sigma_{\text{Allan}}^2(\tau)=\omega_0^2\pi f_0\tau \tag{2.3.34}$$

由此可见，在 $\tau<300$ s 区段内，z 陀螺正弦噪声的影响主要表现为斜率为 1 的成分，当噪声幅值 $\omega_0=0.01$ °/h 时，其系数为 2.478×10^{-8}，可以忽略。因此，$\tau<300$ s 内 z 陀螺的低频正弦噪声不影响量化噪声和随机游走系数。现以 2.3.3 小节仿真实例进行验证，对陀螺 1 和陀螺 2 在 0～300 s 区段内进行拟合：

$$\sigma_{\text{Allan}}^2(\tau)=A_{-2}\tau^{-2}+A_{-1}\tau^{-1}+A_0+A_1\tau \tag{2.3.35}$$

两陀螺的系数拟合结果如表 2.9 所示。

表 2.9　陀螺 1 和陀螺 2 的阿伦方差分段拟合结果

陀螺	τ^{-2}	τ^{-1}	τ^{0}	τ
陀螺 1	$1.409\,9\times10^{-5}$	0.010 74	$3.760\,7\times10^{-5}$	$2.461\,0\times10^{-6}$
陀螺 2	$1.301\,6\times10^{-5}$	0.011 82	$-3.433\,1\times10^{-5}$	$7.306\,3\times10^{-6}$

从表 2.9 可以看出，虽然陀螺 2 中含有正弦噪声项，但对短相关时间的量化噪声和随机游走噪声影响较小。因此，在 0～300 s 对 z 陀螺进行拟合可估计出量化噪声和随机游走项。

利用式（2.3.35）在 0～300 s 对 z 陀螺进行拟合的结果为：量化噪声系数 $A_{-2}=0.086\,30$，随机游走系数 $A_{-1}=7.448\,6\times10^{-4}$。z 陀螺与 x 陀螺、y 陀螺采用同一块采样计数电路，但因其陀螺刻度系数为 x 陀螺、y 陀螺的 2 倍，量化噪声应为 x 陀螺、y 陀螺系数的 1/2[148]，也很好地验证了拟合结果的有效性。

随着相关时间增加，正弦噪声会对 z 陀螺的零偏不稳定性噪声、速率游走和速率斜坡噪声系数产生影响，因此不能用阿伦方差进行分析，应找到相应的分析方法。

零偏不稳定性项可按中华人民共和国国家军用标准（简称国军标）定义进行估计。以 x 陀螺和 y 陀螺的零偏相关时间为参考，对 z 陀螺输出 1 000～2 000 点平均后求方差得到其零偏不稳定性，如表 2.10 所示。

表 2.10　不同时长内 z 陀螺的零偏不稳定性

平均点数	方差
1 000	0.034 54
1 200	0.034 46
1 400	0.034 48
1 600	0.034 39
1 800	0.034 07
2 000	0.033 97

按国军标定义，其零偏不稳定性噪声系数为 0.034 318。速率游走和速率斜坡由于受正弦信号影响，在短时间内对其系数估计较为困难，因此应进一步增加采样时间或找到近似的估计方法，这也是后续研究方向。

第 3 章

旋转惯导系统误差特性分析与补偿

本章首先将从捷联式惯导系统的基本方程和误差方程出发，通过分析误差源在不同坐标系内的传递过程及坐标系相互关系，类推旋转惯导系统的误差方程。然后基于此误差方程，分析IMU周期性旋转对系统误差调制的原理；以坐标系转换为基础，探讨目前常见的单轴和双轴两种旋转方案下旋转坐标系与载体坐标系的关系及数学描述。接着基于旋转惯导系统的误差方程及不同旋转方案的数学描述，以陀螺组件的误差为例，从理论上推导其常值漂移、刻度系数、安装、随机漂移等误差源在不同旋转方案下的传递规律、表现形式及对系统精度的影响。最后，进行各传统误差源在不同旋转方案作用下的系统误差模型仿真，定量给出各误差源对于系统精度的影响，验证系统误差特性的理论。

3.1 坐标系及误差描述

3.1.1 坐标系的定义

旋转惯导系统中涉及的所有运动参数在定义的坐标系中表示。同时，某个坐标系中参数通常会被转换到另一个坐标系中计算运动参数。因此，本小节将给出用于推导惯导系统方程的相关坐标系，如图3.1所示。为了研究安装在船上的旋转惯导系统误差补偿方案，将船和旋转惯导系统放大以说明相关坐标系定义。

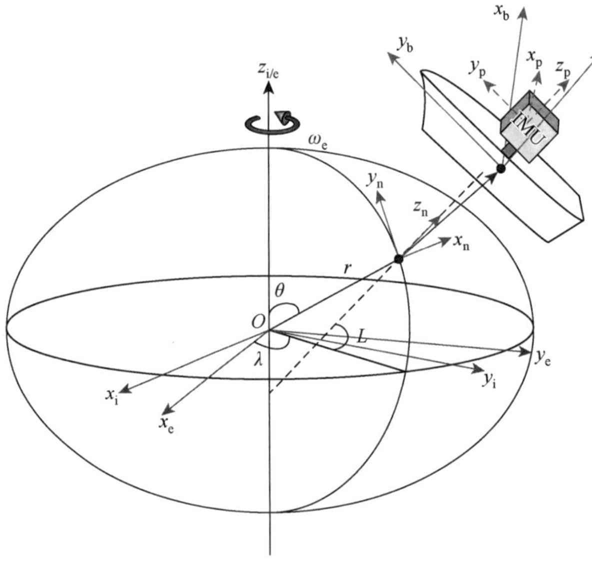

图3.1 参考坐标系

（1）惯性坐标系（简称为i系）。惯性坐标系的原点位于地球的中心点O，z轴指向北极，x轴指向平均春分点，y轴与z轴和x轴构成右手直角坐标系。惯性坐标系相对于遥远的星系不旋转。陀螺仪和加速度计的输出以惯性坐标系为参考。

（2）地球坐标系（简称为e系）。地球坐标系的z轴与惯性坐标系的z轴相同，x轴指向格林尼治（Greenwich）本初子午线，y轴与x轴和z轴构成右手直角坐标系。该坐标系绕地球极轴旋转的角速度为$\boldsymbol{\omega}_{ie}^{e}=(0,0,\omega_{ie})^{T}$（$\omega_{ie}$为地球的旋转角速率）。

（3）导航坐标系（简称为n系）。导航坐标系是本地大地坐标系，原点位于载体所在的位置，x、y、z 轴分别指向东、北、天。旋转惯导系统计算是在导航框架中执行的，因此，在导航计算之前，所有矢量都应转换为该框架。

（4）载体坐标系（简称为 b 系）。载体坐标系定义为正交的载体安装 IMU，x、y、z 轴分别指向船体的右侧、前侧、上侧。一般会依据载体坐标系与导航坐标系之间的关系对船舶的姿态信息进行编码。

（5）IMU 坐标系（简称为 p 系）。IMU 坐标系定义为正交 IMU，x、y、z 轴分别指向 IMU 的右侧、前侧、上侧。在旋转惯导系统中，IMU 绕载体坐标系的某个轴而不是捷联轴旋转，因此该坐标系在初始时刻与载体坐标系重合，并在旋转惯导系统工作时绕 IMU 旋转轴旋转。通常，IMU 在双轴旋转中绕 x 轴或 z 轴交替旋转。图 3.2 中显示了 p 系和 b 系之间的关系。

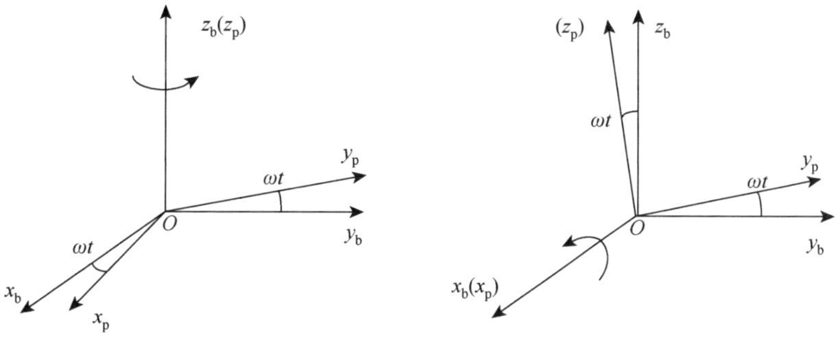

(a) p系绕 b 系 z 轴旋转　　(b) p系绕 b 系 x 轴旋转

图 3.2　p 系与 b 系之间的关系

（6）安装坐标系（简称为 f 系）。安装坐标系指向沿着陀螺仪和加速度计敏感轴的方向。由于存在安装误差，该坐标系为非正交系。

3.1.2 误差的定义

1. 安装误差

安装误差可以通过 p 系与 f 系之间的未对准角度来描述，如图 3.3 所示。由于 f 系是非正交的，$k_{12},k_{13},k_{21},k_{23},k_{31},k_{32}$ 是由陀螺仪安装误差引起的 b 系与 f 系之间的六个小的未对准角度。

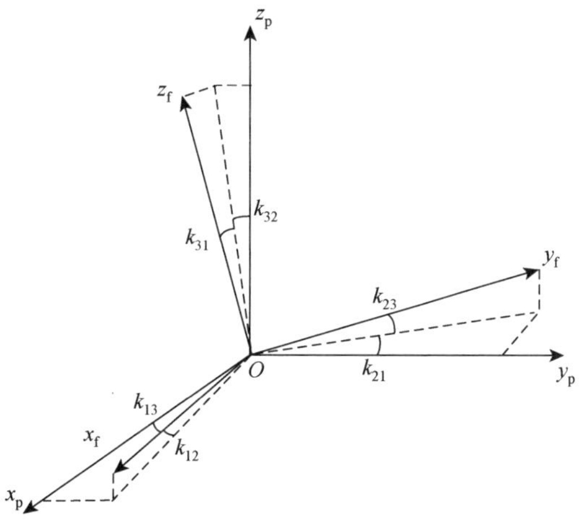

图 3.3　三个非正交陀螺仪的安装误差

从图 3.3 可以看出，若在 p 系中将角速度输入表示为 $\boldsymbol{\omega}_{\mathrm{ip}}^{\mathrm{p}}=(\omega_{\mathrm{ip}x}^{\mathrm{p}},\omega_{\mathrm{ip}y}^{\mathrm{p}},\omega_{\mathrm{ip}z}^{\mathrm{p}})^{\mathrm{T}}$，则由于安装误差，$\tilde{\boldsymbol{\omega}}_{\mathrm{ip}}^{\mathrm{p}}$ 可以写为陀螺仪的实际输出

$$\begin{bmatrix} \omega_{\mathrm{ip}x}^{\mathrm{p}}+k_{12}\omega_{\mathrm{ip}y}^{\mathrm{p}}+k_{13}\omega_{\mathrm{ip}z}^{\mathrm{p}} \\ k_{21}\omega_{\mathrm{ip}x}^{\mathrm{p}}+\omega_{\mathrm{ip}y}^{\mathrm{p}}+k_{23}\omega_{\mathrm{ip}z}^{\mathrm{p}} \\ k_{31}\omega_{\mathrm{ip}x}^{\mathrm{p}}+k_{32}\omega_{\mathrm{ip}y}^{\mathrm{p}}+\omega_{\mathrm{ip}z}^{\mathrm{p}} \end{bmatrix}$$

2. 比例因子误差

比例因子是从惯性传感器输出到角速度或角加速度的转换系数。把惯性传感器输出电压转换为角速度或加速度时，会出现误差，三个陀螺仪的比例因子误差表示为

$$\begin{bmatrix} (1+k_{11})(\omega_{\mathrm{ip}x}^{\mathrm{p}}+k_{12}\omega_{\mathrm{ip}y}^{\mathrm{p}}+k_{13}\omega_{\mathrm{ip}z}^{\mathrm{p}}) \\ (1+k_{22})(k_{21}\omega_{\mathrm{ip}x}^{\mathrm{p}}+\omega_{\mathrm{ip}y}^{\mathrm{p}}+k_{23}\omega_{\mathrm{ip}z}^{\mathrm{p}}) \\ (1+k_{33})(k_{31}\omega_{\mathrm{ip}x}^{\mathrm{p}}+k_{32}\omega_{\mathrm{ip}y}^{\mathrm{p}}+\omega_{\mathrm{ip}z}^{\mathrm{p}}) \end{bmatrix}$$

就可以写出陀螺仪的实际输出 k_{11}、k_{22}、k_{33}。

3. 常值误差和随机误差

陀螺仪和加速度计的输出相对于实际输入不可避免地存在常值误差和随机误差，分别表示为 $\boldsymbol{\varepsilon}$ 和 $\boldsymbol{n}$。当考虑安装误差、比例因子误差、常值误差和随机误差时，陀螺仪的实际输出可以写为

$$\begin{cases} \tilde{\omega}_{\mathrm{ip}x}^{\mathrm{p}}=(1+k_{11})(\omega_{\mathrm{ib}x}^{\mathrm{p}}+k_{12}\omega_{\mathrm{ib}y}^{\mathrm{p}}+k_{13}\omega_{\mathrm{ib}z}^{\mathrm{p}})+\varepsilon_x+n_x \\ \tilde{\omega}_{\mathrm{ip}y}^{\mathrm{p}}=(1+k_{22})(k_{21}\omega_{\mathrm{ip}x}^{\mathrm{p}}+\omega_{\mathrm{ip}y}^{\mathrm{p}}+k_{23}\omega_{\mathrm{ip}z}^{\mathrm{p}})+\varepsilon_y+n_y \\ \tilde{\omega}_{\mathrm{ip}z}^{\mathrm{p}}=(1+k_{33})(k_{31}\omega_{\mathrm{ip}x}^{\mathrm{p}}+k_{32}\omega_{\mathrm{ip}y}^{\mathrm{p}}+\omega_{\mathrm{ip}z}^{\mathrm{p}})+\varepsilon_z+n_z \end{cases} \tag{3.1.1}$$

式（3.1.1）可以写成矩阵形式

$$\tilde{\boldsymbol{\omega}}_{\mathrm{ip}}^{\mathrm{p}}=(1+\delta\boldsymbol{K}_{\mathrm{g}})(1+\delta\boldsymbol{A}_{\mathrm{g}})\boldsymbol{\omega}_{\mathrm{ip}}^{\mathrm{p}}+\boldsymbol{\varepsilon}+\boldsymbol{n} \tag{3.1.2}$$

式中：陀螺仪的比例因子误差矩阵 $\delta\boldsymbol{K}_{\mathrm{g}}$ 和安装误差矩阵 $\delta\boldsymbol{A}_{\mathrm{g}}$ 分别为

$$\delta\boldsymbol{K}_{\mathrm{g}}=\begin{bmatrix} k_{11} & 0 & 0 \\ 0 & k_{22} & 0 \\ 0 & 0 & k_{33} \end{bmatrix} \tag{3.1.3}$$

$$\delta\boldsymbol{A}_{\mathrm{g}}=\begin{bmatrix} 0 & k_{12} & k_{13} \\ k_{21} & 0 & k_{23} \\ k_{31} & k_{32} & 0 \end{bmatrix} \tag{3.1.4}$$

若省略高阶小量，则陀螺仪的测量误差为

$$\delta\boldsymbol{\omega}_{\mathrm{ip}}^{\mathrm{p}}=\tilde{\boldsymbol{\omega}}_{\mathrm{ip}}^{\mathrm{p}}-\boldsymbol{\omega}_{\mathrm{ip}}^{\mathrm{p}}=(\delta\boldsymbol{K}_{\mathrm{g}}+\boldsymbol{\delta A}_{\mathrm{g}})\boldsymbol{\omega}_{\mathrm{ip}}^{\mathrm{p}}+\boldsymbol{\varepsilon}+\boldsymbol{n} \tag{3.1.5}$$

类似地，加速度计的测量误差可以写为

$$\delta\boldsymbol{f}^{\mathrm{p}}=(\delta\boldsymbol{K}_{\mathrm{a}}+\delta\boldsymbol{A}_{\mathrm{a}})\boldsymbol{f}^{\mathrm{p}}+\boldsymbol{\nabla}^{\mathrm{p}}+\boldsymbol{r} \tag{3.1.6}$$

$$\delta \boldsymbol{K}_{\mathrm{a}}=\begin{bmatrix} a_{11} & 0 & 0 \\ 0 & a_{22} & 0 \\ 0 & 0 & a_{33} \end{bmatrix} \tag{3.1.7}$$

$$\delta \boldsymbol{A}_{\mathrm{a}}=\begin{bmatrix} 0 & a_{12} & a_{13} \\ a_{21} & 0 & a_{23} \\ a_{31} & a_{32} & 0 \end{bmatrix} \tag{3.1.8}$$

式中：加速度计的比例因子误差矩阵 $\delta \boldsymbol{K}_{\mathrm{a}}$ 和安装误差矩阵 $\delta \boldsymbol{A}_{\mathrm{a}}$ 分别为 $a_{12},a_{13},a_{21},a_{23},a_{31},a_{32}$ 为由安装误差引起的b系与f系之间的六个小错位角度；a_{11},a_{22},a_{33} 为三个加速度计的比例因子误差；$\boldsymbol{\nabla}^{\mathrm{p}}$ 和 $\boldsymbol{r}$ 分别为加速度计的常值误差和随机误差。

应当注意的是，陀螺仪和加速度计安装在 IMU 机架中，并与惯导系统中的 IMU 一起旋转。但是在惯导系统中，陀螺仪和加速度计是固定在机身上的，因此惯导系统中的惯性传感器误差可以类似地得出

$$\delta \boldsymbol{\omega}_{\mathrm{ib}}^{\mathrm{b}}=(\delta \boldsymbol{K}_{\mathrm{g}}+\delta \boldsymbol{A}_{\mathrm{g}})\boldsymbol{\omega}_{\mathrm{ib}}^{\mathrm{b}}+\boldsymbol{\varepsilon}+\boldsymbol{n} \tag{3.1.9}$$

$$\delta \boldsymbol{f}^{\mathrm{b}}=(\delta \boldsymbol{K}_{\mathrm{a}}+\delta \boldsymbol{A}_{\mathrm{a}})\boldsymbol{f}^{\mathrm{b}}+\tilde{\boldsymbol{N}}^{\mathrm{b}}+\boldsymbol{r} \tag{3.1.10}$$

在目前常见的文献中，常常忽略了旋转系与载体系之间的旋转性误差。但在实际系统中，由于旋转轴的安装，测角器件精度、旋转换向等因素使得旋转系与载体系之间不可避免地存在误差。下一小节将针对单轴旋转系统，进行旋转轴运动及其误差的描述，对旋转轴不正交误差、测角误差、转速控制误差，以及换向误差对系统精度的影响进行分析。

3.1.3　旋转轴运动及其误差描述

以 IMU 绕载体天向轴正反转为例描述旋转性误差。如图 3.4 所示，r_0 为理想旋转坐标系，$x_{\mathrm{r}0}$ 和 $y_{\mathrm{r}0}$ 绕 $z_{\mathrm{r}0}$ 正反转动。若旋转轴不存在误差，则 $z_{\mathrm{r}0}$ 与 b 系的 z_{b} 轴重合，即在初始时刻理想旋转系 r_0 与 b 系重合。但由于加工、安装精度等因素的影响，实际旋转轴 z_{r} 与理想旋转轴 $z_{\mathrm{r}0}$ 之间并不重合，即 z_{r} 轴与理想旋转系 r_0 的 $x_{\mathrm{r}0}$ 轴和 $y_{\mathrm{r}0}$ 轴（b 系的 x_{b} 轴和 y_{b} 轴）存在不正交角。因此，惯性测量单元在绕 z_{r} 轴旋转时，理想旋转系 r_0 的 $z_{\mathrm{r}0}$ 轴（b 系的 z_{b} 轴）绕旋转轴做如图 3.4 虚线所示的涡动。

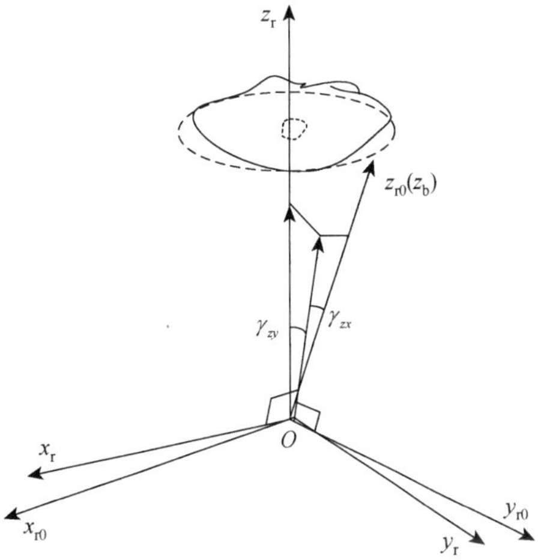

图 3.4　旋转轴不正交误差

为有效描述载体的这种不规则运动，对各误差做如下定义。将旋转轴 z_{r} 向载体系的 $x_{\mathrm{r}0}Oz_{\mathrm{r}0}$ 平面投影，投影角为 γ_{zy}，此角度为旋转轴 z_{r} 与载体系 $y_{\mathrm{r}0}$ 轴的不正交角。此投影在 $x_{\mathrm{r}0}Oz_{\mathrm{r}0}$ 平面与载体系 $z_{\mathrm{r}0}$ 轴的夹角为 γ_{zx}，此角度为 z_{r} 轴与 $x_{\mathrm{r}0}$ 轴的不正交角。上述两个不正交角 γ_{zy} 和 γ_{zx} 确定了旋转轴与载体系 $z_{\mathrm{r}0}$ 轴的安装关系。

若载体在实际旋转系内的角速率为 ω^{r}，在理想旋转系内的投影为 $\omega^{\mathrm{r}0}$，根据图 3.4 所示的坐标关系有

$$\boldsymbol{\omega}^{r0}=\begin{bmatrix}1 & 0 & -\cos\gamma_{zy}\sin\gamma_{zx}\\ 0 & 1 & \sin\gamma_{zy}\\ -\sin\gamma_{zx} & \sin\gamma_{zy} & \cos\gamma_{zy}\cos\gamma_{zx}\end{bmatrix}\omega^{r} \tag{3.1.11}$$

当轴系间不存在间隙时，两个不正交角相对固定，当载体绕 z_r 轴旋转时，z_{r0} 做图 3.4 中虚线所示的涡动。由于旋转轴通过安装在一端的电机提供转矩，另一端由轴承固定，轴系间存在间隙，旋转轴存在绕其中心位置的晃动，这导致载体系的 z 轴在做涡动的同时也存在不规则的晃动，其实际运动轨迹如图 3.4 的实线所示。z_{r0} 轴的实际位置偏离理想涡动曲线，此时两不正交角不再固定，因此可以将其变化角度分解为 x_{r0} 轴和 y_{r0} 轴两个方向的分量，分别记为 δ_x 和 δ_y。由两不正交角 γ_{zy} 和 γ_{zx} 及其在 x_{r0} 轴和 y_{r0} 轴的变化量 δ_x 和 δ_y 就可以描述 b 系在旋转轴旋转条件下的实际运动。

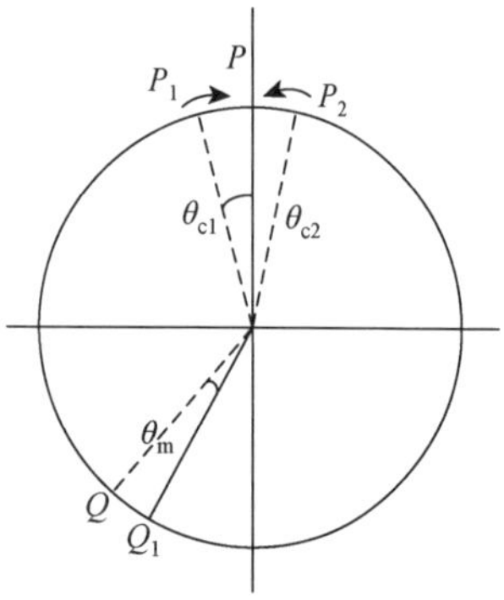

图 3.5 旋转控制误差描述

由于旋转机构控制算法和测角器件的精度等因素的影响，IMU 在旋转过程中旋转速度、旋转换向控制、测角器件都存在误差。对单轴正反旋转的惯导系统的误差角做如下定义。旋转方案中，IMU 绕 z_{r0} 轴以理想角速率 ω 进行正反 360°匀速旋转，其轨迹如图 3.5 所示。

设 IMU 以点 P 为起点开始旋转，在转动 360°后到达点 P 电机进行换向，因电机控制存在超调误差，实际电机的换向时刻为点 P_1；而后电机反向旋转至点 P 后，控制算法再次控制其换向，同样因超调误差存在导致实际换向点为点 P_2。当 IMU 从点 P_2 换向后再次经过点 P 时完成一个旋转周期。记 P_1 和 P_2 两点与点 P 的夹角分别为 θ_{c1} 和 θ_{c2}，为旋转机构换向时的正转和反转超调误差角。

在电机的旋转控制中，设 Q 为某一时刻电机的真实位置，Q_1 为角度测量器件测得的位置，定义其夹角为测量误差角 θ_m。

此外，由于电机在实际旋转中因电机换向、测角精度、外界干扰等因素的影响，其理想转速与实际转速之间也存在误差，定义此项误差为电机的转速控制误差，记为 $\delta\omega$。

3.2 捷联式惯导系统误差模型

3.2.1 导航基本方程

惯导系统的基本方程包括姿态方程、速度方程和位置方程。对于在地球表面附近工作的惯导系统（忽略高度变化），以当地地理坐标系进行导航解算时，有如下基本导航方程[3]。

姿态方程为

$$\dot{\boldsymbol{C}}_b^n=\boldsymbol{C}_b^n\boldsymbol{\Omega}_{nb}^b \tag{3.2.1}$$

式中：$\boldsymbol{C}_b^n$ 为姿态角的方向余弦阵；$\boldsymbol{\Omega}_{nb}^n$ 为 $\boldsymbol{\omega}_{nb}^n$ 的反对称矩阵。

速度方程为

$$\dot{\boldsymbol{v}}^n=\boldsymbol{C}_b^n\boldsymbol{f}^b-(2\boldsymbol{\omega}_{ie}^n+\boldsymbol{\omega}_{en}^n)\times\boldsymbol{v}^n+\boldsymbol{g}^n \tag{3.2.2}$$

位置方程为

$$\begin{cases}\dot{L}=\dfrac{V_N}{R_M}\\ \dot{\lambda}=\dfrac{V_E}{R_N\cos L}\end{cases} \tag{3.2.3}$$

3.2.2 误差方程

文献[3]从上述基本方程出发，详细推导了捷联式惯导系统的姿态、速度和位置误差方程。

姿态误差方程为

$$\dot{\boldsymbol{\phi}}=-\boldsymbol{\omega}_{\mathrm{in}}^{\mathrm{n}}\times\boldsymbol{\phi}+\delta\boldsymbol{\omega}_{\mathrm{in}}^{\mathrm{n}}-\boldsymbol{C}_{\mathrm{b}}^{\mathrm{n}}\delta\hat{\boldsymbol{\omega}}_{\mathrm{ib}}^{\mathrm{b}} \tag{3.2.4}$$

式中：$\delta\hat{\boldsymbol{\omega}}_{\mathrm{ib}}^{\mathrm{b}}$ 为陀螺在载体系内的测试误差。在考虑陀螺刻度系数误差、安装误差和陀螺漂移后，可以表示为

$$\delta\hat{\boldsymbol{\omega}}_{\mathrm{ib}}^{\mathrm{n}}=\boldsymbol{C}_{\mathrm{b}}^{\mathrm{n}}\delta\hat{\boldsymbol{\omega}}_{\mathrm{ib}}^{\mathrm{b}}=\boldsymbol{C}_{\mathrm{b}}^{\mathrm{n}}[([\delta\boldsymbol{K}_G]+[\delta\boldsymbol{G}])\boldsymbol{\omega}_{\mathrm{ib}}^{\mathrm{b}}+\boldsymbol{\varepsilon}^{\mathrm{b}}] \tag{3.2.5}$$

式中：$[\delta\boldsymbol{G}]$ 为安装误差阵，其定义见 3.1 节；$[\delta\boldsymbol{K}_G]$ 为刻度系数误差，设三个陀螺的刻度系数误差分别为 δK_{Gx}、δK_{Gy}、δK_{Gz}，则 $[\delta\boldsymbol{K}_G]=\mathrm{diag}\{\delta K_{Gx},\ \delta K_{Gy},\ \delta K_{Gz}\}$。

速度误差方程为

$$\delta\dot{\boldsymbol{v}}=\boldsymbol{f}^{\mathrm{n}}\times\boldsymbol{\phi}+\boldsymbol{C}_{\mathrm{b}}^{\mathrm{n}}\delta\boldsymbol{f}^{\mathrm{b}}-(2\boldsymbol{\omega}_{\mathrm{ie}}^{\mathrm{n}}+\boldsymbol{\omega}_{\mathrm{en}}^{\mathrm{n}})\times\delta\boldsymbol{v}-(2\delta\boldsymbol{\omega}_{\mathrm{ie}}^{\mathrm{n}}+\delta\boldsymbol{\omega}_{\mathrm{en}}^{\mathrm{n}})\times\boldsymbol{v}-\delta\boldsymbol{g} \tag{3.2.6}$$

式中：$\delta\boldsymbol{f}^{\mathrm{b}}$ 为加速度计在载体系内的测试误差，$\delta\boldsymbol{f}^{\mathrm{b}}=([\delta\boldsymbol{K}_G]+[\delta\boldsymbol{A}])\boldsymbol{f}^{\mathrm{b}}+\boldsymbol{\nabla}^{\mathrm{b}}$；$[\delta\boldsymbol{G}]$ 为安装误差阵，其定义见 3.1 节；$[\delta\boldsymbol{K}_G]$ 为加速度计刻度系数误差，设三个加速度计的刻度系数误差分别为 δK_x、δK_y、δK_z，则 $[\delta\boldsymbol{K}]=\mathrm{diag}\{\delta\boldsymbol{K}_x,\delta\boldsymbol{K}_y,\delta\boldsymbol{K}_z\}$；

$$\dot{\boldsymbol{\phi}}=\begin{bmatrix}0 & -\phi_U & \phi_N\\ \phi_U & 0 & -\phi_E\\ -\phi_N & \phi_E & 0\end{bmatrix}$$

为姿态角反对称矩阵（ϕ_E、ϕ_N、ϕ_U 为姿态误差角）。

忽略高度因素影响，位置误差方程为

$$\begin{cases}\delta\dot{L}=\dfrac{\delta V_N}{R_M}\\ \delta\dot{\lambda}=\dfrac{\delta V_E}{R_N\cos L}+\delta L\dfrac{V_E}{R_N}\tan L\sec L\end{cases} \tag{3.2.7}$$

3.3 旋转惯导系统误差模型

3.3.1 误差方程及误差调制原理

旋转惯导系统的基座与载体固连，系统通过旋转机构为 IMU 提供转动力矩，使 IMU 绕单轴或多个相互正交的轴旋转。旋转惯导系统的陀螺和加速度计的输出在旋转坐标系内测得，其误差可表示为 $\delta\boldsymbol{\omega}_{\mathrm{ip}}^{\mathrm{p}}$ 和 $\delta\boldsymbol{f}^{\mathrm{p}}$。在导航解算时，将测试数据经旋转分解后转换到 n 系进行解算，其量测量增加了一次坐标变换。根据捷联式惯导系统的误差方程，类推旋转惯导系统的姿态误差方程和速度误差方程分别为

$$\dot{\boldsymbol{\phi}} = -\boldsymbol{\omega}_{\text{in}}^{\text{n}} \times \boldsymbol{\phi} + \delta\boldsymbol{\omega}_{\text{in}}^{\text{n}} - \boldsymbol{C}_{\text{b}}^{\text{n}}\boldsymbol{C}_{\text{p}}^{\text{b}}(\delta\boldsymbol{\omega}_{\text{ip}}^{\text{p}} + \delta\boldsymbol{\omega}_{\text{pb}}^{\text{p}}) \tag{3.3.1}$$

$$\delta\dot{\boldsymbol{v}} = \boldsymbol{f}^{\text{n}} \times \boldsymbol{\phi} + \boldsymbol{C}_{\text{b}}^{\text{n}}\boldsymbol{C}_{\text{p}}^{\text{b}}\delta\boldsymbol{f}^{\text{b}} - (2\boldsymbol{\omega}_{\text{ie}}^{\text{n}} + \boldsymbol{\omega}_{\text{en}}^{\text{n}}) \times \delta\boldsymbol{v} - (2\delta\boldsymbol{\omega}_{\text{ie}}^{\text{n}} + \delta\boldsymbol{\omega}_{\text{en}}^{\text{n}}) \times \boldsymbol{v} - \delta\boldsymbol{g} \tag{3.3.2}$$

将式（3.2.4）与式（3.3.1）、式（3.2.6）与式（3.3.2）相比可知，旋转惯导系统的惯性元件误差项经过了两次变换，其中矩阵 $\boldsymbol{C}_{\text{p}}^{\text{b}}$ 为旋转坐标系 p 到载体坐标系 b 的变换阵。同时，在姿态误差中增加了 p 系与 b 系的量测误差项 $\delta\boldsymbol{\omega}_{\text{pb}}^{\text{p}}$。

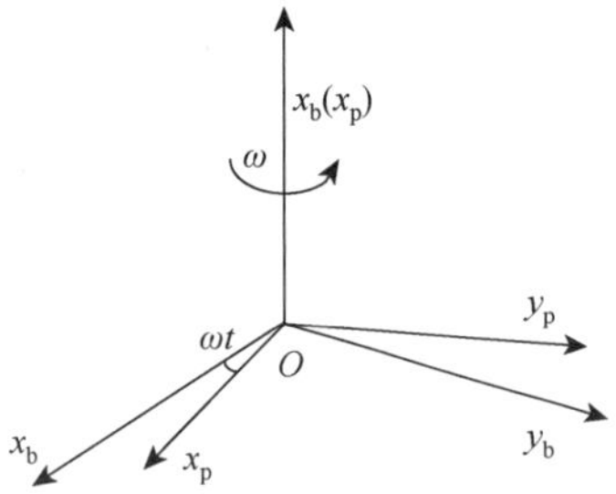

图 3.6 旋转系与载体系的关系

旋转惯导系统只是改变了惯性器件的测量位置，并不改变系统的解算流程和算法，因此系统的位置误差仍然会以速度误差的积分形式进行传递，其误差方程如式（3.2.7）和式（3.2.8）所示，只是式中的速度误差以式（3.3.2）的规律传播。

基于上述误差方程，以系统 IMU 绕 z 轴连续旋转为例分析旋转对于误差调制的机理。图 3.6 所示为在旋转 t 时刻，p 系与 b 系的关系。

假设 IMU 绕 b 系 z_{b} 轴以角速率 ω 连续匀速旋转，则根据坐标变换关系，在 t 时刻从 p 系到 b 系的变换矩阵为

$$\boldsymbol{C}_{\text{p}}^{\text{b}}(t) = \begin{bmatrix} \cos(\omega t) & -\sin(\omega t) & 0 \\ \sin(\omega t) & \cos(\omega t) & 0 \\ 0 & 0 & 1 \end{bmatrix} \tag{3.3.3}$$

若陀螺和加速度计在旋转系内的测量误差分别为 $\delta\boldsymbol{\omega}_{\text{ip}}^{\text{p}}(\delta\boldsymbol{\omega}_{\text{ip}}^{\text{p}} = (\delta\omega_{\text{ip}x}^{\text{p}}, \delta\omega_{\text{ip}y}^{\text{p}}, \delta\omega_{\text{ip}z}^{\text{p}}))$ 和 $\delta\boldsymbol{f}^{\text{p}}(\delta\boldsymbol{f}^{\text{p}} = (\delta f_x^{\text{p}}, \delta f_y^{\text{p}}, \delta f_z^{\text{p}}))$。不考虑旋转引入的旋转性误差 $\delta\boldsymbol{\omega}_{\text{pb}}^{\text{p}}$，根据式（3.3.1）和式（3.3.3），测量误差经过坐标转换后在导航系内的表现形式为

$$\begin{aligned} \delta\boldsymbol{\omega}_{\text{ip}}^{\text{n}} &= \boldsymbol{C}_{\text{b}}^{\text{n}}\boldsymbol{C}_{\text{p}}^{\text{b}}\delta\boldsymbol{\omega}_{\text{ip}}^{\text{p}} = \boldsymbol{C}_{\text{b}}^{\text{n}} \begin{bmatrix} \cos(\omega t) & -\sin(\omega t) & 0 \\ \sin(\omega t) & \cos(\omega t) & 0 \\ 0 & 0 & 1 \end{bmatrix} \begin{bmatrix} \delta\omega_{\text{ip}}^{\text{p}x} \\ \delta\omega_{\text{ip}}^{\text{p}y} \\ \delta\omega_{\text{ip}}^{\text{p}z} \end{bmatrix} \\ &= \boldsymbol{C}_{\text{b}}^{\text{n}} \begin{bmatrix} \delta\omega_{\text{ip}}^{\text{p}x}\cos(\omega t) - \delta\omega_{\text{ip}}^{\text{p}y}\sin(\omega t) \\ \delta\omega_{\text{ip}}^{\text{p}x}\sin(\omega t) + \delta\omega_{\text{ip}}^{\text{p}y}\cos(\omega t) \\ \delta\omega_{\text{ip}}^{\text{p}z} \end{bmatrix} \end{aligned} \tag{3.3.4}$$

$$\delta\boldsymbol{f}^{\text{n}} = \boldsymbol{C}_{\text{b}}^{\text{n}}\boldsymbol{C}_{\text{p}}^{\text{b}}\delta\boldsymbol{f}^{\text{p}} = \boldsymbol{C}_{\text{b}}^{\text{n}} \begin{bmatrix} \cos(\omega t) & -\sin(\omega t) & 0 \\ \sin(\omega t) & \cos(\omega t) & 0 \\ 0 & 0 & 1 \end{bmatrix} \begin{bmatrix} \delta f_x^{\text{p}} \\ \delta f_y^{\text{p}} \\ \delta f_z^{\text{p}} \end{bmatrix} = \begin{bmatrix} \delta f_x^{\text{p}}\cos(\omega t) - \delta f_y^{\text{p}}\sin(\omega t) \\ \delta f_x^{\text{p}}\sin(\omega t) + \delta f_y^{\text{p}}\cos(\omega t) \\ \delta f_z^{\text{p}} \end{bmatrix} \tag{3.3.5}$$

观察式（3.3.4）和式（3.3.5）可知，测量误差在东向和北向上的分量被调制成周期性变化，这些误差因后续导航解算的积分作用被抵消。现以陀螺漂移为例进行分析，陀螺的测量误差 $\delta\hat{\boldsymbol{\omega}}_{\text{ip}}^{\text{p}}$ 可以表示为

$$\delta\hat{\boldsymbol{\omega}}_{\text{ip}}^{\text{p}} = ([\delta\boldsymbol{K}_G] + [\delta\boldsymbol{G}])\boldsymbol{\omega}_{\text{ip}}^{\text{p}} + \boldsymbol{\varepsilon}^{\text{p}} \tag{3.3.6}$$

仅考虑陀螺漂移项 $\boldsymbol{\varepsilon}^{\text{p}}$ 经旋转后在 n 系内的传播规律，式（3.3.6）的第一项可写为

$$\delta\hat{\omega}_{\text{ib}x}^{\text{n}} = \varepsilon_x^{\text{p}}\cos(\omega t) - \varepsilon_y^{\text{p}}\sin(\omega t) \tag{3.3.7}$$

若陀螺漂移 ε_x^{p} 和 ε_y^{p} 为常值，则在一个旋转周期内，对式（3.3.7）进行积分有

$$\int_0^{2\pi/\omega}[\varepsilon_x^{\text{p}}\cos(\omega t) - \varepsilon_y^{\text{p}}\sin(\omega t)]\mathrm{d}t = [\varepsilon_x^{\text{p}}\sin(\omega t) - \varepsilon_y^{\text{p}}\cos(\omega t)]\Big|_0^{2\pi/\omega} = 0 \tag{3.3.8}$$

由此可见，通过对 IMU 进行旋转，惯性器件的输出误差在某些轴向上的分量呈现出周期性变化，该误差项在导航解算过程中因积分过程被抵消或抑制，从而系统的导航精度得到提高。

3.3.2 不同旋转方案的旋转矩阵表示

根据系统 IMU 的转动方式和自由度可设计出不同的旋转方案，旋转方案直接影响系统的整体结构、控制流程、成本和精度。同时，不同旋转方案对各误差源的调制效果也不尽相同。合理有效的旋转方案应该在保证转动运动不会引入较大额外误差积累的前提下，尽可能地抵消各个轴向上的常值误差，同时兼顾刻度系数误差和安装误差与载体运动的耦合效应。

根据旋转对误差的调制原理可知，其误差源从 p 系到 n 系进行了两次坐标变换，使得系统误差呈现出周期性的形式。对于旋转惯导系统，b 系到 n 系的变换与捷联式惯导系统无本质区别。系统从 p 系到 b 系的旋转坐标变换矩阵，直接决定了旋转后各误差源的传播规律和特性。现针对几种最为常见的单轴和双轴旋转方案，详细推导各旋转方案下的旋转变换矩阵表示，为后续系统误差分析提供理论基础。

1. 单轴旋转方案

单轴旋转按其旋转的连续性可分为连续旋转和多位置转停两种。目前各国研制的单轴旋转惯导系统都采取 IMU 绕天向轴旋转的方案，文献[76]详细分析了采取这种方案的优势。下面的分析均设 IMU 绕 z 轴旋转。

1）连续旋转

如图 3.7 所示，单轴连续按旋转方向可分为连续单向旋转和连续正反旋转两种。

图 3.7（a）所示为单轴连续单向旋转，IMU 从点 P 开始以角速率 ω 逆时针转动后，始终不改变方向；图 3.7（b）所示为单轴连续正反旋转，IMU 从点 P 开始以角速率 ω 逆时针转动一定时间（通常取整周）后，开始改变旋转方向，以相同角速率顺时针转动直至点 P 后再次换向，如此反复。

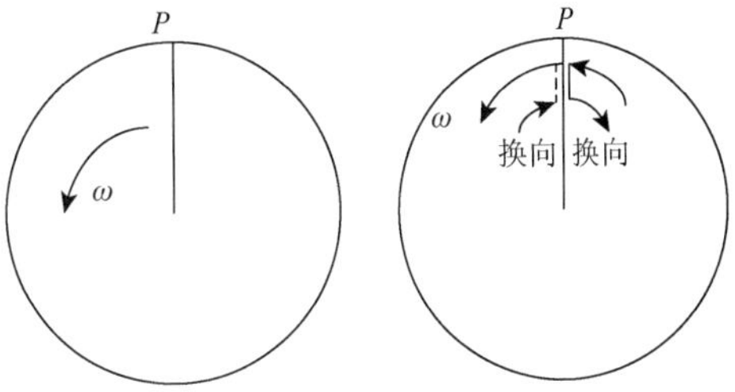

(a) 单向旋转　(b) 正反旋转

图 3.7 单轴连续旋转方案

根据坐标系的相互关系，IMU 进行单轴连续旋转时，其 p 系与 b 系的坐标转换阵 $\boldsymbol{C}_{\mathrm{p}}^{\mathrm{b}}$ 可表示为

$$\boldsymbol{C}_{\mathrm{p}}^{\mathrm{b}}(t)=\begin{bmatrix}\cos(\omega t) & -\sin(\omega t) & 0\\ \sin(\omega t) & \cos(\omega t) & 0\\ 0 & 0 & 1\end{bmatrix} \tag{3.3.9}$$

单向旋转和正反旋转 ω 的取值不同。当 IMU 进行单向旋转时，$\omega=c$，为常值；当 IMU 进行正反旋转时，ω 的符号周期性取反。

2）多位置转停

多位置转停是指，IMU 以角速率 ω 转动到某一固定位置后，停止一段时间，再继续旋转到另一位置停止一段时间，待转动一周后反向转动，并在上述位置停止一段时间。目前常采用的有 2 位置转停方案，其示意图如图 3.8 所示。

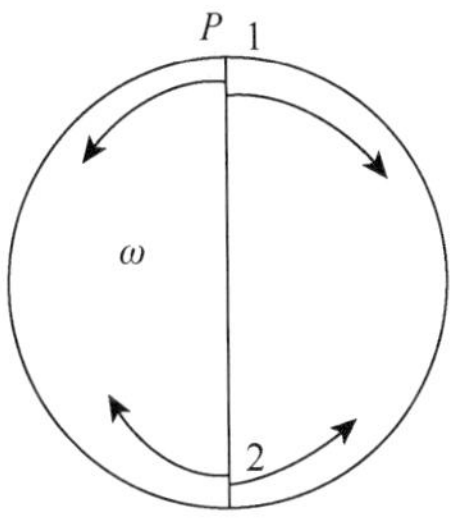

图 3.8 单轴 2 位置转停方案

IMU 从点 P 开始以角速率 ω 逆时针转动 180°后，在位置 2 停

止t_s，然后继续逆时针转至位置 1，停止t_s后顺时针转至位置 2，停止t_s后转至位置 1，如此往复。设一个旋转周期为T，此时其 p 系与 b 系的坐标转换阵$\boldsymbol{C}_{\mathrm{p}}^{\mathrm{b}}$与式（3.3.9）相同，其角速率$\omega$的取值为

$$\omega(t)=\begin{cases}c, & t_s<t<t_s+\pi/\omega,2t_s+\pi/\omega<t<2t_s+2\pi/\omega \\ -c, & 3t_s+2\pi/\omega<t<3t_s+3\pi/\omega,4t_s+3\pi/\omega<t<T \\ 0, & 其他\end{cases} \tag{3.3.10}$$

转停方案可以有效减小 IMU 转动时间，延长电机工作寿命，提高系统可靠性。

2. 双轴旋转方案

双轴旋转中，IMU 固定在类似稳定平台的框架上，框架上的电机控制 IMU 依次绕某轴进行周期性旋转。双轴旋转也可分为连续旋转和转停方案。转停方案一方面可以减小 IMU 动态环境，另一方面可以减小驱动电机的负担，因此目前的双轴旋转系统一般都采用转停方案。

目前最为常见的双轴转停方案借鉴于静电陀螺转位方式[149]，采用 8 位置转停方案。其旋转方式如图 3.9 所示，IMU 绕y轴和z轴进行双轴旋转。设每个位置的停止时间为t_s，两位置之间的转动时间为t_r，整个转动周期为T。

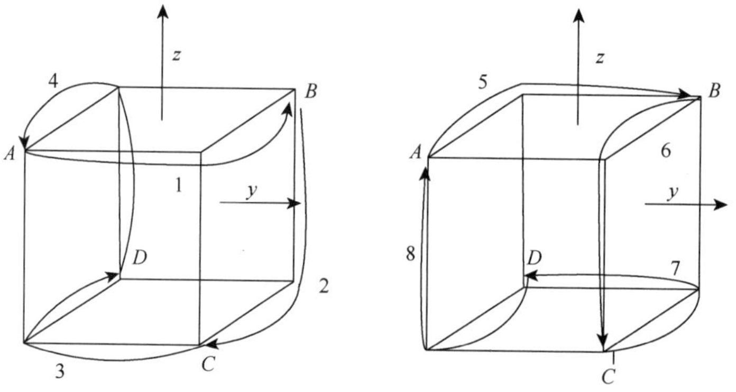

图 3.9 双轴旋转方案

旋转方案为以点A为起点，在点A停止t_s后，先绕z轴正转 180°，停止一段时间t_s；然后绕y轴反转 180°，停止t_s时间；绕z轴反转 180°，停止t_s时间；绕y轴正转 180°，回到点A后停止t_s时间；绕z轴反转 180°到点B，停止一段时间t_s；绕y轴正转 180°到达点C停止t_s时间；绕z轴正转 180°，到达点D停止t_s时间；最后绕y轴反转 180°回到点A。

上述转停过程可以表示为图 3.10。

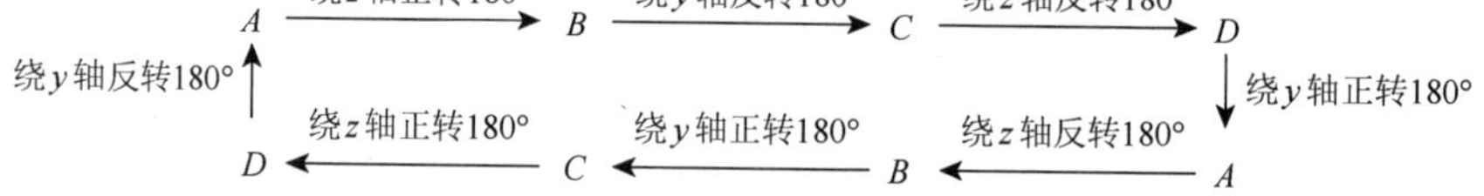

图 3.10 双轴转停方案一

上述方案中，当 IMU 第一次到点 A 后以相同路径返回。除此之外，IMU 可以以另外两种方式回到点A，即另两种双轴转停方案。具体次序如图 3.11 和图 3.12 所示。

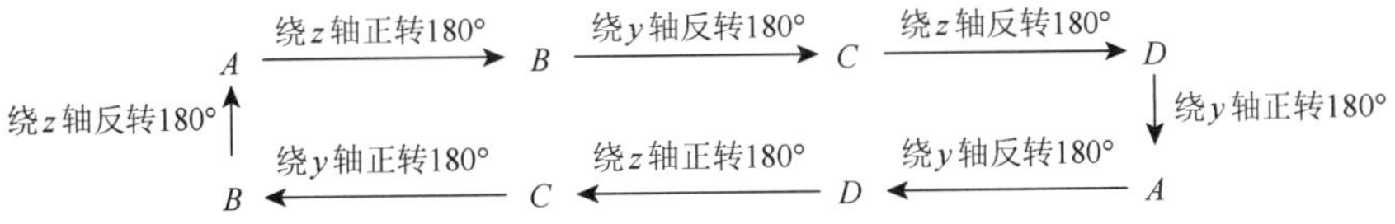

图 3.11　双轴转停方案二

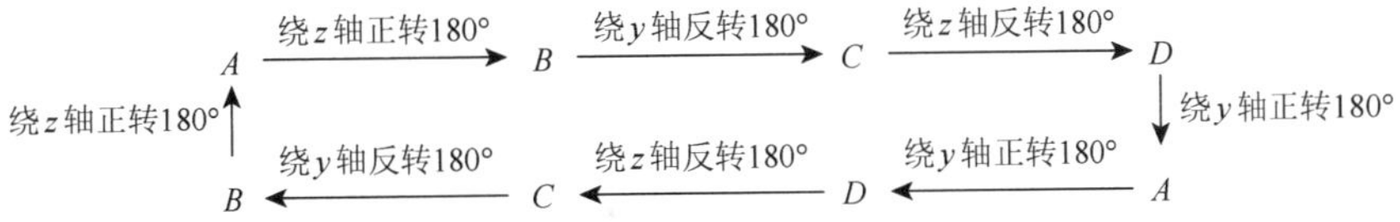

图 3.12　双轴转停方案三

在双轴旋转方案中，每个位置之间转动角度不是小角度，其转换次序具有不可交换性，因此应以分段形式研究双轴旋转方案下的旋转矩阵表示。设双轴转动方案下 p 系与 b 系的坐标转换阵为 $\boldsymbol{C}_{\mathrm{p}}^{\mathrm{b}}$，记 $\boldsymbol{C}_{\mathrm{p}}^{\mathrm{b}}$ 在各停止和旋转阶段分别为 $\boldsymbol{C}_{\mathrm{T}n}$ 和 $\boldsymbol{C}_{\mathrm{R}n}(n=1,2,\cdots,8)$，现对三种旋转方案下的旋转坐标转换阵 $\boldsymbol{C}_{\mathrm{p}}^{\mathrm{b}}$ 进行分析。

在 IMU 第一次到达点 A 之前，三种方案的转动过程相同，因此具有相同的旋转变换矩阵。

1）点 A 停止阶段

设点 A 为起点，此时旋转矩阵 $\boldsymbol{C}_{\mathrm{T1}}$ 为

$$\boldsymbol{C}_{\mathrm{T1}}=\begin{bmatrix}1 & 0 & 0\\ 0 & 1 & 0\\ 0 & 0 & 1\end{bmatrix} \tag{3.3.11}$$

2）$A\to B$ 转停阶段

从点 A 到点 B 的转动过程为 IMU 以角速率 ω_1 绕 z 轴正向从 0°到 180°的旋转阶段，在 t 时刻其坐标变换矩阵 $\boldsymbol{C}_{\mathrm{R1}}$ 为

$$\boldsymbol{C}_{\mathrm{R1}}=\begin{bmatrix}\cos(\omega_1 t) & -\sin(\omega_1 t) & 0\\ \sin(\omega_1 t) & \cos(\omega_1 t) & 0\\ 0 & 0 & 1\end{bmatrix}\boldsymbol{C}_{\mathrm{T1}}=\begin{bmatrix}\cos(\omega_1 t) & -\sin(\omega_1 t) & 0\\ \sin(\omega_1 t) & \cos(\omega_1 t) & 0\\ 0 & 0 & 1\end{bmatrix} \tag{3.3.12}$$

当 IMU 从点 A 转动到点 B 停止，即式（3.3.12）中 $\omega_1 t=180°$ 时，坐标变换矩阵 $\boldsymbol{C}_{\mathrm{T2}}$ 为

$$\boldsymbol{C}_{\mathrm{T2}}=\begin{bmatrix}-1 & 0 & 0\\ 0 & -1 & 0\\ 0 & 0 & -1\end{bmatrix} \tag{3.3.13}$$

3）$B\to C$ 转停阶段

从点 B 到点 C 的转动过程为在点 B 停止阶段的基础上，IMU 以角速率 ω_2 绕 y 轴反向转动。此时坐标变换矩阵 $\boldsymbol{C}_{\mathrm{R2}}$ 为

$$\boldsymbol{C}_{\mathrm{R2}}=\begin{bmatrix}\cos(\omega_2 t) & 0 & -\sin(\omega_2 t)\\ 0 & 1 & 0\\ \sin(\omega_2 t) & 0 & \cos(\omega_2 t)\end{bmatrix}\boldsymbol{C}_{\mathrm{T2}}=\begin{bmatrix}-\cos(\omega_2 t) & 0 & -\sin(\omega_2 t)\\ 0 & -1 & 0\\ -\sin(\omega_2 t) & 0 & \cos(\omega_2 t)\end{bmatrix} \tag{3.3.14}$$

当 IMU 从点 B 转动到点 C 停止时，式（3.3.14）中 $\omega_2 t=-180°$，此时坐标变换矩阵 $\boldsymbol{C}_{\mathrm{T3}}$ 为

$$C_{T3}=\begin{bmatrix}1&0&0\\0&-1&0\\0&0&-1\end{bmatrix} \tag{3.3.15}$$

4）$C\to D$ 转停阶段

从点 C 到点 D 的转动过程为在点 C 停止阶段的基础上，IMU 以角速率 ω_1 绕 z 轴反向转动。此时坐标变换矩阵 C_{R3} 为

$$C_{R3}=\begin{bmatrix}\cos(\omega_1 t)&-\sin(\omega_1 t)&0\\\sin(\omega_1 t)&\cos(\omega_1 t)&0\\0&0&1\end{bmatrix}C_{T3}=\begin{bmatrix}\cos(\omega_1 t)&\sin(\omega_1 t)&0\\\sin(\omega_1 t)&-\cos(\omega_1 t)&0\\0&0&-1\end{bmatrix} \tag{3.3.16}$$

当 IMU 从点 C 转动到点 D 停止时，式（3.3.16）中 $\omega_1 t=-180°$，此时坐标变换矩阵 C_{T4} 为

$$C_{T4}=\begin{bmatrix}-1&0&0\\0&1&0\\0&0&-1\end{bmatrix} \tag{3.3.17}$$

5）$D\to A$ 转停阶段

从点 D 到点 A 的转动过程为在点 D 停止阶段的基础上，IMU 以角速率 ω_2 绕 y 轴正向转动。此时坐标变换矩阵 C_{R4} 为

$$C_{R4}=\begin{bmatrix}\cos(\omega_2 t)&0&-\sin(\omega_2 t)\\0&1&0\\\sin(\omega_2 t)&0&\cos(\omega_2 t)\end{bmatrix}C_{T4}=\begin{bmatrix}-\cos(\omega_2 t)&0&\sin(\omega_2 t)\\0&1&0\\-\sin(\omega_2 t)&0&-\cos(\omega_2 t)\end{bmatrix} \tag{3.3.18}$$

当 IMU 从点 D 转动到点 E 停止时，式（3.3.18）中 $\omega_2 t=180°$，此时坐标变换矩阵 C_{T5} 为

$$C_{T5}=\begin{bmatrix}1&0&0\\0&1&0\\0&0&1\end{bmatrix} \tag{3.3.19}$$

IMU 到点 A 后，三种方案的返回方式不同。方案一中，点 A 返回的方式与上述过程完全相同，只是其旋转方向与上面相反，因此在此阶段中坐标变换矩阵 C_p^b 的表达形式与上述过程一致，只是其中 ω_1 和 ω_2 的取值反向。同样分析，可得到方案二的旋转矩阵 C_{R5}、C_{T6}、C_{R6}、C_{T7}、C_{R7}、C_{T8}、C_{R8} 分别为

$$C_{R5}=\begin{bmatrix}\cos(\omega_2 t)&0&-\sin(\omega_2 t)\\0&1&0\\\sin(\omega_2 t)&0&\cos(\omega_2 t)\end{bmatrix}C_{T5}=\begin{bmatrix}\cos(\omega_2 t)&0&-\sin(\omega_2 t)\\0&1&0\\\sin(\omega_2 t)&0&\cos(\omega_2 t)\end{bmatrix} \tag{3.3.20}$$

$$C_{T6}=\begin{bmatrix}-1&0&0\\0&1&0\\0&0&-1\end{bmatrix} \tag{3.3.21}$$

当 $\omega_2<0$ 时，为方案二的转动过程；当 $\omega_2>0$ 时，为方案三的转动过程。IMU 从点 A 转动到点 D 停止时，式（3.3.20）中 $\omega_2 t=\pm180°$，此时坐标变换矩阵为

$$C_{R6}=\begin{bmatrix}\cos(\omega_1 t)&-\sin(\omega_1 t)&0\\\sin(\omega_1 t)&\cos(\omega_1 t)&0\\0&0&1\end{bmatrix}C_{T6}=\begin{bmatrix}-\cos(\omega_1 t)&-\sin(\omega_1 t)&0\\-\sin(\omega_1 t)&\cos(\omega_1 t)&0\\0&0&-1\end{bmatrix} \tag{3.3.22}$$

$$C_{T7}=\begin{bmatrix}1&0&0\\0&-1&0\\0&0&-1\end{bmatrix} \tag{3.3.23}$$

当$\omega_1>0$时，为方案二的转动过程；当$\omega_1<0$时，为方案三的转动过程。IMU 从点 A 转动到点 D 停止时，式（3.3.22）中$\omega_2 t=\pm180°$，此时坐标变换矩阵为

$$C_{R7}=\begin{bmatrix}\cos(\omega_2 t)&0&-\sin(\omega_2 t)\\0&1&0\\\sin(\omega_2 t)&0&\cos(\omega_2 t)\end{bmatrix} C_{T7}=\begin{bmatrix}\cos(\omega_2 t)&0&\sin(\omega_2 t)\\0&-1&0\\\sin(\omega_2 t)&0&-\cos(\omega_2 t)\end{bmatrix} \tag{3.3.24}$$

$$C_{T8}=\begin{bmatrix}-1&0&0\\0&-1&0\\0&0&1\end{bmatrix} \tag{3.3.25}$$

当$\omega_2>0$时，为方案二的转动过程；当$\omega_2<0$时，为方案三的转动过程。IMU 从点 A 转动到点 D 停止时，式（3.3.24）中$\omega_2 t=\pm180°$，此时坐标变换矩阵为

$$C_{R8}=\begin{bmatrix}\cos(\omega_1 t)&-\sin(\omega_1 t)&0\\\sin(\omega_1 t)&\cos(\omega_1 t)&0\\0&0&1\end{bmatrix} C_{T8}=\begin{bmatrix}-\cos(\omega_1 t)&\sin(\omega_1 t)&0\\-\sin(\omega_1 t)&-\cos(\omega_1 t)&0\\0&0&1\end{bmatrix} \tag{3.3.26}$$

当$\omega_1<0$时，为方案二的转动过程；当$\omega_1>0$时，为方案三的转动过程。在一个旋转周期内，其坐标变换矩阵C_p^b按照$C_{T1},C_{R1},C_{T2},C_{R2},\cdots,C_{T8},C_{R8}$次序依次变换。

上述分析给出了不同旋转方案和旋转次序下旋转变换矩阵的形式，为下面进行误差特性分析奠定了理论基础。

3.4 旋转惯导系统误差分析

基于 3.3 节推导的单轴、双轴旋转方案下的旋转矩阵表示，本节将从旋转惯导系统的误差方程出发，从理论上详细推导和分析不同旋转方案对惯性器件的常值漂移、刻度系数误差、安装误差调制特性。分析均以陀螺测试组件的各项误差源为例，加速度计的误差分析与之相同。

陀螺组件的测试误差主要表现为$\delta\hat{\boldsymbol{\omega}}_{ib}^n$经旋转调制后为

$$\delta\hat{\boldsymbol{\omega}}_{ib}^n=C_b^n C_p^b(\delta\boldsymbol{\omega}_{ip}^p+\delta\boldsymbol{\omega}_{pb}^p) \tag{3.4.1}$$

$\delta\boldsymbol{\omega}_{pb}^p$为 p 系与 b 系之间因测角器件精度、旋转换向等因素而产生的旋转轴与载体轴之间的误差，将其称为旋转性误差，在此忽略，后续章节将另作详细讨论。此时，陀螺组件测量误差表示为

$$\delta\hat{\boldsymbol{\omega}}_{ib}^n=C_b^n C_p^b\delta\boldsymbol{\omega}_{ip}^p \tag{3.4.2}$$

$$\delta\hat{\boldsymbol{\omega}}_{ip}^p=([\delta\boldsymbol{K}_G]+[\delta\boldsymbol{G}])\boldsymbol{\omega}_{ip}^p+\boldsymbol{\varepsilon}^p+\boldsymbol{\xi}^p \tag{3.4.3}$$

式中：$[\delta\boldsymbol{K}_G]$为刻度系数误差阵；$[\delta\boldsymbol{G}]$为安装误差阵；$\boldsymbol{\varepsilon}$为陀螺常值漂移；$\boldsymbol{\xi}$为陀螺随机漂移。

3.4.1 单轴旋转惯导系统误差分析

结合单轴旋转的坐标变换矩阵表示和系统误差方程，下面对绕 z 轴单轴旋转方案下的常值漂移误差、刻度系数误差、安装误差、随机漂移误差调制特性进行分析。

1. 常值漂移误差调制特性

设陀螺组件在 p 系内的常值漂移 ε 项经旋转调制后在 n 系内传播的等效漂移为 $\boldsymbol{\varepsilon}^{\mathrm{n}}$，将式（3.3.9）代入式（3.4.2）得

$$\boldsymbol{\varepsilon}^{\mathrm{n}}=\boldsymbol{C}_{\mathrm{b}}^{\mathrm{n}}\boldsymbol{C}_{\mathrm{p}}^{\mathrm{b}}\boldsymbol{\varepsilon}^{\mathrm{p}}=\boldsymbol{C}_{\mathrm{b}}^{\mathrm{n}}\begin{bmatrix}\varepsilon_x\cos(\omega t)-\varepsilon_y\sin(\omega t)\\ \varepsilon_x\sin(\omega t)+\varepsilon_y\cos(\omega t)\\ \varepsilon_z\end{bmatrix}\tag{3.4.4}$$

从式（3.4.4）可以看出，旋转调制后，东向和北向的陀螺漂移形式发生改变，而天向陀螺的漂移并没有改变。由于表达式中耦合了 $\boldsymbol{C}_{\mathrm{b}}^{\mathrm{n}}$ 项，东向和北向的等效陀螺漂移与载体的姿态运动密切相关。

若载体处于静止状态，即 $\boldsymbol{C}_{\mathrm{b}}^{\mathrm{n}}$ 为常值，则等效陀螺漂移在 x 轴向和 y 轴向被调制成周期形式，在导航解算积分运算时被抵消；而 z 轴向的陀螺漂移与旋转之前未发生任何变化，因此该误差仍然会引起随时间累积的误差。

若载体处于运动状态，即 $\boldsymbol{C}_{\mathrm{b}}^{\mathrm{n}}$ 不再为常值，则式（3.4.4）中的等效陀螺漂移不能够调制成严格的周期形式，因此其常值误差的调制特性会受到载体运动影响。对于绕 b 系 z 轴旋转的单轴旋转惯导系统，其载体的航向运动将会与 IMU 的旋转运动耦合，从而导致其旋转调制特性发生改变，称之为单轴旋转惯导系统的“航向耦合效应”。5.6 节对航向耦合效应的产生机理、影响和抑制方案将进行详细讨论，在此不赘述。

2. 刻度系数误差调制特性

设刻度系数误差引起的等效陀螺漂移为 $\delta\hat{\boldsymbol{\omega}}_{\mathrm{ib}[\boldsymbol{K}]}^{\mathrm{n}}$，根据式（3.4.3），陀螺的刻度系数误差影响陀螺角速率测量，通过坐标变换矩阵传递到导航系中，将其代入（3.4.2）得

$$\delta\hat{\boldsymbol{\omega}}_{\mathrm{ib}[\boldsymbol{K}]}^{\mathrm{n}}=\boldsymbol{C}_{\mathrm{b}}^{\mathrm{n}}\boldsymbol{C}_{\mathrm{p}}^{\mathrm{b}}[\delta\boldsymbol{K}_G]\boldsymbol{\omega}_{\mathrm{ip}}^{\mathrm{p}}=\boldsymbol{C}_{\mathrm{b}}^{\mathrm{n}}\boldsymbol{C}_{\mathrm{p}}^{\mathrm{b}}[\delta\boldsymbol{K}_G](\boldsymbol{C}_{\mathrm{n}}^{\mathrm{p}}\boldsymbol{\omega}_{\mathrm{ie}}^{\mathrm{n}}+\boldsymbol{C}_{\mathrm{n}}^{\mathrm{p}}\boldsymbol{\omega}_{\mathrm{en}}^{\mathrm{n}}+\boldsymbol{C}_{\mathrm{b}}^{\mathrm{p}}\boldsymbol{\omega}_{\mathrm{nb}}^{\mathrm{b}}+\boldsymbol{\omega}_{\mathrm{bp}}^{\mathrm{p}})\tag{3.4.5}$$

从式（3.4.5）可以看出，刻度系数误差影响着由陀螺敏感惯性系内的所有角速率测量，从而引起较为复杂的等效陀螺漂移。

假设载体静止情况下，分析刻度系数误差因旋转引起的误差传递特性。此时，式（3.4.5）中 $\boldsymbol{\omega}_{\mathrm{en}}^{\mathrm{n}}=\boldsymbol{0}$，$\boldsymbol{\omega}_{\mathrm{nb}}^{\mathrm{b}}=\boldsymbol{0}$，$\boldsymbol{C}_{\mathrm{b}}^{\mathrm{n}}$ 为常数，可化为

$$\delta\hat{\boldsymbol{\omega}}_{\mathrm{ib}[\boldsymbol{K}]}^{\mathrm{n}}=\boldsymbol{C}_{\mathrm{b}}^{\mathrm{n}}\boldsymbol{C}_{\mathrm{p}}^{\mathrm{b}}[\delta\boldsymbol{K}_G](\boldsymbol{C}_{\mathrm{n}}^{\mathrm{p}}\boldsymbol{\omega}_{\mathrm{ie}}^{\mathrm{n}}+\boldsymbol{\omega}_{\mathrm{bp}}^{\mathrm{p}})\tag{3.4.6}$$

1）地球自转影响

刻度系数误差因地球自转角速率引起的误差记为 $\boldsymbol{\varDelta}_{\mathrm{ie}}$，根据式（3.4.6）有

$$\boldsymbol{\varDelta}_{\mathrm{ie}}=\begin{bmatrix}\varDelta_{\mathrm{ie}x}\\ \varDelta_{\mathrm{ie}y}\\ \varDelta_{\mathrm{ie}z}\end{bmatrix}=\boldsymbol{C}_{\mathrm{b}}^{\mathrm{n}}\boldsymbol{C}_{\mathrm{p}}^{\mathrm{b}}[\delta\boldsymbol{K}_G]\boldsymbol{C}_{\mathrm{n}}^{\mathrm{p}}\boldsymbol{\omega}_{\mathrm{ie}}^{\mathrm{n}}=\boldsymbol{C}_{\mathrm{b}}^{\mathrm{n}}\boldsymbol{C}_{\mathrm{p}}^{\mathrm{b}}[\delta\boldsymbol{K}_G]\boldsymbol{C}_{\mathrm{b}}^{\mathrm{p}}\boldsymbol{C}_{\mathrm{n}}^{\mathrm{b}}\begin{bmatrix}0\\ \omega_{\mathrm{ie}}\cos L\\ \omega_{\mathrm{ie}}\sin L\end{bmatrix}\tag{3.4.7}$$

由于 $\boldsymbol{C}_{\mathrm{b}}^{\mathrm{n}}$ 为常数矩阵，为方便分析，令

$$\begin{bmatrix}\omega_{cx}\\ \omega_{cy}\\ \omega_{cz}\end{bmatrix}=\boldsymbol{C}_{\mathrm{b}}^{\mathrm{n}}\begin{bmatrix}0\\ \omega_{\mathrm{ie}}\cos L\\ \omega_{\mathrm{ie}}\sin L\end{bmatrix}\tag{3.4.8}$$

将式（3.4.8）与各坐标变换矩阵代入，式（3.4.7）可化为

$$
\begin{aligned}
\boldsymbol{\Delta}_{\mathrm{ie}} &= \boldsymbol{C}_{\mathrm{b}}^{\mathrm{n}}\boldsymbol{C}_{\mathrm{p}}^{\mathrm{b}}[\delta\boldsymbol{K}_G]\boldsymbol{C}_{\mathrm{n}}^{\mathrm{p}}\boldsymbol{\omega}_{\mathrm{ie}}^{\mathrm{n}} \\
&= \boldsymbol{C}_{\mathbf{n}}^{\mathbf{b}}\begin{bmatrix}[\delta K_{Gx}\cos^2(\omega t)+\delta K_{Gy}\sin^2(\omega t)]\omega_{cx}+(\delta K_{Gy}-\delta K_{Gx})\omega_{cy}\sin(\omega t)\cos(\omega t) \\ [\delta K_{Gx}\sin^2(\omega t)+\delta K_{Gy}\cos^2(\omega t)]\omega_{cy}+(\delta K_{Gy}-\delta K_{Gx})\omega_{cx}\sin(\omega t)\cos(\omega t) \\ \delta K_{Gz}\omega_{cz}\end{bmatrix}
\end{aligned} \tag{3.4.9}
$$

由于三角函数及其非平方项呈现周期性，进行积分运算时能够相互抵消。刻度系数误差因地球自转角速率在 x 轴、y 轴上引起的等效常值误差的分量轴由捷联式惯导系统的$\delta K_{Gx}\omega_{cx}$ 和 $\delta K_{Gy}\omega_{cy}$ 变为$\dfrac{1}{2}(\delta K_{Gx}+\delta K_{Gy})\omega_{cx}$ 和$\dfrac{1}{2}(\delta K_{Gx}+\delta K_{Gy})\omega_{cy}$；而 z 轴上引起的等效常值误差没有任何变化。因此，由于刻度系数误差与地球运动耦合引起的误差同捷联式惯导系统没有本质改变。若 $\delta K_{Gx}=\delta K_{Gy}=\delta K_{Gz}=10\ \text{ppm}$，姿态矩阵 $\boldsymbol{C}_{\mathrm{b}}^{\mathrm{n}}$ 为单位阵的条件下，会在 y 轴和 z 轴分别引起大小为$1.299\times10^{-4}\ ^\circ/\text{h}$ 和 $7.5\times10^{-5}\ ^\circ/\text{h}$ 的等效陀螺漂移。

2）IMU 旋转转速影响

IMU 绕 z 轴旋转时，$\boldsymbol{\omega}_{\mathrm{bp}}^{\mathrm{p}}=(0,0,\omega)^{\mathrm{T}}$，将其代入式（3.4.6），得到由刻度系数误差与此耦合引起的误差记为$\boldsymbol{\Delta}_{\omega}$，有

$$
\boldsymbol{\Delta}_{\mathrm{ie}} = \boldsymbol{C}_{\mathrm{b}}^{\mathrm{n}}\boldsymbol{C}_{\mathrm{p}}^{\mathrm{b}}[\delta\boldsymbol{K}_G]\boldsymbol{\omega}_{\mathrm{bp}}^{\mathrm{p}} = \boldsymbol{C}_{\mathrm{b}}^{\mathrm{n}}\begin{bmatrix}0\\0\\\delta K_{Gz}\omega\end{bmatrix} \tag{3.4.10}
$$

由此可见，IMU 的旋转使得刻度系数误差δK_{Gz} 在机体系 b 的旋转轴引入$\delta K_{Gz}\omega$ 的等效陀螺漂移，该等效漂移经过姿态变换阵后在投影后导航系的三个轴向上。若陀螺刻度系数误差 $\delta K_{Gz}=10\ \text{ppm}$，旋转角速率 $\omega=1\ ^\circ/\text{s}$，则引起的陀螺漂移为$0.036\ ^\circ/\text{h}$，这对系统是不能容忍的。对于刻度系数对称性误差（即误差值的正负与旋转速度方向无关），若系统采取 IMU 绕 z 轴连续单向旋转的方式，则该项漂移为常值且不能调制；若系统采取连续正反旋转，则在一个旋转周期内，由于ω的周期性改变，其误差在积分解算中被抵消。这也是目前所有单轴旋转系统采用连续正反旋转的原因。而对于刻度系数非对称性误差（即误差值的正负与旋转速度方向有关），其取值因旋转方向而改变符号，$\delta K_{Gz}\omega$ 的符号并不改变，因此由此引起的等效漂移并不能受正反旋转调制。

3）载体运动的影响

关于地球自转和载体运动的刻度系数误差特性的影响分析建立在载体静止的假设的基础上。但在实际系统中，载体不可能一直处于静止状态，即式（3.4.5）中 $\boldsymbol{\omega}_{\mathrm{en}}^{\mathrm{n}}$ 和 $\boldsymbol{\omega}_{\mathrm{nb}}^{\mathrm{b}}$ 不为零，同时 $\boldsymbol{C}_{\mathrm{b}}^{\mathrm{n}}$ 也随时间变化。由此，其误差特性变得复杂，载体在运动过程中，地球角速度 $\boldsymbol{\omega}_{\mathrm{ie}}^{\mathrm{n}}$ 和运动角速度 $\boldsymbol{\omega}_{\mathrm{en}}^{\mathrm{n}}$ 相对于姿态角速度 $\boldsymbol{\omega}_{\mathrm{nb}}^{\mathrm{b}}$ 可以忽略，所以在此主要分析 $\boldsymbol{\omega}_{\mathrm{nb}}^{\mathrm{b}}$ 对刻度系数误差特性的影响，设由此引起的误差为$\boldsymbol{\Delta}_{\mathrm{nb}}$，根据式（3.4.5）可知

$$
\boldsymbol{\Delta}_{\mathrm{nb}} = \boldsymbol{C}_{\mathrm{b}}^{\mathrm{n}}\boldsymbol{C}_{\mathrm{p}}^{\mathrm{b}}[\delta\boldsymbol{K}_G]\boldsymbol{C}_{\mathrm{b}}^{\mathrm{p}}\boldsymbol{\omega}_{\mathrm{nb}}^{\mathrm{b}} \tag{3.4.11}
$$

将旋转变换矩阵代入可得

$$
\begin{aligned}
\boldsymbol{\Delta}_{\mathrm{nb}} &= \boldsymbol{C}_{\mathrm{b}}^{\mathrm{n}}\boldsymbol{C}_{\mathrm{p}}^{\mathrm{b}}[\delta\boldsymbol{K}_G]\boldsymbol{C}_{\mathrm{b}}^{\mathrm{p}}\boldsymbol{\omega}_{\mathrm{nb}}^{\mathrm{b}} \\
&= \boldsymbol{C}_{\mathrm{b}}^{\mathrm{n}}\begin{bmatrix}[(\delta K_{Gx}\cos^2(\omega t)+\delta K_{Gy}\sin^2(\omega t)]\omega_{\mathrm{nb}x}^{\mathrm{b}}+(\delta K_{Gy}-\delta K_{Gx})\sin(\omega t)\cos(\omega t)\omega_{\mathrm{nb}y}^{\mathrm{b}} \\ (\delta K_{Gy}-\delta K_{Gx})\sin(\omega t)\cos(\omega t)\omega_{\mathrm{nb}x}^{\mathrm{b}}+[\delta K_{Gx}\sin^2(\omega t)+\delta K_{Gy}\cos^2(\omega t)]\omega_{\mathrm{nb}y}^{\mathrm{b}} \\ \delta K_{Gz}\omega_{\mathrm{nb}z}^{\mathrm{b}}\end{bmatrix}
\end{aligned} \tag{3.4.12}
$$

刻度系数误差因载体运动引起的等效陀螺漂移在 x 轴和 y 轴向上呈现出三角函数及其二次项形式。对于三角函数的非平方分量，由于其周期性与刻度系数耦合的误差也呈周期性变化，该误差可以被调制。三角函数平方项会整流出常值分量，从而与刻度系数误差 $\delta \boldsymbol{K}_G$ 以及姿态角速度 $\boldsymbol{\omega}_{\mathrm{nb}}^{\mathrm{b}}$ 耦合。对于舰船等载体，其姿态运动在海浪的激励下一般呈振荡性摇摆，因此 $\boldsymbol{\omega}_{\mathrm{nb}}^{\mathrm{b}}$ 呈现出周期性。对于刻度系数对称性误差，由于其值不会随 $\boldsymbol{\omega}_{\mathrm{nb}}^{\mathrm{b}}$ 的方向而改变，该常值分量的符号不会发生改变，误差不受调制；对于刻度系数非对称性误差，其值随 $\boldsymbol{\omega}_{\mathrm{nb}}^{\mathrm{b}}$ 的方向而改变，由此引起的误差能够得到一定程度上的抵消和抑制。

3. 安装误差调制特性

设安装误差引起的等效陀螺漂移为 $\delta\hat{\boldsymbol{\omega}}_{\mathrm{ib}[\boldsymbol{G}]}^{\mathrm{n}}$，安装误差同样影响陀螺角速率量测，最终传递到导航系中为

$$\delta\hat{\boldsymbol{\omega}}_{\mathrm{ib}[\boldsymbol{G}]}^{\mathrm{n}} = \boldsymbol{C}_{\mathrm{b}}^{\mathrm{n}}\boldsymbol{C}_{\mathrm{p}}^{\mathrm{b}}[\delta\boldsymbol{G}]\boldsymbol{\omega}_{\mathrm{ip}}^{\mathrm{p}} = \boldsymbol{C}_{\mathrm{b}}^{\mathrm{n}}\boldsymbol{C}_{\mathrm{p}}^{\mathrm{b}}[\delta\boldsymbol{G}](\boldsymbol{C}_{\mathrm{n}}^{\mathrm{p}}\boldsymbol{\omega}_{\mathrm{ie}}^{\mathrm{n}} + \boldsymbol{C}_{\mathrm{n}}^{\mathrm{p}}\boldsymbol{\omega}_{\mathrm{en}}^{\mathrm{n}} + \boldsymbol{C}_{\mathrm{b}}^{\mathrm{p}}\boldsymbol{\omega}_{\mathrm{nb}}^{\mathrm{b}} + \boldsymbol{\omega}_{\mathrm{bp}}^{\mathrm{p}}) \tag{3.4.13}$$

式中：$[\delta\boldsymbol{G}]$ 为安装误差阵。与前面类似，分别从载体静止和运动两种情况进行安装误差调制特性分析。

当载体静止时，有 $\boldsymbol{\omega}_{\mathrm{en}}^{\mathrm{n}} = \boldsymbol{0}$，$\boldsymbol{\omega}_{\mathrm{nb}}^{\mathrm{b}} = \boldsymbol{0}$，$\boldsymbol{C}_{\mathrm{b}}^{\mathrm{n}}$ 为常数矩阵，式（3.4.13）化为

$$\delta\hat{\boldsymbol{\omega}}_{\mathrm{ib}[\boldsymbol{G}]}^{\mathrm{n}} = \boldsymbol{C}_{\mathrm{b}}^{\mathrm{n}}\boldsymbol{C}_{\mathrm{p}}^{\mathrm{b}}[\delta\boldsymbol{G}]\boldsymbol{\omega}_{\mathrm{ip}}^{\mathrm{p}} = \boldsymbol{C}_{\mathrm{b}}^{\mathrm{n}}\boldsymbol{C}_{\mathrm{p}}^{\mathrm{b}}[\delta\boldsymbol{G}](\boldsymbol{C}_{\mathrm{n}}^{\mathrm{p}}\boldsymbol{\omega}_{\mathrm{ie}}^{\mathrm{n}} + \boldsymbol{\omega}_{\mathrm{bp}}^{\mathrm{p}}) \tag{3.4.14}$$

1）地球自转角速度的影响

安装误差因地球自转角速度引起的误差记为 $\boldsymbol{\varDelta}_{\mathrm{ie}}$，即

$$\boldsymbol{\varDelta}_{\mathrm{ie}} = \boldsymbol{C}_{\mathrm{b}}^{\mathrm{n}}\boldsymbol{C}_{\mathrm{p}}^{\mathrm{b}}[\delta\boldsymbol{G}]\boldsymbol{C}_{\mathrm{n}}^{\mathrm{p}}\boldsymbol{\omega}_{\mathrm{ie}}^{\mathrm{n}} \tag{3.4.15}$$

将各坐标变换矩阵代入，将常量合并，并用 $\boldsymbol{D}$ 表示，式（3.4.15）可化为

$$\boldsymbol{\varDelta}_{\mathrm{ie}} = \boldsymbol{C}_{\mathrm{b}}^{\mathrm{n}}\begin{bmatrix} D_1\sin(\omega t) + D_2\cos(\omega t) + D_3\sin(\omega t)\cos(\omega t) + D_4\sin^2(\omega t) + D_5\cos^2(\omega t) \\ D_6\sin(\omega t) + D_7\cos(\omega t) + D_8\sin(\omega t)\cos(\omega t) + D_9\sin^2(\omega t) + D_{10}\cos^2(\omega t) \\ D_{11}\sin(\omega t) + D_{12}\cos(\omega t) + D_{13} \end{bmatrix} \tag{3.4.16}$$

式（3.4.16）中 $\boldsymbol{D}$ 为含有安装误差和地球角速度的常量，由此可以看出，安装误差因地球自转角速率引起的误差以三角函数形式的部分可以调制，而常数部分和三角函数的二次项部分则会产生常值分量。

2）IMU 旋转的影响

将 $\boldsymbol{\omega}_{\mathrm{bp}}^{\mathrm{p}} = (0,0,\omega)^{\mathrm{T}}$ 代入式（3.4.14），得到由安装误差与 IMU 旋转耦合引起的误差为

$$\boldsymbol{\varGamma}_{\omega} = \boldsymbol{C}_{\mathrm{b}}^{\mathrm{n}}\boldsymbol{C}_{\mathrm{p}}^{\mathrm{b}}[\delta\boldsymbol{G}]\boldsymbol{\omega}_{\mathrm{bp}}^{\mathrm{p}} = \boldsymbol{C}_{\mathrm{b}}^{\mathrm{n}}\begin{bmatrix} \omega\delta G_{zx}\cos(\omega t) - \omega\delta G_{zy}\sin(\omega t) \\ -\omega\delta G_{zx}\sin(\omega t) - \omega\delta G_{zy}\cos(\omega t) \\ 0 \end{bmatrix} \tag{3.4.17}$$

由此可见，因安装误差与旋转转速耦合引起的误差项被调制成周期形式，不会对系统误差产生太大影响。

3）载体运动的影响

当载体运动时，$\boldsymbol{\omega}_{\mathrm{en}}^{\mathrm{n}}$ 和 $\boldsymbol{\omega}_{\mathrm{nb}}^{\mathrm{b}}$ 不为零，同时 $\boldsymbol{C}_{\mathrm{b}}^{\mathrm{n}}$ 也随时间变化，因此其误差特性变得复杂。载体在运动过程中，地球角速度 $\boldsymbol{\omega}_{\mathrm{ie}}^{\mathrm{n}}$ 和运动角速率 $\boldsymbol{\omega}_{\mathrm{en}}^{\mathrm{n}}$ 相对于姿态角速度 $\boldsymbol{\omega}_{\mathrm{nb}}^{\mathrm{b}}$ 可以忽略，在此主要分析 $\boldsymbol{\omega}_{\mathrm{nb}}^{\mathrm{b}}$ 对刻度系数误差特性的影响，设由此引起的误差为 $\boldsymbol{\varGamma}_{\mathrm{nb}}$，根据式（3.4.13）可知

$$\boldsymbol{\varGamma}_{\mathrm{nb}} = \boldsymbol{C}_{\mathrm{b}}^{\mathrm{n}}\boldsymbol{C}_{\mathrm{p}}^{\mathrm{b}}[\delta\boldsymbol{G}]\boldsymbol{C}_{\mathrm{b}}^{\mathrm{p}}\boldsymbol{\omega}_{\mathrm{nb}}^{\mathrm{b}} \tag{3.4.18}$$

计算后，发现其三个轴向分量仍具有与式（3.4.16）相似的形式，不同的是其系数阵 $\boldsymbol{D}$ 不再是常数，而与载体姿态角速度变化相关，因此三个轴向上的等效漂移均不能完全调制。

4. 随机漂移误差调制特性

根据式（3.4.2），设陀螺组件在 p 系内的随机漂移为 ξ，经旋转调制后在导航解算过程中的传播的等效漂移为 $\boldsymbol{\xi}^{\mathrm{n}}$，由式（3.4.13）得

$$\boldsymbol{\xi}^{\mathrm{n}}=\boldsymbol{C}_{\mathrm{b}}^{\mathrm{n}}\boldsymbol{C}_{\mathrm{p}}^{\mathrm{b}}\boldsymbol{\xi}^{\mathrm{p}}=\boldsymbol{C}_{\mathrm{b}}^{\mathrm{n}}\begin{bmatrix}\xi_x\cos(\omega t)-\xi_y\sin(\omega t)\\ \xi_x\sin(\omega t)+\xi_y\cos(\omega t)\\ \xi_z\end{bmatrix} \tag{3.4.19}$$

随机量与三角函数的乘积仍然为随机量，因此旋转对随机漂移没有调制作用。

5. 结论

通过上述理论推导和分析，单轴旋转方案对于陀螺常值漂移误差、刻度系数误差、安装误差、随机漂移误差的调制特性可以总结如下。

（1）不论是单轴连续单向旋转、单轴正反旋转，还是单轴转停方案，均可调制与旋转轴垂直的轴向上的陀螺常值漂移误差，而对于旋转轴向上的陀螺常值漂移误差没有调制作用。

（2）陀螺刻度系数误差的存在导致其会与地球自转角速度、IMU 旋转运动、载体姿态角运动产生耦合，形成新的等效陀螺漂移。

①刻度系数误差与地球角速度的耦合效应同捷联式惯导系统没有本质区别，当载体姿态为零时，三个轴向刻度系数为 10 ppm 时，会在 y 轴和 z 轴分别引起大小为 1.299×10^{-4} °/h 和 7.5×10^{-5} °/h 的等效陀螺漂移。

②刻度系数误差与 IMU 旋转运动的耦合会给系统带来捷联式惯导系统所没有的附加陀螺漂移，其主要表现为在旋转轴上引入大小为 $\delta\boldsymbol{K}_G\boldsymbol{\omega}$ 的等效陀螺漂移。对于单向旋转惯导系统，该陀螺漂移误差不能调制；而对于正反旋转惯导系统，由对称性刻度系数误差引起的漂移会因 ω 周期性改变符号而受到调制，由非对称性误差引起的漂移会因 $\delta\boldsymbol{K}_G$ 和 $\boldsymbol{\omega}$ 同时周期性改变符号而不能调制。

③刻度系数误差与载体运动耦合引起的等效陀螺漂移同捷联式惯导系统没有本质区别。对于舰船等载体，其姿态运动一般呈振荡性摇摆，因此 $\boldsymbol{\omega}_{\mathrm{nb}}^{\mathrm{b}}$ 的周期性变化对于刻度系数对称性误差有调制作用，对于刻度系数非对称性误差，因其值随 $\boldsymbol{\omega}_{\mathrm{nb}}^{\mathrm{b}}$ 的符号而改变而不受调制。

（3）陀螺组件安装误差的存在同样会导致其与地球自转角速度、IMU 旋转运动、载体姿态角运动产生耦合形成新的等效陀螺漂移。

①安装误差与地球自转角速度的耦合效应会因旋转调制而减小，但并不能完全消除。

②安装误差与 IMU 旋转运动的耦合效应受到 IMU 旋转的调制，不会对系统带来额外误差。

③安装误差与载体运动耦合引起的等效陀螺漂移误差也会因旋转而减小。载体的周期性摇摆运动可以减小这种耦合效应，但进行 IMU 旋转转速设计时，应避免与舰船摇摆运动同频率，以减小同频三角函数平方项整流出的常值分量。

（4）IMU 周期性旋转不会改变陀螺随机漂移的随机性，因此对其没有调制作用。

3.4.2　双轴旋转惯导系统误差分析

与单轴旋转方案类似，本小节对 3.3 节三种 8 位置转停方案进行分析，讨论不同旋转方案

对惯性器件的常值漂移误差、刻度系数误差、安装误差、随机漂移误差的调制特性。为便于分析，设在双轴旋转方案中绕两轴旋转的角速率相同，即 $\omega_1=\omega_2=\omega$。

1. 常值漂移误差调制特性

设陀螺组件在旋转系内的常值漂移 $\boldsymbol{\varepsilon}$ 经旋转调制后在导航解算过程中的传播的等效漂移为 $\boldsymbol{\varepsilon}^{\mathrm{n}}$，根据坐标变换关系有

$$\boldsymbol{\varepsilon}^{\mathrm{n}}=\boldsymbol{C}_{\mathrm{b}}^{\mathrm{n}}\boldsymbol{C}_{\mathrm{p}}^{\mathrm{b}}\boldsymbol{\varepsilon}^{\mathrm{p}} \tag{3.4.20}$$

根据 3.3.3 小节的矩阵表示，双轴旋转时其变换矩阵 $\boldsymbol{C}_{\mathrm{p}}^{\mathrm{b}}$ 不能表示为通式的形式，因此通过对式（3.4.20）进行分段积分，研究其等效漂移在一个旋转周期内的累积，分析其误差特性。设载体静止，即 $\boldsymbol{C}_{\mathrm{b}}^{\mathrm{n}}$ 为常矩阵，有

$$\begin{aligned}\int_0^T\boldsymbol{\varepsilon}^{\mathrm{n}}\mathrm{d}t&=\int_0^T\boldsymbol{C}_{\mathrm{b}}^{\mathrm{n}}\boldsymbol{C}_{\mathrm{p}}^{\mathrm{b}}\boldsymbol{\varepsilon}^{\mathrm{p}}\mathrm{d}t\\&=\boldsymbol{C}_{\mathrm{b}}^{\mathrm{n}}\left[\int_0^{t_s}(\boldsymbol{C}_{\mathrm{T1}}+\boldsymbol{C}_{\mathrm{T2}}+\boldsymbol{C}_{\mathrm{T3}}+\boldsymbol{C}_{\mathrm{T4}}+\boldsymbol{C}_{\mathrm{T5}}+\boldsymbol{C}_{\mathrm{T6}}+\boldsymbol{C}_{\mathrm{T7}}+\boldsymbol{C}_{\mathrm{T8}})\boldsymbol{\varepsilon}^{\mathrm{p}}\mathrm{d}t\right.\\&\left.\quad+\int_0^{t_s}(\boldsymbol{C}_{\mathrm{R1}}+\boldsymbol{C}_{\mathrm{R2}}+\boldsymbol{C}_{\mathrm{R3}}+\boldsymbol{C}_{\mathrm{R4}}+\boldsymbol{C}_{\mathrm{R5}}+\boldsymbol{C}_{\mathrm{R6}}+\boldsymbol{C}_{\mathrm{R7}}+\boldsymbol{C}_{\mathrm{R8}})\boldsymbol{\varepsilon}^{\mathrm{p}}\mathrm{d}t\right]\end{aligned} \tag{3.4.21}$$

式中：$\boldsymbol{C}_{\mathrm{T1}},\boldsymbol{C}_{\mathrm{T2}},\cdots,\boldsymbol{C}_{\mathrm{T8}}$，$\boldsymbol{C}_{\mathrm{R1}},\boldsymbol{C}_{\mathrm{R2}},\cdots,\boldsymbol{C}_{\mathrm{R8}}$ 分别为各阶段的旋转坐标变换矩阵，将 3.3.3 小节矩阵形式代入得三种旋转方案下积分均为零，因此在整周期内的陀螺常值漂移被完全调制。

2. 刻度系数误差调制特性

设刻度系数误差引起的等效陀螺漂移为 $\delta\hat{\boldsymbol{\omega}}_{\mathrm{ib}[\boldsymbol{K}]}^{\mathrm{n}}$，与单轴旋转类似有

$$\delta\hat{\boldsymbol{\omega}}_{\mathrm{ib}[\boldsymbol{K}]}^{\mathrm{n}}=\boldsymbol{C}_{\mathrm{b}}^{\mathrm{n}}\boldsymbol{C}_{\mathrm{p}}^{\mathrm{b}}[\delta\boldsymbol{K}_G]\boldsymbol{\omega}_{\mathrm{ip}}^{\mathrm{p}}=\boldsymbol{C}_{\mathrm{b}}^{\mathrm{n}}\boldsymbol{C}_{\mathrm{p}}^{\mathrm{b}}[\delta\boldsymbol{K}_G](\boldsymbol{C}_{\mathrm{n}}^{\mathrm{p}}\boldsymbol{\omega}_{\mathrm{ie}}^{\mathrm{n}}+\boldsymbol{C}_{\mathrm{n}}^{\mathrm{p}}\boldsymbol{\omega}_{\mathrm{en}}^{\mathrm{n}}+\boldsymbol{C}_{\mathrm{b}}^{\mathrm{p}}\boldsymbol{\omega}_{\mathrm{nb}}^{\mathrm{b}}+\boldsymbol{\omega}_{\mathrm{bp}}^{\mathrm{p}}) \tag{3.4.22}$$

首先假设载体静止情况下，分析刻度系数误差因旋转引起的误差传递特性。此时，式（3.4.22）中 $\boldsymbol{\omega}_{\mathrm{en}}^{\mathrm{n}}=\boldsymbol{0}$，$\boldsymbol{\omega}_{\mathrm{nb}}^{\mathrm{b}}=\boldsymbol{0}$，$\boldsymbol{C}_{\mathrm{b}}^{\mathrm{n}}$ 为常数矩阵，可化为

$$\delta\hat{\boldsymbol{\omega}}_{\mathrm{ib}[\boldsymbol{K}]}^{\mathrm{n}}=\boldsymbol{C}_{\mathrm{b}}^{\mathrm{n}}\boldsymbol{C}_{\mathrm{p}}^{\mathrm{b}}[\delta\boldsymbol{K}_G](\boldsymbol{C}_{\mathrm{n}}^{\mathrm{p}}\boldsymbol{\omega}_{\mathrm{ie}}^{\mathrm{n}}+\boldsymbol{\omega}_{\mathrm{bp}}^{\mathrm{p}}) \tag{3.4.23}$$

式（3.4.23）为因地球自转和载体旋转与刻度系数误差耦合而引入系统的误差。

1）与地球自转的耦合误差

根据式（3.4.8）与式（3.4.23）的关系，设刻度系数误差因地球自转角速度引起的误差记为 $\boldsymbol{\varDelta}_{\mathrm{ie}}$，$\boldsymbol{\varDelta}_{\mathrm{ie}}$ 在机体系的投影为 $\boldsymbol{\varDelta}_{\mathrm{ie}}^{\mathrm{b}}$，有

$$\boldsymbol{\varDelta}_{\mathrm{ie}}=\boldsymbol{C}_{\mathrm{b}}^{\mathrm{n}}\boldsymbol{C}_{\mathrm{p}}^{\mathrm{b}}[\delta\boldsymbol{K}_G]\boldsymbol{C}_{\mathrm{n}}^{\mathrm{p}}\boldsymbol{\omega}_{\mathrm{ie}}^{\mathrm{n}}=\boldsymbol{C}_{\mathrm{b}}^{\mathrm{n}}\boldsymbol{C}_{\mathrm{p}}^{\mathrm{b}}[\delta\boldsymbol{K}_G]\boldsymbol{C}_{\mathrm{b}}^{\mathrm{p}}\begin{bmatrix}\omega_{cx}\\\omega_{cy}\\\omega_{cz}\end{bmatrix}=\boldsymbol{C}_{\mathrm{b}}^{\mathrm{n}}\boldsymbol{\varDelta}_{\mathrm{ie}}^{\mathrm{b}} \tag{3.4.24}$$

静止时 $\boldsymbol{C}_{\mathrm{b}}^{\mathrm{n}}$ 为常值，考虑 $\boldsymbol{\varDelta}_{\mathrm{ie}}^{\mathrm{b}}$ 在一个旋转周期内的积分

$$\int_0^T\boldsymbol{\varDelta}_{\mathrm{ie}}^{\mathrm{b}}\mathrm{d}t=\int_0^T\left\{\boldsymbol{C}_{\mathrm{p}}^{\mathrm{b}}[\delta\boldsymbol{K}_G]\boldsymbol{C}_{\mathrm{b}}^{\mathrm{p}}\begin{bmatrix}\omega_{cx}\\\omega_{cy}\\\omega_{cz}\end{bmatrix}\right\}\mathrm{d}t \tag{3.4.25}$$

按 $\boldsymbol{C}_{\mathrm{p}}^{\mathrm{b}}$ 的分段形式，将三种旋转方案下的 $\boldsymbol{C}_{\mathrm{T1}},\boldsymbol{C}_{\mathrm{T2}},\cdots,\boldsymbol{C}_{\mathrm{T8}}$，$\boldsymbol{C}_{\mathrm{R1}},\boldsymbol{C}_{\mathrm{R2}},\cdots,\boldsymbol{C}_{\mathrm{R8}}$ 代入式（3.4.25）得

$$\int_0^T \boldsymbol{\varDelta}_{\mathrm{ie}}^{\mathrm{b}} \mathrm{d}t = 8\int_0^{t_\mathrm{s}} \left\{ [\delta \boldsymbol{K}_G] \begin{pmatrix} \omega_{\mathrm{c}x} \\ \omega_{\mathrm{c}y} \\ \omega_{\mathrm{c}z} \end{pmatrix} \right\} \mathrm{d}t + \int_0^{t_\mathrm{r}} \left\{ \left[\boldsymbol{C}_{\mathrm{R1}} \delta \boldsymbol{K}_G \boldsymbol{C}_{\mathrm{R1}}^{\mathrm{T}} + \boldsymbol{C}_{\mathrm{R2}} \delta \boldsymbol{K}_G \boldsymbol{C}_{\mathrm{R2}}^{\mathrm{T}} + \cdots + \boldsymbol{C}_{\mathrm{R8}} \delta \boldsymbol{K}_G \boldsymbol{C}_{\mathrm{R8}}^{\mathrm{T}} \right] \begin{pmatrix} \omega_{\mathrm{c}x} \\ \omega_{\mathrm{c}y} \\ \omega_{\mathrm{c}z} \end{pmatrix} \right\} \mathrm{d}t \tag{3.4.26}$$

对式（3.4.26）中第一项积分得

$$8\begin{bmatrix} \delta K_{Gx} \omega_{\mathrm{c}x} t_\mathrm{s} \\ \delta K_{Gx} \omega_{\mathrm{c}y} t_\mathrm{s} \\ \delta K_{Gx} \omega_{\mathrm{c}z} t_\mathrm{s} \end{bmatrix} \tag{3.4.27}$$

对式（3.4.27）中第二项积分在三种方案中具有相同的形式，为

$$\int_0^{t_\mathrm{r}} \left\{ \begin{bmatrix} 4(\delta K_{Gy} + \delta K_{Gz})\sin^2(\omega t) + 8\delta K_{Gx}\cos^2(\omega t) & 0 & 0 \\ 0 & 4\delta K_{Gy} + 4\delta K_{Gx}\sin^2(\omega t) + 4\delta K_{Gy}\cos^2(\omega t) & 0 \\ 0 & 0 & 4\delta K_{Gz} + 4\delta K_{Gx}\sin^2(\omega t) + 4\delta K_{Gz}\cos^2(\omega t) \end{bmatrix} \begin{bmatrix} \omega_{\mathrm{c}x} \\ \omega_{\mathrm{c}y} \\ \omega_{\mathrm{c}z} \end{bmatrix} \right\} \mathrm{d}t \tag{3.4.28}$$

根据三角函数的性质，式（3.4.28）可化为

$$\begin{bmatrix} (2\delta K_{Gy} + 2\delta K_{Gz} + 4\delta K_{Gx}) t_\mathrm{r} & 0 & 0 \\ 0 & (6\delta K_{Gy} + 2\delta K_{Gx}) t_\mathrm{r} & 0 \\ 0 & 0 & (6\delta K_{Gz} + 2\delta K_{Gx}) t_\mathrm{r} \end{bmatrix} \begin{bmatrix} \omega_{\mathrm{c}x} \\ \omega_{\mathrm{c}y} \\ \omega_{\mathrm{c}z} \end{bmatrix} \tag{3.4.29}$$

将式（3.4.26）两项积分结果相加得

$$\int_0^T \boldsymbol{\varDelta}_{\mathrm{ie}x}^{\mathrm{b}} \mathrm{d}t = [8\delta K_{Gx} t_\mathrm{s} + (2\delta K_{Gy} + 2\delta K_{Gz} + 4\delta K_{Gx}) t_\mathrm{r}] \omega_{\mathrm{c}x} \tag{3.4.30}$$

$$\int_0^T \boldsymbol{\varDelta}_{\mathrm{ie}y}^{\mathrm{b}} \mathrm{d}t = [8\delta K_{Gy} t_\mathrm{s} + (6\delta K_{Gy} + 2\delta K_{Gx}) t_\mathrm{r}] \omega_{\mathrm{c}y} \tag{3.4.31}$$

$$\int_0^T \boldsymbol{\varDelta}_{\mathrm{ie}z}^{\mathrm{b}} \mathrm{d}t = [8\delta K_{Gz} t_\mathrm{s} + (6\delta K_{Gz} + 2\delta K_{Gx}) t_\mathrm{r}] \omega_{\mathrm{c}z} \tag{3.4.32}$$

因此，地球角速度与刻度系数误差耦合引入了等效陀螺漂移，同时载体旋转使各轴向的刻度系数误差产生了相互耦合。当 $\delta K_{Gx} = \delta K_{Gy} = \delta K_{Gz}$ 时，由此引起的误差在三个轴向上的积分均为 $8\delta \boldsymbol{K}_G (t_\mathrm{s} + t_\mathrm{r})(\omega_{\mathrm{c}x}, \omega_{\mathrm{c}y}, \omega_{\mathrm{c}z})^{\mathrm{T}}$，这与捷联式惯导系统的刻度误差特性无本质区别。由此可见，在三个轴向刻度系数误差相当的情况下，旋转并不能改变地球角速度与刻度系数耦合引起的误差。

2）与 IMU 旋转运动耦合误差

设刻度系数误差因载体旋转引起的误差记为 $\boldsymbol{\varDelta}_\omega$，记 $\boldsymbol{\varDelta}_\omega^{\mathrm{b}}$ 为 IMU 旋转与刻度系数耦合在机体系的等效陀螺漂移。根据式（3.4.22）有

$$\boldsymbol{\varDelta}_\omega = \boldsymbol{C}_\mathrm{b}^\mathrm{n} \boldsymbol{C}_\mathrm{p}^\mathrm{b} [\delta \boldsymbol{K}_G] \boldsymbol{\omega}_{\mathrm{bp}}^{\mathrm{p}} = \boldsymbol{C}_\mathrm{b}^\mathrm{n} \boldsymbol{\varDelta}_\omega^{\mathrm{b}} \tag{3.4.33}$$

根据旋转方案中 $\boldsymbol{\omega}_{\mathrm{bp}}^{\mathrm{p}}$ 和 $\boldsymbol{C}_{\mathrm{p}}^{\mathrm{b}}$ 的分段表示，其具有与地球角速度影响具有相似的形式，因此 $\boldsymbol{\varDelta}_{\omega}^{\mathrm{b}}$ 在一个旋转周期的积分可表示为

$$\begin{aligned}\int_0^T \boldsymbol{\varDelta}_{\omega}^{\mathrm{b}}\mathrm{d}t &= \int_0^T \{\boldsymbol{C}_{\mathrm{p}}^{\mathrm{b}}[\delta\boldsymbol{K}_G]\boldsymbol{\omega}_{\mathrm{bp}}^{\mathrm{p}}\}\mathrm{d}t \\ &= \int_0^{t_{\mathrm{s}}} \{(\boldsymbol{C}_{\mathrm{T1}}+\boldsymbol{C}_{\mathrm{T2}}+\cdots+\boldsymbol{C}_{\mathrm{T8}})[\delta\boldsymbol{K}_G]\boldsymbol{\omega}_{\mathrm{bp}}^{\mathrm{p}}\}\mathrm{d}t + \int_0^{t_{\mathrm{r}}} \{(\boldsymbol{C}_{\mathrm{R1}}+\boldsymbol{C}_{\mathrm{R2}}+\cdots+\boldsymbol{C}_{\mathrm{R8}})[\delta\boldsymbol{K}_G]\boldsymbol{\omega}_{\mathrm{bp}}^{\mathrm{p}}\}\mathrm{d}t\end{aligned} \tag{3.4.34}$$

停止阶段 $\boldsymbol{\omega}_{\mathrm{bp}}^{\mathrm{p}}=\boldsymbol{0}$，式（3.4.34）第一项积分为零，将三种旋转方案的 $\boldsymbol{\omega}_{\mathrm{bp}}^{\mathrm{p}}$ 和 $\boldsymbol{C}_{\mathrm{R}}$ 代入得方案一情况下的积分为

$$\begin{aligned}\int_0^T \boldsymbol{\varDelta}_{\omega}^{\mathrm{b}}\mathrm{d}t &= \int_0^{t_{\mathrm{r}}}\left\{(\boldsymbol{C}_{\mathrm{R1}}+\boldsymbol{C}_{\mathrm{R7}})[\delta\boldsymbol{K}_G]\begin{bmatrix}0\\0\\\omega_1\end{bmatrix}\right\}\mathrm{d}t + \int_0^{t_{\mathrm{r}}}\left\{(\boldsymbol{C}_{\mathrm{R2}}+\boldsymbol{C}_{\mathrm{R8}})[\delta\boldsymbol{K}_G]\begin{bmatrix}0\\-\omega_2\\0\end{bmatrix}\right\}\mathrm{d}t \\ &\quad + \int_0^{t_{\mathrm{r}}}\left\{\{(\boldsymbol{C}_{\mathrm{R3}}+\boldsymbol{C}_{\mathrm{R5}})[\delta\boldsymbol{K}_G]\begin{bmatrix}0\\0\\-\omega_1\end{bmatrix}\right\}\mathrm{d}t + \int_0^{t_{\mathrm{r}}}\left\{\{(\boldsymbol{C}_{\mathrm{R4}}+\boldsymbol{C}_{\mathrm{R6}})[\delta\boldsymbol{K}_G]\begin{bmatrix}0\\\omega_2\\0\end{bmatrix}\right\}\mathrm{d}t \\ &= \int_0^{t_{\mathrm{r}}}\left\{\begin{bmatrix}0\\0\\0\end{bmatrix}\right\}\mathrm{d}t = \begin{bmatrix}0\\0\\0\end{bmatrix}\end{aligned} \tag{3.4.35}$$

方案二情况下的积分为

$$\begin{aligned}\int_0^T \boldsymbol{\varDelta}_{\omega}^{\mathrm{b}}\mathrm{d}t &= \int_0^{t_{\mathrm{r}}}\left\{(\boldsymbol{C}_{\mathrm{R1}}+\boldsymbol{C}_{\mathrm{R6}})[\delta\boldsymbol{K}_G]\begin{bmatrix}0\\0\\\omega_1\end{bmatrix}\right\}\mathrm{d}t + \int_0^{t_{\mathrm{r}}}\left\{(\boldsymbol{C}_{\mathrm{R2}}+\boldsymbol{C}_{\mathrm{R5}})[\delta\boldsymbol{K}_G]\begin{bmatrix}0\\-\omega_2\\0\end{bmatrix}\right\}\mathrm{d}t \\ &\quad + \int_0^{t_{\mathrm{r}}}\left\{(\boldsymbol{C}_{\mathrm{R3}}+\boldsymbol{C}_{\mathrm{R8}})[\delta\boldsymbol{K}_G]\begin{bmatrix}0\\0\\-\omega_1\end{bmatrix}\right\}\mathrm{d}t + \int_0^{t_{\mathrm{r}}}\left\{(\boldsymbol{C}_{\mathrm{R4}}+\boldsymbol{C}_{\mathrm{R7}})[\delta\boldsymbol{K}_G]\begin{bmatrix}0\\\omega_2\\0\end{bmatrix}\right\}\mathrm{d}t \\ &= \int_0^{t_{\mathrm{r}}}\left\{\begin{bmatrix}0\\0\\0\end{bmatrix}\right\}\mathrm{d}t = \begin{bmatrix}0\\0\\0\end{bmatrix}\end{aligned} \tag{3.4.36}$$

同理，方案三情况下的积分为

$$\begin{aligned}\int_0^T \boldsymbol{\varDelta}_{\omega}^{\mathrm{b}}\mathrm{d}t &= \int_0^{t_{\mathrm{r}}}\left\{(\boldsymbol{C}_{\mathrm{R1}}+\boldsymbol{C}_{\mathrm{R8}})[\delta\boldsymbol{K}_G]\begin{bmatrix}0\\0\\\omega_1\end{bmatrix}\right\}\mathrm{d}t + \int_0^{t_{\mathrm{r}}}\left\{(\boldsymbol{C}_{\mathrm{R2}}+\boldsymbol{C}_{\mathrm{R7}})[\delta\boldsymbol{K}_G]\begin{bmatrix}0\\-\omega_2\\0\end{bmatrix}\right\}\mathrm{d}t \\ &\quad + \int_0^{t_{\mathrm{r}}}\left\{(\boldsymbol{C}_{\mathrm{R3}}+\boldsymbol{C}_{\mathrm{R6}})[\delta\boldsymbol{K}_G]\begin{bmatrix}0\\0\\-\omega_1\end{bmatrix}\right\}\mathrm{d}t + \int_0^{t_{r}}\left\{(\boldsymbol{C}_{\mathrm{R4}}+\boldsymbol{C}_{\mathrm{R5}})[\delta\boldsymbol{K}_G]\begin{bmatrix}0\\\omega_2\\0\end{bmatrix}\right\}\mathrm{d}t \\ &= \int_0^{t_{\mathrm{r}}}\left\{\begin{bmatrix}0\\4\delta K_{Gy}\omega\\4\delta K_{Gz}\omega\end{bmatrix}\right\}\mathrm{d}t = \begin{bmatrix}0\\4\delta K_{Gy}\omega t_{\mathrm{r}}\\4\delta K_{Gz}\omega t_{\mathrm{r}}\end{bmatrix}\end{aligned} \tag{3.4.37}$$

由此可见，三种方案下刻度系数与 IMU 旋转运动耦合引起的等效陀螺漂移特性并不相同，这与 IMU 运动的对称性有关。从旋转与刻度系数误差的耦合效应考虑，方案一和方案二较为

理想。方案三会在 y 轴和 z 轴引入等效陀螺漂移，该漂移特性取决于刻度系数误差的对称性。对于刻度系数对称性误差，其符号不随角速率而改变，在 y 轴和 z 轴引起等效常值陀螺漂移。对于对称性刻度系数误差，由此引起的等效陀螺漂移是不能调制的，而对于非对称性的刻度系数误差由于其周期性改变符号而受到调制。

3）载体运动的影响

载体在运动过程中，地球角速度 $\boldsymbol{\omega}_{\text{ie}}^{\text{n}}$ 和运动角速度 $\boldsymbol{\omega}_{\text{en}}^{\text{n}}$ 相对于姿态角速度 $\boldsymbol{\omega}_{\text{nb}}^{\text{b}}$ 可以忽略，所以在此主要分析 $\boldsymbol{\omega}_{\text{nb}}^{\text{b}}$ 对刻度系数误差特性的影响，设由此引起的误差为 $\boldsymbol{\varDelta}_{\text{nb}}$。记 $\boldsymbol{\varDelta}_{\text{nb}}^{\text{b}}$ 为 IMU 旋转与刻度系数耦合在机体系的等效陀螺漂移。根据式（3.4.23）有

$$\boldsymbol{\varDelta}_{\text{nb}} = \boldsymbol{C}_{\text{b}}^{\text{n}}\boldsymbol{C}_{\text{p}}^{\text{b}}[\delta\boldsymbol{K}_G]\boldsymbol{C}_{\text{b}}^{\text{p}}\boldsymbol{\omega}_{\text{nb}}^{\text{b}} = \boldsymbol{C}_{\text{b}}^{\text{n}}\boldsymbol{\varDelta}_{\text{nb}}^{\text{b}} \tag{3.4.38}$$

根据双轴旋转方案中 $\boldsymbol{\omega}_{\text{bp}}^{\text{p}}$ 和 $\boldsymbol{C}_{\text{p}}^{\text{b}}$ 的分段表示，其具有与地球角速度影响具有相似的形式，因此 $\boldsymbol{\varDelta}_{\omega}^{\text{b}}$ 在一个旋转周期的积分可表示为

$$\begin{aligned}\int_0^T \boldsymbol{\varDelta}_{\omega}^{\text{b}}\text{d}t &= \int_0^T \{\boldsymbol{C}_{\text{p}}^{\text{b}}[\delta\boldsymbol{K}_G]\boldsymbol{\omega}_{\text{bp}}^{\text{p}}\}\text{d}t \\ &= \int_0^{t_{\text{s}}}\left\{(\boldsymbol{C}_{\text{T1}}\delta\boldsymbol{K}_G\boldsymbol{C}_{\text{T1}}^{\text{T}} + \boldsymbol{C}_{\text{T2}}\delta\boldsymbol{K}_G\boldsymbol{C}_{\text{T2}}^{\text{T}} + \cdots + \boldsymbol{C}_{\text{T8}}\delta\boldsymbol{K}_G\boldsymbol{C}_{\text{T8}}^{\text{T}})\begin{bmatrix}\omega_{\text{nb}x}\\ \omega_{\text{nb}y}\\ \omega_{\text{nb}z}\end{bmatrix}\right\}\text{d}t \\ &\quad + \int_0^{t_{\text{r}}}\left\{(\boldsymbol{C}_{\text{R1}}\delta\boldsymbol{K}_G\boldsymbol{C}_{\text{R1}}^{\text{T}} + \boldsymbol{C}_{\text{R2}}\delta\boldsymbol{K}_G\boldsymbol{C}_{\text{R2}}^{\text{T}} + \cdots + \boldsymbol{C}_{\text{R8}}\delta\boldsymbol{K}_G\boldsymbol{C}_{\text{R8}}^{\text{T}})\begin{bmatrix}\omega_{\text{nb}x}\\ \omega_{\text{nb}y}\\ \omega_{\text{nb}z}\end{bmatrix}\right\}\text{d}t\end{aligned} \tag{3.4.39}$$

式（3.4.39）中第一项为停止的 8 位置的误差积累，每个位置停止时的误差积累可写为

$$\int_0^{t_{\text{s}}}\begin{bmatrix}\delta K_{Gx}\omega_{\text{nb}x}(t)\\ \delta K_{Gy}\omega_{\text{nb}y}(t)\\ \delta K_{Gz}\omega_{\text{nb}z}(t)\end{bmatrix}\text{d}t \tag{3.4.40}$$

载体运动过程中，$\boldsymbol{\omega}_{\text{nb}}(t)$ 为时变量，因此由此引起的误差积累不可能完全抵消，但是根据载体运动特点，姿态角速度 $\boldsymbol{\omega}_{\text{nb}}(t)$ 为近似周期形式，其误差也能够调制。若每个位置停止时间为其整数倍摇摆周期，则其每个位置的误差累积相对较小。

式中第二项积分表达式与地球角速度影响表达式具有相似的形式，只是原来积分项中的地球角速度矢量 $[\omega_{\text{c}x},\omega_{\text{c}y},\omega_{\text{c}z}]^{\text{T}}$ 为常量，而载体角速度矢量 $(\omega_{\text{nb}x}^n(t),\omega_{\text{nb}y}^n(t),\omega_{\text{nb}z}^n(t))^{\text{T}}$ 为时变量，这使得其误差特性较为复杂。

3. 安装误差调制特性

设安装误差引起的等效陀螺漂移为 $\delta\hat{\boldsymbol{\omega}}_{\text{ib}[\boldsymbol{G}]}^{\text{n}}$，根据式（3.4.2），陀螺的安装误差传递到导航系中为

$$\delta\hat{\boldsymbol{\omega}}_{\text{ib}[\boldsymbol{G}]}^{\text{n}} = \boldsymbol{C}_{\text{b}}^{\text{n}}\boldsymbol{C}_{\text{p}}^{\text{b}}[\delta\boldsymbol{G}]\boldsymbol{\omega}_{\text{ip}}^{\text{p}} = \boldsymbol{C}_{\text{b}}^{\text{n}}\boldsymbol{C}_{\text{p}}^{\text{b}}[\delta\boldsymbol{G}](\boldsymbol{C}_{\text{n}}^{\text{p}}\boldsymbol{\omega}_{\text{ie}}^{\text{n}} + \boldsymbol{C}_{\text{n}}^{\text{p}}\boldsymbol{\omega}_{\text{en}}^{\text{n}} + \boldsymbol{C}_{\text{b}}^{\text{p}}\boldsymbol{\omega}_{\text{nb}}^{\text{b}} + \boldsymbol{\omega}_{\text{bp}}^{\text{p}}) \tag{3.4.41}$$

式中：$[\delta\boldsymbol{G}]$ 为安装误差。下面分别从载体静止和运动两种情况进行分析。

当载体静止时，有 $\boldsymbol{\omega}_{\text{en}}^{\text{n}} = \boldsymbol{0}$，$\boldsymbol{\omega}_{\text{nb}}^{\text{b}} = \boldsymbol{0}$，$\boldsymbol{C}_{\text{b}}^{\text{n}}$ 为常数矩阵，式（3.4.41）可化为

$$\delta\hat{\boldsymbol{\omega}}_{\text{ib}[\boldsymbol{G}]}^{\text{n}} = \boldsymbol{C}_{\text{b}}^{\text{n}}\boldsymbol{C}_{\text{p}}^{\text{b}}[\delta\boldsymbol{G}]\boldsymbol{\omega}_{\text{ip}}^{\text{p}} = \boldsymbol{C}_{\text{b}}^{\text{n}}\boldsymbol{C}_{\text{p}}^{\text{b}}[\delta\boldsymbol{G}](\boldsymbol{C}_{\text{n}}^{\text{p}}\boldsymbol{\omega}_{\text{ie}}^{\text{n}} + \boldsymbol{\omega}_{\text{bp}}^{\text{p}}) \tag{3.4.42}$$

1）地球自转角速度影响

安装误差因地球自转角速度引起的误差记为$\boldsymbol{\Gamma}_{\text{ie}}$，即

$$\boldsymbol{\Gamma}_{\text{ie}} = \boldsymbol{C}_{\text{b}}^{\text{n}}\boldsymbol{C}_{\text{p}}^{\text{b}}[\delta\boldsymbol{G}]\boldsymbol{C}_{\text{n}}^{\text{p}}\boldsymbol{\omega}_{\text{ie}}^{\text{n}} \tag{3.4.43}$$

设该误差在b系内的投影为$\boldsymbol{\Gamma}_{\text{ie}}$，根据式（3.4.43）有

$$\boldsymbol{\Gamma}_{\text{ie}}^{\text{b}} = \boldsymbol{C}_{\text{p}}^{\text{b}}[\boldsymbol{\delta G}]\boldsymbol{C}_{\text{n}}^{\text{p}}\boldsymbol{\omega}_{\text{ie}}^{\text{n}} = \boldsymbol{C}_{\text{p}}^{\text{b}}[\delta\boldsymbol{G}]\boldsymbol{C}_{\text{b}}^{\text{p}}\begin{bmatrix}\omega_{\text{c}x}\\ \omega_{\text{c}y}\\ \omega_{\text{c}z}\end{bmatrix} \tag{3.4.44}$$

将3.3.3小节中$\boldsymbol{C}_{\text{p}}^{\text{b}}$的分段形式$\boldsymbol{C}_{\text{T1}},\boldsymbol{C}_{\text{T2}},\cdots,\boldsymbol{C}_{\text{T8}}$，$\boldsymbol{C}_{\text{R1}},\boldsymbol{C}_{\text{R2}},\cdots,\boldsymbol{C}_{\text{R8}}$代入式（3.4.44），可得安装误差与地球自转角速度耦合引起的误差在一个周期内的积分为

$$\begin{aligned}\int_0^T \boldsymbol{\Gamma}_{\text{ie}}^{\text{b}}\mathrm{d}t &= \int_0^{t_{\text{s}}}\left\{(\boldsymbol{C}_{\text{T1}}\delta\boldsymbol{G}\boldsymbol{C}_{\text{T1}}^{\text{T}} + \boldsymbol{C}_{\text{T2}}\delta\boldsymbol{G}\boldsymbol{C}_{\text{T2}}^{\text{T}} + \cdots + \boldsymbol{C}_{\text{T8}}\delta\boldsymbol{G}\boldsymbol{C}_{\text{T8}}^{\text{T}})\begin{bmatrix}\omega_{\text{c}x}\\ \omega_{\text{c}y}\\ \omega_{\text{c}z}\end{bmatrix}\right\}\mathrm{d}t\\ &+\int_0^{t_{\text{r}}}\left\{(\boldsymbol{C}_{\text{R1}}\delta\boldsymbol{G}\boldsymbol{C}_{\text{R1}}^{\text{T}} + \boldsymbol{C}_{\text{R2}}\delta\boldsymbol{G}\boldsymbol{C}_{\text{R2}}^{\text{T}} + \cdots + \boldsymbol{C}_{\text{R8}}\delta\boldsymbol{G}\boldsymbol{C}_{\text{R8}}^{\text{T}})\begin{bmatrix}\omega_{\text{c}x}\\ \omega_{\text{c}y}\\ \omega_{\text{c}z}\end{bmatrix}\right\}\mathrm{d}t\end{aligned} \tag{3.4.45}$$

设转动方案中绕两轴的旋转角速率相等，即$\omega_1 = \omega_2 = \omega$，则式（3.4.45）第一项积分在三种方案下均为零；第二项积分在方案一和方案三中为零，在方案二中为

$$\int_0^{t_{\text{r}}}\left\{\begin{bmatrix}0 & 0 & 0\\ 0 & 0 & 4(\delta G_{zx}-\delta G_{xy})\sin(\omega t)\\ 0 & 4(\delta G_{yx}-\delta G_{xz})\sin(\omega t) & 0\end{bmatrix}\begin{bmatrix}\omega_{\text{c}x}\\ \omega_{\text{c}y}\\ \omega_{\text{c}z}\end{bmatrix}\right\}\mathrm{d}t \tag{3.4.46}$$

根据三角函数的性质，式（3.4.46）可化为

$$\int_0^{t_{\text{r}}}\left\{\begin{bmatrix}0 & 0 & 0\\ 0 & 0 & 4(\delta G_{zx}-\delta G_{xy})\sin(\omega t)\\ 0 & 4(\delta G_{yx}-\delta G_{xz})\sin(\omega t) & 0\end{bmatrix}\begin{bmatrix}\omega_{\text{c}x}\\ \omega_{\text{c}y}\\ \omega_{\text{c}z}\end{bmatrix}\right\}\mathrm{d}t = \begin{bmatrix}0\\ 8(\delta G_{zx}-\delta G_{xy})\omega_{\text{c}z}/\omega\\ 8(\delta G_{yx}-\delta G_{xz})\omega_{\text{c}y}/\omega\end{bmatrix} \tag{3.4.47}$$

由此得在方案二中地球角速度与安装误差耦合引起的误差在一个周期内的积分为

$$\int_0^T \boldsymbol{\Gamma}_{\text{ie}x}^{\text{b}}\mathrm{d}t = 0 \tag{3.4.48}$$

$$\int_0^T \boldsymbol{\Gamma}_{\text{ie}y}^{\text{b}}\mathrm{d}t = 8(\delta G_{zx}-\delta G_{xy})\omega_{\text{c}z}/\omega \tag{3.4.49}$$

$$\int_0^T \boldsymbol{\Gamma}_{\text{ie}z}^{\text{b}}\mathrm{d}t = 8(\delta G_{yx}-\delta G_{xz})\omega_{\text{c}y}/\omega \tag{3.4.50}$$

由上述分析可知，方案一和方案三可以抑制安装误差与地球自转的耦合效应，而方案二中的两者的耦合会在y轴和z轴引起等效常值漂移，且该等效漂移与IMU旋转角速率成反比。

2）与IMU旋转运动耦合误差

设刻度系数误差因载体旋转引起的误差记为$\boldsymbol{\Gamma}_{\omega}$，记$\boldsymbol{\Gamma}_{\omega}^{\text{b}}$为IMU旋转与刻度系数耦合在机体系的等效陀螺漂移。根据式（3.4.42）有

$$\boldsymbol{\Gamma}_{\omega} = \boldsymbol{C}_{\text{b}}^{\text{n}}\boldsymbol{C}_{\text{p}}^{\text{b}}[\delta\boldsymbol{G}]\boldsymbol{\omega}_{\text{bp}}^{\text{p}} = \boldsymbol{C}_{\text{b}}^{\text{n}}\boldsymbol{\Gamma}_{\omega}^{\text{b}} \tag{3.4.51}$$

根据双轴旋转方案中$\boldsymbol{\omega}_{\text{bp}}^{\text{p}}$和$\boldsymbol{C}_{\text{p}}^{\text{b}}$的分段表示，$\boldsymbol{\Gamma}_{\omega}^{\text{b}}$在一个旋转周期的积分可表示为

$$\int_0^T \boldsymbol{\Delta}_\omega^{\mathrm{b}}\mathrm{d}t = \int_0^T \{\boldsymbol{C}_{\mathrm{p}}^{\mathrm{b}}[\delta\boldsymbol{G}]\boldsymbol{\omega}_{\mathrm{bp}}^{\mathrm{p}}\}\mathrm{d}t = 8\int_0^{t_{\mathrm{s}}} \{\boldsymbol{C}_{\mathrm{p}}^{\mathrm{b}}[\delta\boldsymbol{G}]\boldsymbol{\omega}_{\mathrm{bp}}^{\mathrm{p}}\}\mathrm{d}t + \int_0^{t_{\mathrm{r}}} \{(\boldsymbol{C}_{\mathrm{R1}} + \boldsymbol{C}_{\mathrm{R2}} + \cdots + \boldsymbol{C}_{\mathrm{R8}})[\delta\boldsymbol{G}]\boldsymbol{\omega}_{\mathrm{bp}}^{\mathrm{p}}\}\mathrm{d}t \quad (3.4.52)$$

停止阶段 $\boldsymbol{\omega}_{\mathrm{bp}}^{\mathrm{p}} = \boldsymbol{0}$，式（3.4.52）第一项为零，将三种旋转方案的 $\boldsymbol{\omega}_{\mathrm{bp}}^{\mathrm{p}}$ 和 $\boldsymbol{C}_{\mathrm{R}}$ 代入得在方案一情况下的积分为

$$\begin{aligned}\int_0^T \boldsymbol{\Delta}_\omega^{\mathrm{b}}\mathrm{d}t &= \int_0^{t_{\mathrm{r}}} \left\{(\boldsymbol{C}_{\mathrm{R1}} + \boldsymbol{C}_{\mathrm{R8}})[\delta\boldsymbol{G}]\begin{bmatrix}0\\0\\\omega_1\end{bmatrix}\right\}\mathrm{d}t + \int_0^{t_{\mathrm{r}}} \left\{(\boldsymbol{C}_{\mathrm{R2}} + \boldsymbol{C}_{\mathrm{R8}})[\delta\boldsymbol{G}]\begin{bmatrix}0\\-\omega_2\\0\end{bmatrix}\right\}\mathrm{d}t \\ &+ \int_0^{t_{\mathrm{r}}} \left\{(\boldsymbol{C}_{\mathrm{R3}} + \boldsymbol{C}_{\mathrm{R5}})[\delta\boldsymbol{G}]\begin{bmatrix}0\\0\\-\omega_1\end{bmatrix}\right\}\mathrm{d}t + \int_0^{t_r} \left\{(\boldsymbol{C}_{\mathrm{R4}} + \boldsymbol{C}_{\mathrm{R6}})[\delta\boldsymbol{G}]\begin{bmatrix}0\\\omega_2\\0\end{bmatrix}\right\}\mathrm{d}t \quad (3.4.53)\\ &= \int_0^{t_{\mathrm{r}}} \begin{bmatrix}0\\4\omega\delta\boldsymbol{G}_{zx}\sin(\omega t)\\4\omega\delta\boldsymbol{G}_{yx}\sin(\omega t)\end{bmatrix}\mathrm{d}t = \begin{bmatrix}0\\8\delta\boldsymbol{G}_{zx}\\8\delta\boldsymbol{G}_{yx}\end{bmatrix}\end{aligned}$$

同理得式（3.4.52）在方案二情况下的积分为

$$\int_0^T \boldsymbol{\Delta}_\omega^{\mathrm{b}}\mathrm{d}t = \int_0^{t_{\mathrm{r}}} \begin{bmatrix}0\\-4\omega\delta\boldsymbol{G}_{zx}\cos(\omega t)\\-4\omega\delta\boldsymbol{G}_{yx}\sin(\omega t)\end{bmatrix}\mathrm{d}t = \begin{bmatrix}0\\0\\0\end{bmatrix} \quad (3.4.54)$$

在方案三情况下式（3.4.52）的积分为

$$\int_0^T \boldsymbol{\Delta}_\omega^{\mathrm{b}}\mathrm{d}t = \int_0^{t_{\mathrm{r}}} \begin{bmatrix}0\\0\\0\end{bmatrix}\mathrm{d}t = \begin{bmatrix}0\\0\\0\end{bmatrix} \quad (3.4.55)$$

由此可见，方案一会因 IMU 的旋转运动向系统的 y 轴和 z 轴引入常值陀螺漂移，设安装误差 $\delta G_{zx} = \delta G_{yx} = 2''$，其旋转周期为 320 s，在 y 轴和 z 轴引入常值陀螺漂移为 $0.05\ ^\circ/\mathrm{h}$，该常值漂移严重制约了系统精度，因此方案一不可取；方案二存在周期性的陀螺漂移，但在调制周期内的误差积累为零，影响较小；方案三对于安装误差与 IMU 的耦合运动调制效果最佳。因此，双轴旋转运动可以通过合理的旋转方案调制由于 IMU 旋转与安装误差的耦合效应。

3）载体运动的影响

载体在运动过程中，地球角速度 $\boldsymbol{\omega}_{\mathrm{ie}}^{\mathrm{n}}$ 和运动角速度 $\boldsymbol{\omega}_{\mathrm{en}}^{\mathrm{n}}$ 相对于姿态角速度 $\boldsymbol{\omega}_{\mathrm{nb}}^{\mathrm{b}}$ 可以忽略，所以在此主要分析 $\boldsymbol{\omega}_{\mathrm{nb}}^{\mathrm{b}}$ 对刻度系数误差特性的影响，设由此引起的误差为 $\boldsymbol{\Gamma}_{\mathrm{nb}}$。记 $\boldsymbol{\Gamma}_{\mathrm{nb}}^{\mathrm{b}}$ 为 IMU 旋转与刻度系数耦合在机体坐标系的等效陀螺漂移。根据式（3.4.42）有

$$\boldsymbol{\Gamma}_{\mathrm{nb}} = \boldsymbol{C}_{\mathrm{b}}^{\mathrm{n}}\boldsymbol{C}_{\mathrm{p}}^{\mathrm{b}}[\delta\boldsymbol{K}_G]\boldsymbol{C}_{\mathrm{b}}^{\mathrm{p}}\boldsymbol{\omega}_{\mathrm{nb}}^{\mathrm{b}} = \boldsymbol{C}_{\mathrm{b}}^{\mathrm{n}}\boldsymbol{\Gamma}_{\mathrm{nb}}^{\mathrm{b}} \quad (3.4.56)$$

根据双轴旋转方案中 $\boldsymbol{\omega}_{\mathrm{bp}}^{\mathrm{p}}$ 和 $\boldsymbol{C}_{\mathrm{p}}^{\mathrm{b}}$ 的分段表示，$\boldsymbol{\Delta}_\omega^{\mathrm{b}}$ 在一个旋转周期的积分可表示为

$$\begin{aligned}\int_0^T \boldsymbol{\Gamma}_\omega^{\mathrm{b}}\mathrm{d}t &= \int_0^T \{\boldsymbol{C}_{\mathrm{p}}^{\mathrm{b}}[\delta\boldsymbol{G}]\boldsymbol{C}_{\mathrm{b}}^{\mathrm{p}}\boldsymbol{\omega}_{\mathrm{nb}}^{\mathrm{b}}\}\mathrm{d}t = \int_0^{t_{\mathrm{s}}} \left\{(\boldsymbol{C}_{\mathrm{T1}}\delta\boldsymbol{G}\boldsymbol{C}_{\mathrm{T1}}^{\mathrm{T}} + \boldsymbol{C}_{\mathrm{T2}}\delta\boldsymbol{G}\boldsymbol{C}_{\mathrm{T2}}^{\mathrm{T}} + \cdots + \boldsymbol{C}_{\mathrm{T8}}\delta\boldsymbol{G}\boldsymbol{C}_{\mathrm{T8}}^{\mathrm{T}})\begin{bmatrix}\omega_{\mathrm{nb}x}\\\omega_{\mathrm{nb}y}\\\omega_{\mathrm{nb}z}\end{bmatrix}\right\}\mathrm{d}t \\ &+ \int_0^{t_{\mathrm{s}}} \left\{(\boldsymbol{C}_{\mathrm{R1}}\delta\boldsymbol{G}\boldsymbol{C}_{\mathrm{R1}}^{\mathrm{T}} + \boldsymbol{C}_{\mathrm{R2}}\delta\boldsymbol{G}\boldsymbol{C}_{\mathrm{R2}}^{\mathrm{T}} + \cdots + \boldsymbol{C}_{\mathrm{R8}}\delta\boldsymbol{G}\boldsymbol{C}_{\mathrm{R8}}^{\mathrm{T}})\begin{bmatrix}\omega_{\mathrm{nb}x}\\\omega_{\mathrm{nb}y}\\\omega_{\mathrm{nb}z}\end{bmatrix}\right\}\mathrm{d}t\end{aligned}$$

（3.4.57）

式（3.4.57）第一项积分的系数矩阵 $\boldsymbol{C}_{\mathrm{T1}}\delta\boldsymbol{G}\boldsymbol{C}_{\mathrm{T1}}^{\mathrm{T}}+\boldsymbol{C}_{\mathrm{T2}}\delta\boldsymbol{G}\boldsymbol{C}_{\mathrm{T2}}^{\mathrm{T}}+\cdots+\boldsymbol{C}_{\mathrm{T8}}\delta\boldsymbol{G}\boldsymbol{C}_{\mathrm{T8}}^{\mathrm{T}}$ 的和为零，由于 $\boldsymbol{\omega}_{\mathrm{nb}}(t)$ 为时变量，其运动角速率前的系数矩阵实际上并不能写成合并形式。但 $\boldsymbol{\omega}_{\mathrm{nb}}(t)$ 具有近似周期性，因此若在两停止位置的间隔时间近似等于 $\boldsymbol{\omega}_{\mathrm{nb}}(t)$ 的整数周期，且系数矩阵可以合并，则能够抑制旋转周期内停止时刻的累积误差。三种旋转方案下式（3.4.57）的第二项积分形式不同，其表现形式与地球自转角速度的耦合效应类似。若在两停止位置间的间隔时间等于 $\boldsymbol{\omega}_{\mathrm{nb}}(t)$ 的整数周期，即式（3.4.57）第二项的系数矩阵可以合并，因为方案一和三中第二项的系数矩阵之和为零，所以受载体角运动影响较小，而方案二第二项的系数矩阵之和不为零，因此会与载体角运动耦合而产生等效陀螺漂移，从而影响系统精度。由此可知，进行转停方案设计时，合理选择其每个位置的转动和停止时间可有效减小安装误差与角运动的耦合。

4. 随机漂移误差调制特性

根据式（3.4.2），设陀螺组件在旋转系内的随机漂移为 $\boldsymbol{\xi}^{\mathrm{p}}$，经旋转调制后在导航解算过程中的传播的等效漂移为 $\boldsymbol{\xi}^{\mathrm{n}}$，将分段旋转变换矩阵代入式（3.4.42）得

$$\begin{aligned}\boldsymbol{\xi}^{\mathrm{n}}&=\boldsymbol{C}_{\mathrm{b}}^{\mathrm{n}}\boldsymbol{C}_{\mathrm{p}}^{\mathrm{b}}\boldsymbol{\xi}^{\mathrm{p}}\\&=\boldsymbol{C}_{\mathrm{b}}^{\mathrm{n}}[(\boldsymbol{C}_{\mathrm{T1}}\delta\boldsymbol{G}\boldsymbol{C}_{\mathrm{T1}}^{\mathrm{T}}+\boldsymbol{C}_{\mathrm{T2}}\delta\boldsymbol{G}\boldsymbol{C}_{\mathrm{T2}}^{\mathrm{T}}+\cdots+\boldsymbol{C}_{\mathrm{T8}}\delta\boldsymbol{G}\boldsymbol{C}_{\mathrm{T8}}^{\mathrm{T}})\\&\quad+(\boldsymbol{C}_{\mathrm{R1}}\delta\boldsymbol{G}\boldsymbol{C}_{\mathrm{R1}}^{\mathrm{T}}+\boldsymbol{C}_{\mathrm{R2}}\delta\boldsymbol{G}\boldsymbol{C}_{\mathrm{R2}}^{\mathrm{T}}+\cdots+\boldsymbol{C}_{\mathrm{R8}}\delta\boldsymbol{G}\boldsymbol{C}_{\mathrm{R8}}^{\mathrm{T}})]\boldsymbol{\xi}^{\mathrm{p}}\end{aligned}\tag{3.4.58}$$

随机量与常矩阵和三角函数的乘积仍然为随机量，因此旋转对随机漂移没有调制作用。

5. 结论

通过上述理论推导和分析，三种双轴旋转方案对于陀螺常值漂移误差、刻度系数误差、安装误差、随机漂移误差的调制特性可以总结如下。

（1）三种双轴转停方案均能够调制三个轴向上的陀螺常值漂移。

（2）陀螺刻度系数误差与地球自转角速度、IMU 旋转运动、载体姿态角运动耦合形成新的等效陀螺漂移，且不同的双轴方案表现出不同的特性。

①在三个轴向刻度系数误差相当的情况下，旋转并不能改变地球角速度与刻度系数耦合引起的误差，其对系统精度的影响与捷联式惯导系统没有本质改变。当载体姿态为零时，三个轴向刻度系数为 10 ppm 时，会在 y 轴和 z 轴分别引起大小为 1.299×10^{-4} °/h 和 7.5×10^{-5} °/h 的等效陀螺漂移。

②三种方案下刻度系数与 IMU 旋转运动耦合引起的等效陀螺漂移特性并不相同，方案一和方案二可以有效调制刻度系数误差，而方案三会在 y 轴和 z 轴引起大小为 $4\boldsymbol{\delta}K_G\omega t_{\mathrm{r}}/T$（$\omega$ 为旋转转速；t_{r} 为相邻位置间的转动时间；T 为旋转周期；K_G 为相应轴向上的刻度系数误差）的等效陀螺漂移。对于非对称性误差，该等效漂移也呈现出周期性变化，能够受到调制；对于对称性刻度系数误差，该漂移为常值，不能调制，严重影响系统精度。因此，从刻度系数误差耦合效应考虑，该旋转方案不可取。

③刻度系数误差与载体运动耦合引起的等效陀螺漂移与捷联式惯导系统没有本质区别。

（3）陀螺组件安装误差的存在，同样会导致其与地球自转角速度、IMU 旋转运动、载体姿态角运动产生耦合形成新的等效陀螺漂移，且不同的双轴方案表现出不同的特性。

①方案一和方案三可以有效抑制安装误差与地球角速度的耦合效应；而方案二改变了安装误差与地球角速度的耦合形式，在 y 轴和 z 轴引入了与旋转角速度和旋转周期有关的等效陀螺漂移。

②方案一中因安装误差与 IMU 的旋转运动的耦合会给系统 y 轴和 z 轴带来捷联式惯导系统所没有的附加常值陀螺漂移，该项漂移严重制约系统精度，应摒弃这种旋转方案；方案二和方案三中调制安装误差与 IMU 旋转运动的耦合可以得到调制，不影响系统精度。

③安装误差同样会与载体运动耦合引起等效陀螺漂移。由于 $\boldsymbol{\omega}_{\mathrm{nb}}(t)$ 为时变量，其影响较为复杂。$\boldsymbol{\omega}_{\mathrm{nb}}(t)$ 具有近似周期性，若系统在每个位置的停止时间及两位置间的转动时间近似为 $\boldsymbol{\omega}_{\mathrm{nb}}(t)$ 的整数周期，方案一和方案三可以减小载体运动与安装误差的耦合效应。

（4）IMU 的周期性旋转不会改变陀螺随机漂移的随机性，因此对其没有调制作用。

3.5 系统旋转性误差分析

3.5.1 旋转轴不正交误差分析

由于旋转轴不正交，IMU 绕 z_{r} 轴的旋转角速度将投影到 x_{b} 轴和 y_{b} 轴方向上，从而产生角速度测量误差。当 IMU 绕 z_{r} 轴以角速度 $\boldsymbol{\omega}_{\mathrm{r}}$ 旋转时，其在旋转系内的角速度为 $\boldsymbol{\omega}^{\mathrm{r}}=(0,0,\omega_{\mathrm{r}})$，根据式（3.5.1），其在 b 系内的投影为

$$(\omega_{\mathrm{r}}\cos\gamma_{zy}\sin\gamma_{zx},\omega_{\mathrm{r}}\sin\gamma_{zy},\omega_{\mathrm{r}}\cos\gamma_{zy}\cos\gamma_{zx}) \tag{3.5.1}$$

因此引起的角速率测量误差为

$$(\omega_{\mathrm{r}}\cos\gamma_{zy}\sin\gamma_{zx},\omega_{\mathrm{r}}\sin\gamma_{zy},\omega_{\mathrm{r}}-\omega_{\mathrm{r}}\cos\gamma_{zy}\cos\gamma_{zx}) \tag{3.5.2}$$

当两不正交角 γ_{zy} 和 γ_{zx} 为常值时，由此在三个轴向上引起常值漂移。而对于 x_{b} 轴和 y_{b} 轴向上的常值漂移因为旋转能够得到抑制，而 z_{b} 轴上引起的漂移不能得到调制。假设 $\gamma_{zy}=\gamma_{zx}$，则 z 轴上引入的漂移为 $\omega_{\mathrm{r}}\gamma_{zy}^2$。若 $\omega_{\mathrm{r}}=5\ ^\circ/\mathrm{s}$，$\gamma_{zx}=1'$，则此时的等效漂移为 $\omega_{\mathrm{r}}=0.0015\ ^\circ/\mathrm{h}$。对于单轴旋转惯导系统，旋转轴向的陀螺漂移本身就不能得到调制，而因旋转不正交向其引入了等效常值漂移，这对于高精度的惯导系统是不可容忍的。

IMU 在实际旋转过程受轴系间晃动影响，z_{b} 轴并不是规则的涡动，根据上述定义，其不正交角在 x_{b} 轴和 y_{b} 轴方向存在变化量 δx 和 δy。因此，当 IMU 绕 z_{r} 轴以 ω_{r} 旋转时，考虑上述晃动后其角速度在 b 系内的投影为

$$\begin{cases}\omega_x^{\mathrm{b}}=\omega_{\mathrm{r}}\cos\gamma_{zy}\sin(\gamma_{zx}+\delta x)+\delta\dot{y}\\ \omega_x^{\mathrm{b}}=\omega_{\mathrm{r}}\sin(\gamma_{zy}+\delta y)+\delta\dot{x}\\ \omega_z^{\mathrm{b}}=\omega_{\mathrm{r}}\cos(\gamma_{zy}+\delta y)\cos(\gamma_{zx}+\delta x)\end{cases} \tag{3.5.3}$$

因为 δx 和 δy 为时变量，而晃动引起的在三个轴向上的陀螺漂移均不为常值，所以都不能得到调制，此项误差在很大程度上影响了惯导系统精度。因此，在进行系统设计时，应最大限度地保证旋转轴的正交性，减小轴系间的晃动，以减小对系统精度的影响。

3.5.2 器件测角误差分析

测角器件误差从两个方面影响系统精度：首先，测角误差直接影响控制系统的控制精度，这些误差源的误差特性在后续进行分析；其次，器件测量的角位置信息将用于系统导航解算中的旋转坐标分解，其误差直接影响旋转坐标系与机体坐标系 b 的转换精度，从而引起导航误差。

旋转惯导系统在进行导航解算时，首先进行坐标变换，将器件在r系内的输出转换到相对固定的b系。当IMU绕旋转系z_r轴旋转时，r系到b系的坐标转换矩阵为$\boldsymbol{C}_{r}^{b}$。设在某一时刻，IMU的旋转角度为θ，则r系到b系的变换矩阵为$\boldsymbol{C}_{r}^{b}=\boldsymbol{C}_{r0}^{b}\boldsymbol{C}_{r}^{r0}\boldsymbol{\omega}^{r}$（$\boldsymbol{C}_{r0}^{b}$为旋转系到机体坐标系b的变换矩阵），其真实值为

$$\boldsymbol{C}_{r0}^{b}=\begin{bmatrix}\cos\theta & -\sin\theta & 0\\ \sin\theta & \cos\theta & 0\\ 0 & 0 & 1\end{bmatrix} \tag{3.5.4}$$

而测角器件测得的角度为$\theta+\theta_m$（θ_m为角度测量误差，属于小角度，有$\sin\theta_m\approx\theta_m,\cos\theta_m\approx 1$），因此进行导航解算时的旋转变换矩阵的实际值$(\boldsymbol{C}_{r0}^{b})'$为

$$(\boldsymbol{C}_{r0}^{b})'=\begin{bmatrix}\cos(\theta+\theta_m) & -\sin(\theta+\theta_m) & 0\\ \sin(\theta+\theta_m) & \cos(\theta+\theta_m) & 0\\ 0 & 0 & 1\end{bmatrix} \tag{3.5.5}$$

设旋转系内三个轴的角速度分别为ω_x、ω_y、ω_z，天向轴的旋转角速度为ω_r，导航解算的真实值与实际值的误差为$\Delta\boldsymbol{\omega}$，根据坐标关系有

$$\Delta\boldsymbol{\omega}=\boldsymbol{C}_{r0}^{b}\boldsymbol{C}_{r}^{r0}\boldsymbol{\omega}^{r}-(\boldsymbol{C}_{r0}^{b})'\boldsymbol{C}_{r}^{r0}\boldsymbol{\omega}^{r}=\begin{bmatrix}\theta_m\sin\theta & \theta_m\cos\theta & 0\\ -\theta_m\cos\theta & \theta_m\sin\theta & 0\\ 0 & 0 & 0\end{bmatrix}\boldsymbol{C}_{r}^{r0}\boldsymbol{\omega}^{r} \tag{3.5.6}$$

考虑到不正交误差角γ_{zy}和γ_{zx}为小角度，变换矩阵$\boldsymbol{C}_{r}^{r0}$可化为

$$\boldsymbol{C}_{r}^{r0}=\begin{bmatrix}1 & 0 & -\gamma_{zx}\\ 0 & 1 & \gamma_{zy}\\ -\gamma_{zx} & \gamma_{zy} & 1\end{bmatrix} \tag{3.5.7}$$

将其代入式（3.5.6）可知，由于角度测量误差将会带来x_b轴和y_b轴上等效陀螺漂移ε_{mx}和ε_{my}，而对z_b轴没有影响：

$$\begin{cases}\varepsilon_{mx}=\theta_m(\omega_x^r-\gamma_{zx}\omega_z^r)\sin\theta+\theta_m(\omega_y^r+\gamma_{zy}\omega_z^r)\cos\theta\\ \varepsilon_{my}=-\theta_m(\omega_x^r-\gamma_{zx}\omega_z^r)\cos\theta+\theta_m(\omega_y^r+\gamma_{zy}\omega_z^r)\sin\theta\end{cases} \tag{3.5.8}$$

由此可见，因测角误差带来的x_b轴和y_b轴上的等效陀螺漂移呈现出调制周期形式，但同时与载体的角运动有关。载体在波浪激励下的典型摇摆运动模型为[95]

$$\begin{cases}\theta_x=\theta_{xm}\sin(f_x t+\varphi_x)\\ \theta_y=\theta_{ym}\sin(f_y t+\varphi_y)\end{cases} \tag{3.5.9}$$

式中：θ_{xm}和θ_{ym}分别为舰船纵摇和横摇的幅值；f_x和f_y分别为横摇和纵摇运动的角频率；φ_x和φ_y为初始相位[95]。设初始时刻相位为零，则载体在此纵横摇运动条件下的角速率为

$$\begin{cases}\omega_x=\theta_{xm}f_x\cos(f_x t)\\ \omega_y=\theta_{ym}f_y\cos(f_y t)\end{cases} \tag{3.5.10}$$

式（3.5.10）的典型运动是舰船在b系下的摇摆运动，记为$\boldsymbol{\omega}^{b}=(\omega_x,\omega_y,\omega_z)$，而惯性器件在旋转系内的输出应为$\boldsymbol{\omega}^{r}=\boldsymbol{C}_{b}^{r}\boldsymbol{\omega}^{b}$。因此，根据式（3.5.10）可知，舰船在典型摇摆运动下，因为测角器件误差引起的角速度误差为

$$\Delta\boldsymbol{\omega}=\begin{bmatrix}\theta_{\mathrm{m}}\sin\theta & \theta_{\mathrm{m}}\cos\theta & 0\\ -\theta_{\mathrm{m}}\cos\theta & \theta_{\mathrm{m}}\sin\theta & 0\\ 0 & 0 & 0\end{bmatrix}\boldsymbol{C}_{\mathrm{b}}^{\mathrm{r0}}\boldsymbol{\omega}^{b}=\begin{bmatrix}\theta_{\mathrm{m}}\omega_{y}^{\mathrm{b}}\\ -\theta_{\mathrm{m}}\omega_{x}^{\mathrm{b}}\\ 0\end{bmatrix} \tag{3.5.11}$$

综上所述，测角误差可导致在 x_{b} 轴和 y_{b} 轴上引入大小为 $\theta_{\mathrm{m}}\omega_{y}^{\mathrm{b}}$ 和 $\theta_{\mathrm{m}}\omega_{x}^{\mathrm{b}}$ 的等效漂移，且该漂移与舰船摇摆运动同周期性变化。因此，测角误差引起的等效陀螺漂移受舰船周期性摇摆运动的调制。为保证在一个旋转周期内的角度误差尽量小，在进行旋转方案设计时应使得旋转周期大于数倍的载体纵横摇运动周期。

3.5.3 换向超调误差分析

电机在正反旋转换向时刻存在超调误差，这使得水平轴向陀螺并不是理想的整周旋转，导致陀螺的常值漂移在一个正反转周期内不能得到完全抵消，从而产生剩余陀螺漂移。

如图 3.7 所示，IMU 从点 P 开始逆时针旋转，经一个周期后再次到达点 P 并逆时针旋转。设三个轴向上的陀螺漂移分别为 ε_x、ε_y、ε_z，则在一个正反转周期内得陀螺漂移为

$$\Delta\boldsymbol{\varepsilon}=\int_{0}^{2\pi+\theta_{c1}}\boldsymbol{C}_{\mathrm{r}}^{\mathrm{b}}\boldsymbol{\varepsilon}^{\mathrm{r}}\mathrm{d}\theta+\int_{-\theta_{c1}}^{2\pi+\theta_{c2}}\boldsymbol{C}_{\mathrm{r}}^{\mathrm{b}}\boldsymbol{\varepsilon}^{\mathrm{r}}\mathrm{d}\theta+\int_{-\theta_{c2}}^{0}\boldsymbol{C}_{\mathrm{r}}^{\mathrm{b}}\boldsymbol{\varepsilon}^{\mathrm{r}}\mathrm{d}\theta \tag{3.5.12}$$

设当 IMU 逆时针旋转时其旋转角速度为正，则 $\boldsymbol{C}_{\mathrm{r}}^{\mathrm{b}}=\begin{bmatrix}\cos\theta & -\sin\theta & 0\\ \sin\theta & \cos\theta & 0\\ 0 & 0 & 1\end{bmatrix}$，当 IMU 顺时针旋转时，$\boldsymbol{C}_{\mathrm{r}}^{\mathrm{b}}=\begin{bmatrix}\cos\theta & \sin\theta & 0\\ -\sin\theta & \cos\theta & 0\\ 0 & 0 & 1\end{bmatrix}$，将其代入式（3.5.12）得

$$\begin{cases}\Delta\varepsilon_{x}=2(\sin\theta_{c1}+\sin\theta_{c2})\varepsilon_{x}+2(\cos\theta_{c1}-\cos\theta_{c2})\varepsilon_{y}\\ \Delta\varepsilon_{y}=2(\cos\theta_{c1}-\cos\theta_{c2})\varepsilon_{x}+2(\sin\theta_{c1}+\sin\theta_{c2})\varepsilon_{y}\\ \Delta\varepsilon=\int_{0}^{2\pi+\theta_{c1}}C_{\mathrm{r}}^{\mathrm{b}}\varepsilon^{\mathrm{r}}\mathrm{d}\theta+\int_{-\theta_{c1}}^{2\pi+\theta_{c2}}C_{\mathrm{r}}^{\mathrm{b}}\varepsilon^{\mathrm{r}}\mathrm{d}\theta+\int_{-\theta_{c2}}^{0}C_{\mathrm{r}}^{\mathrm{b}}\varepsilon^{\mathrm{r}}\mathrm{d}\theta\end{cases} \tag{3.5.13}$$

由此可见，超调误差角的存在使得在一个旋转周期内 x_{b} 轴和 y_{b} 轴上的常值陀螺漂移不能完全抵消，而存在与超调误差角相关的剩余漂移。设正反转的超调误差角相等，即 $\theta_{c1}=\theta_{c1}=1'$，则因超调误差导致的 x_{b} 轴和 y_{b} 轴上的剩余陀螺漂移分别为 $0.001\,2\,\varepsilon_x$ 和 $0.001\,2\,\varepsilon_y$。虽然剩余陀螺漂移不大，但对于高精度惯导系统，尤其是在水平陀螺漂移较大情况下，该剩余漂移也不可忽视。

3.5.4 转速控制误差分析

设在旋转方案中，电机驱动 IMU 绕 z_{b} 轴以 $\boldsymbol{\omega}_{\mathrm{r}}$ 的理想转速正反转，因电机转速控制误差导致其实际转速为 $\boldsymbol{\omega}_{\mathrm{r}}+\delta\boldsymbol{\omega}$。由式（3.5.6）可知，由此引起的坐标转换误差阵为

$$\Delta\boldsymbol{C}_{\mathrm{r}}^{\mathrm{b}}=(\boldsymbol{C}_{\mathrm{r}}^{\mathrm{b}}-\boldsymbol{C}_{\mathrm{r}}^{\mathrm{b}'})=\begin{bmatrix}\delta\omega t\sin(\omega_{\mathrm{r}}t) & \delta\omega t\cos(\omega_{\mathrm{r}}t) & 0\\ -\delta\omega t\cos(\omega_{\mathrm{r}}t) & \delta\omega t\sin(\omega_{\mathrm{r}}t) & 0\\ 0 & 0 & 0\end{bmatrix} \tag{3.5.14}$$

根据舰船的典型摇摆运动形式，由转速误差引起的角速度误差为

$$\Delta\boldsymbol{\omega}=\Delta\boldsymbol{C}_{\mathrm{r}}^{\mathrm{b}}\boldsymbol{\omega}^{\mathrm{r}}=\Delta\boldsymbol{C}_{\mathrm{r}}^{\mathrm{b}}(\boldsymbol{C}_{\mathrm{b}}^{\mathrm{r}}\boldsymbol{\omega}^{\mathrm{b}})=\begin{bmatrix}\delta\omega t\omega_y^{\mathrm{b}}\\-\delta\omega t\omega_x^{\mathrm{b}}\\0\end{bmatrix}\tag{3.5.15}$$

若转速误差为常值，在 x_{b} 轴和 y_{b} 轴上引起的陀螺漂移除与载体的摇摆运动有关外，还随时间累积效应，这是高精度惯导系统不可容忍的。因此，进行电机控制设计时，必须保证系统控制稳态误差尽可能小。

3.6 旋转惯导误差综合仿真

本节将针对惯性器件的不同误差源进行捷联式惯导系统和不同旋转方案的旋转惯导系统仿真，以验证上述理论分析。

3.6.1 常值漂移误差仿真

1. 仿真一

仿真对象：捷联式惯导系统、单轴正反连续旋转系统、单轴转停系统、双轴转停系统。

仿真条件：陀螺漂移 $\varepsilon_x=\varepsilon_y=0.01\ ^\circ/\mathrm{h}$，$\varepsilon_z=0$；初始位置 $\lambda=114°14'3''$，$\varphi=30°34'48''$，纵横摇和航向均为零，导航时间 48 h，解算步长 1 s。

旋转方案：单轴正反旋转采取整周换向，$\omega=3\ ^\circ/\mathrm{s}$；单轴转停采取 2 位置转停方案，转动时间 $t_{\mathrm{r}}=60\ \mathrm{s}$，停止时间 $t_{\mathrm{r}}=20\ \mathrm{s}$；双轴转停采取 8 位置转停（方案一），每个位置转动时间 $t_{\mathrm{r}}=30\ \mathrm{s}$，停止时间 $t_{\mathrm{r}}=10\ \mathrm{s}$。

图 3.13（a）～（d）所示依次为捷联式惯导系统、单轴正反旋转系统、单轴转停系统、双轴转停系统的位置误差曲线。

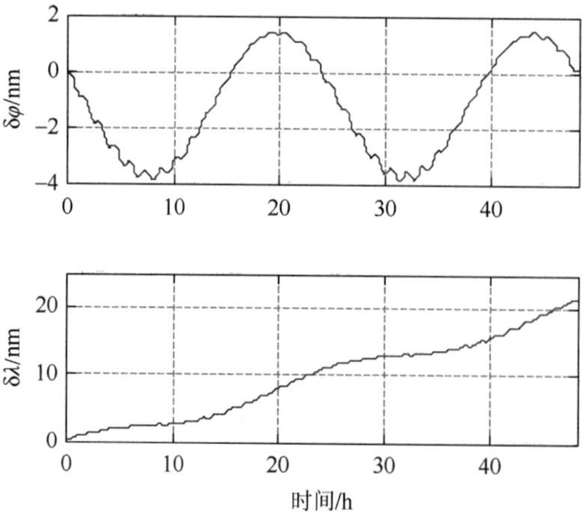

(a) 捷联式惯导系统

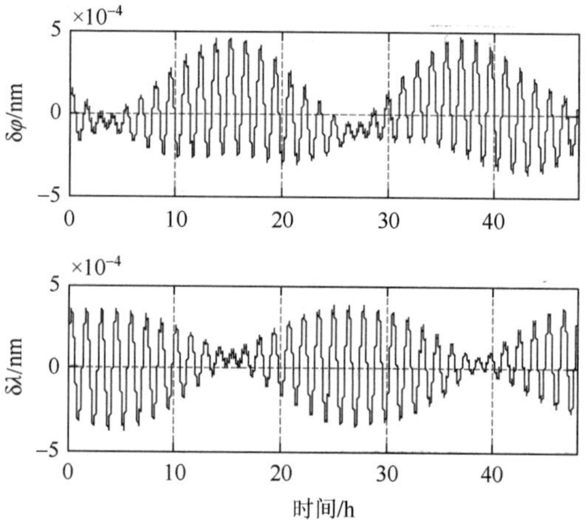

(b) 单轴正反旋转系统

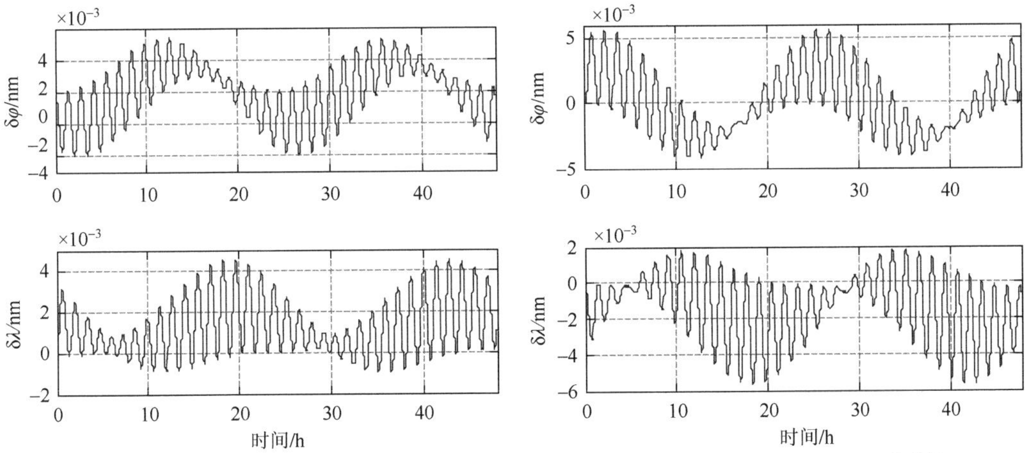

(c) 单轴转停系统　　(d) 双轴转停系统的位置误差曲线

图 3.13　不同旋转方案下系统的位置误差

从图 3.13 可以看出，与捷联式惯导系统相比，旋转惯导系统精度显著提高。其中：单轴连续旋转系统精度最高，这是因为仿真中只有 x 轴和 y 轴存在 0.01 °/h 的常值漂移，且漂移受到绕 z 轴旋转的单轴旋转系统的实时调制；而对于单轴转停和双轴旋转系统，其旋转周期内有一定时间处于静止状态，其短期陀螺漂移导致系统振荡性误差增大；对于双轴旋转系统，由于一定时间间隔内绕 y 轴旋转而不能调制 y 轴的常值漂移，其振荡性最大，由此验证了旋转只能调制与旋转轴垂直轴向上的常值误差。仅从陀螺常值漂移角度考虑，连续旋转方案因漂移得到实时调制，其精度优于转停方案。

2. 仿真二

仿真对象：单轴正反连续旋转系统、双轴转停系统。

仿真条件：$\varepsilon_x = \varepsilon_y = \varepsilon_z = 0.01\ °/\text{h}$；其他同仿真一。

图 3.14（a）和（b）所示依次为单轴连续旋转惯导系统和双轴转停惯导系统的位置误差曲线。

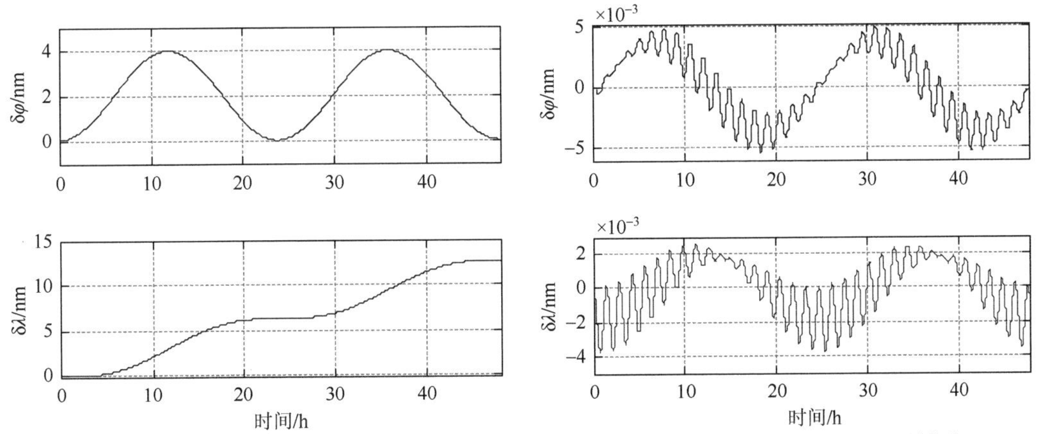

(a) 单轴连续旋转惯导系统位置误差曲线　　(b) 双轴转停惯导系统位置误差曲线

图 3.14　不同旋转方案下系统的位置误差曲线

从图 3.14 可以看出，因单轴旋转系统不能调制其旋转轴向上的陀螺常值漂移，该漂移严重制约了系统精度。而双轴旋转系统能间歇性绕两轴旋转，很好调制了三个轴向的常值漂移。

3.6.2 刻度系数误差仿真

1. 仿真一

仿真对象：捷联式惯导系统、单轴单向连续旋转系统、单轴正反连续旋转系统、双轴转停系统（分别对方案一、二、三进行仿真）。旋转方案同 3.5.1 小节。

仿真条件：刻度系数存在对称性误差 $\delta K_{Gx}=\delta K_{Gy}=\delta K_{Gz}=10\ \text{ppm}$；初始位置 $\lambda=114°14'34''$，$\varphi=30°34'48''$，纵横摇和航向为零，导航时间 48 h，解算步长 1 s。

旋转方案：单轴单向旋转 $\omega=3\ °/\text{s}$；正反旋转采取整周换向，$\omega=3\ °/\text{s}$；双轴转停采取 8 位置停转（次序同 3.3.2 小节），转动时间 $t_r=30\ \text{s}$，停止时间 $t_r=10\ \text{s}$。

图 3.15（a）～（f）所示依次为捷联式惯导系统、单轴单向连续旋转系统、单轴正反连续旋转系统、双轴转停系统（方案一、二、三）的位置误差曲线。

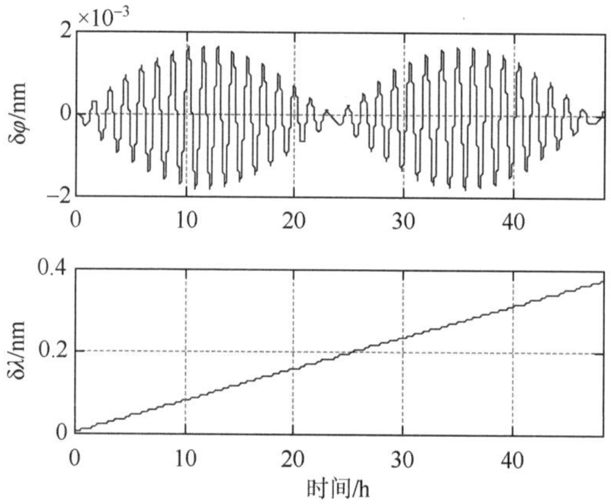

(a) 捷联式惯导系统

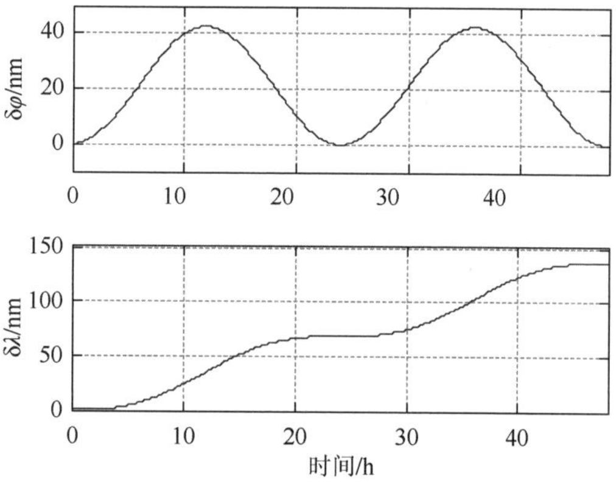

(b) 单轴单向连续旋转系统

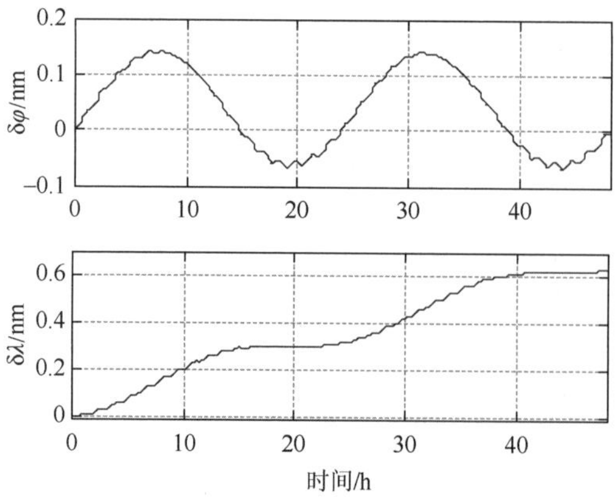

(c) 单轴正反连续旋转系统

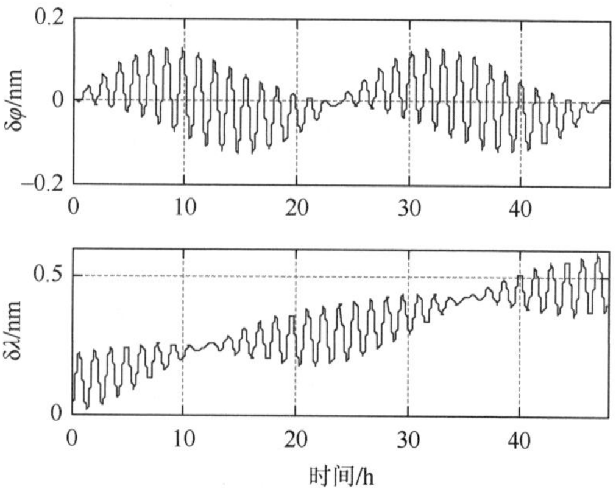

(d) 双轴转停系统（方案一）

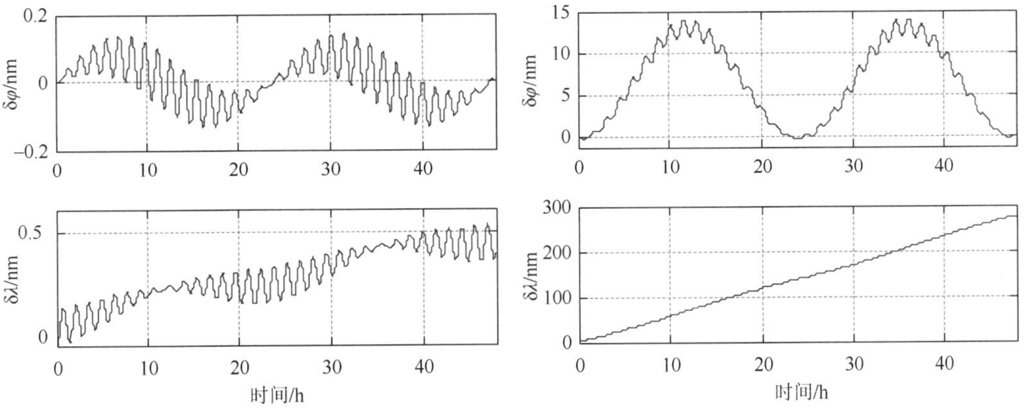

(e) 双轴转停系统（方案二）　　(f) 双轴转停系统（方案三）

图 3.15　不同旋转方案下系统的位置误差

从图 3.15 可以看出，对于对称性刻度系数误差：单轴正反旋转和双轴转停的方案一和方案二由刻度系数误差带来的漂移与捷联系统没有本质区别，说明方案很好地抑制了刻度系数误差与 IMU 运动的耦合。但双轴转停方案一和方案二中周期性变化的陀螺漂移使短时间内系统振荡性误差增大。而对于单轴单向旋转和双轴转停方案三，由于刻度系数对称性误差与角运动耦合产生了等效陀螺漂移，该漂移严重制约了系统精度。

2. 仿真二

仿真对象：捷联式惯导系统、单轴单向连续旋转系统、单轴正反连续旋转系统、双轴转停系统（方案一、二、三）。旋转方案同 3.3.2 小节。

仿真条件：刻度系数存在非对称性误差 $\delta K_{Gx}=\delta K_{Gy}=\delta K_{Gz}=10\ \text{ppm}$；其余条件同仿真一。

图 3.16（a）～（f）所示依次为捷联式惯导系统、单轴单向连续旋转系统、单轴正反连续旋转系统、双轴转停系统（方案一、二、三）的位置误差曲线。

从图 3.16 可以看出，对于非对称性刻度系数误差，单轴正反旋转方案因 IMU 运动与刻度系数符号同时周期性反向，其等效漂移不能得到调制，而具有与单轴单向系统相当的精度。因此，对于单轴旋转方案，旋转轴陀螺非对称性刻度系数误差一定要尽量减小，单向和正反旋转均不能减小其与 IMU 旋转运动的耦合。双轴转停三种方案均能较好地抑制非对称性刻度系数误差与 IMU 运动的耦合。

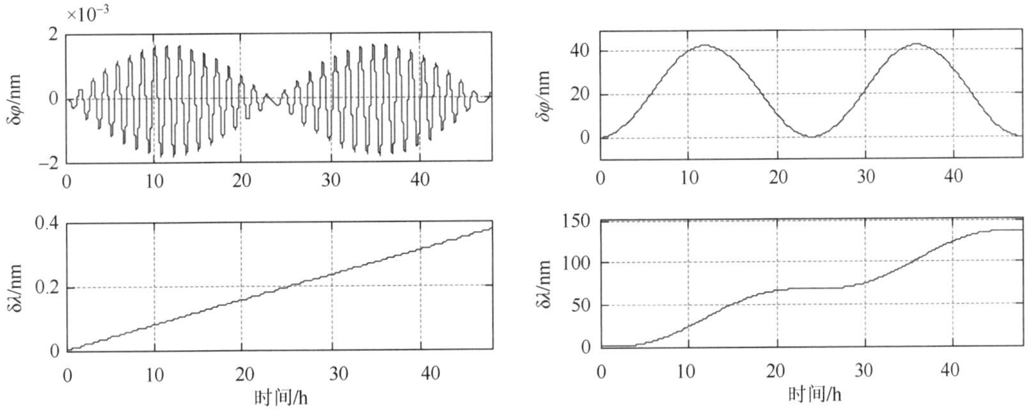

(a) 捷联式惯导系统　　(b) 单轴单向连续旋转系统

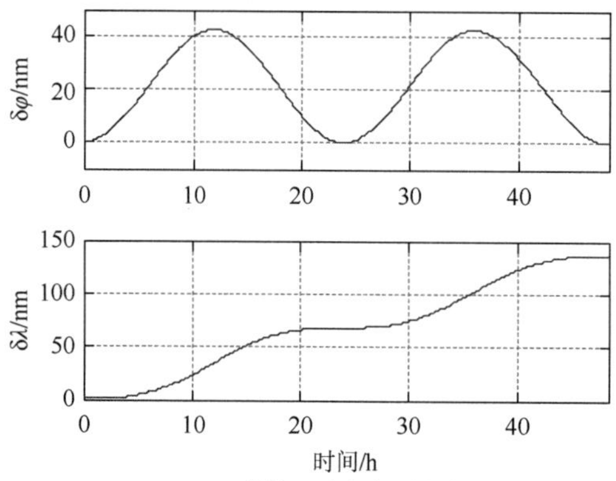

(c) 单轴正反连续旋转系统

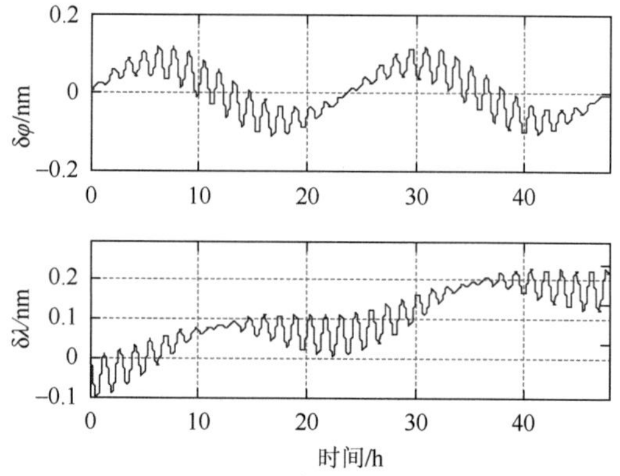

(d) 双轴转停系统（方案一）

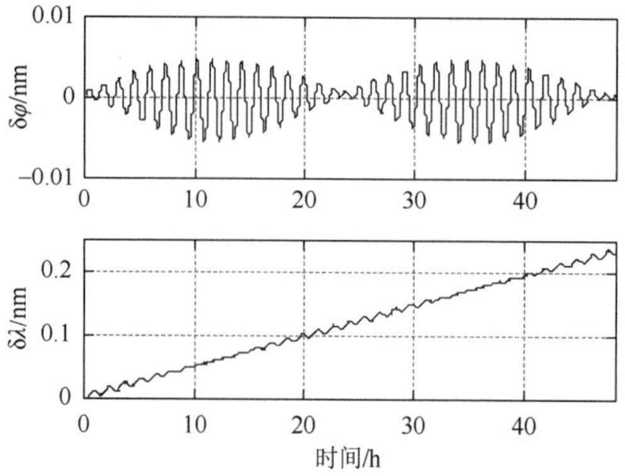

(e) 双轴转停系统（方案二）

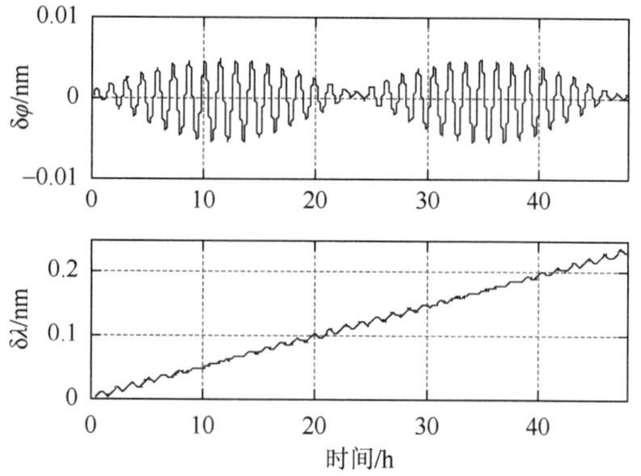

(f) 双轴转停系统（方案三）

图 3.16　不同旋转方案下系统的位置误差

3.6.3　安装误差仿真

仿真对象：捷联式惯导系统、单轴单向连续旋转系统、单轴正反连续旋转系统、双轴转停系统（方案一、二、三）。旋转方案同 3.5.1 小节。

仿真条件：陀螺仅存在安装误差 $\delta G_{yx} = \delta G_{zx} = \delta G_{xy} = \delta G_{zy} = \delta G_{xz} = \delta G_{yz} = 2''$；其余条件同前。

图 3.17（a）～（f）所示依次为捷联式惯导系统、单轴单向连续旋转系统、单轴正反连续旋转系统、双轴转停系统（方案一、二、三）的位置误差曲线。

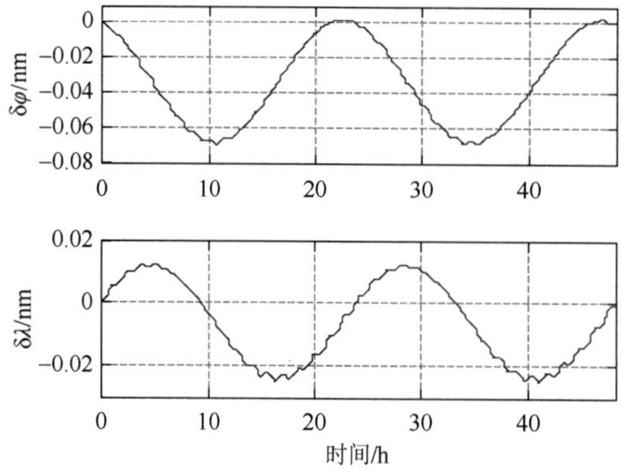

(a) 捷联式惯导系统

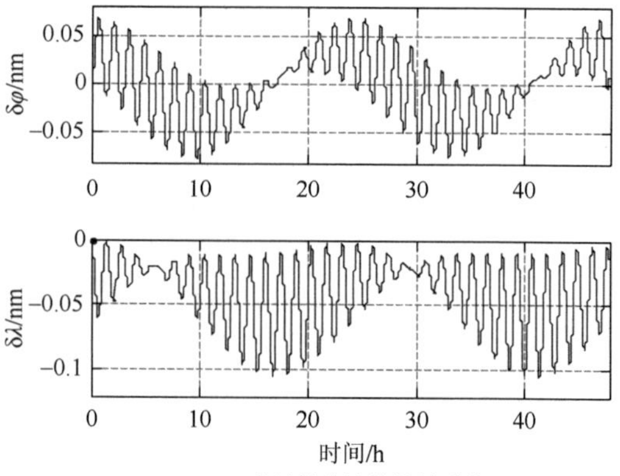

(b) 单轴单向连续旋转系统

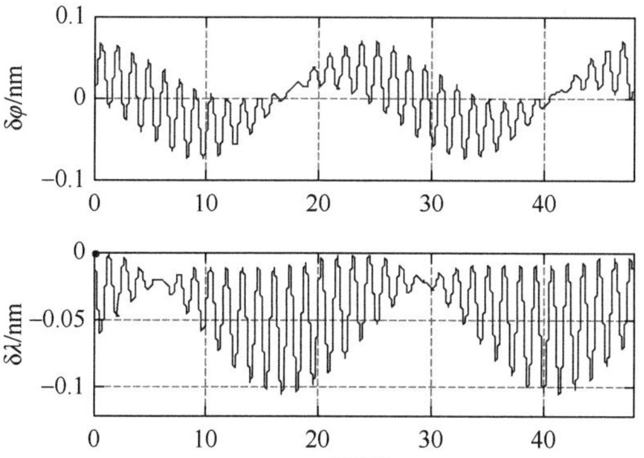

(c) 单轴正反连续旋转系统

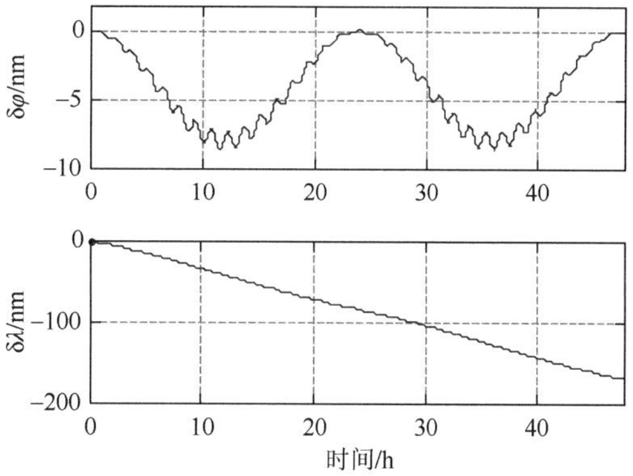

(d) 双轴转停系统（方案一）

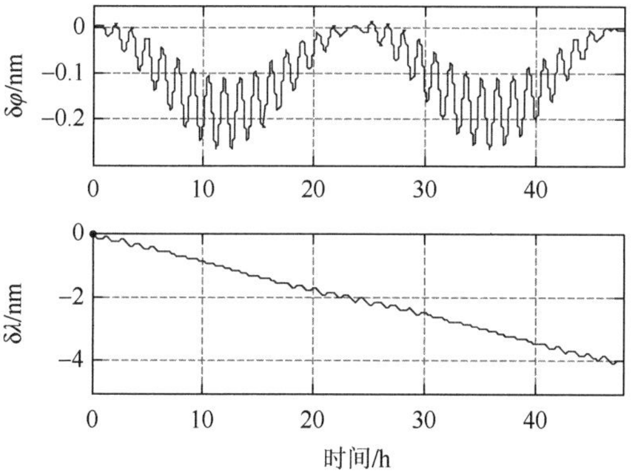

(e) 双轴转停系统（方案二）

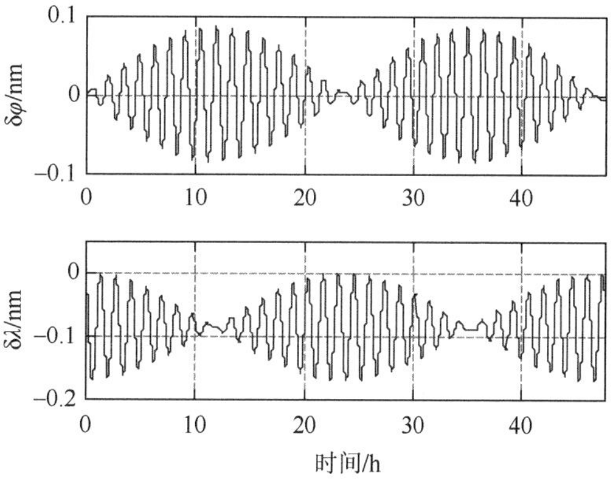

(f) 双轴转停系统（方案三）

图 3.17 不同旋转方案下系统的位置误差

从图 3.17 可以看出，单轴连续旋转和转停方案与安装误差的耦合相当，但因其旋转带来了周期性的陀螺漂移，使得其振荡性误差大于捷联式惯导系统。而对于双轴转停系统，不同的旋转方案与安装误差的耦合效应截然不同：方案一中，由于安装误差与 IMU 旋转运动而带来了等效陀螺漂移，该漂移严重制约了系统精度；方案二中，虽然 IMU 的运动与安装误差的耦合得到调制，但是地球自转与安装误差的耦合使得产生了不可忽略的等效陀螺漂移，从而使得系统经度发散；方案三较好地调制安装误差与地球角速率和 IMU 旋转运动的耦合，系统精度不受影响。上述结果很好地验证了 3.4 节的理论分析。

3.6.4 随机漂移误差仿真

仿真对象：捷联式惯导系统、单轴单向连续旋转系统、单轴正反连续旋转系统、双轴转停系统（方案一、二、三）。旋转方案同 3.3.2 小节。

仿真条件：陀螺仅存在随机漂移 $\xi_x = \xi_y = \xi_z = 0.001\ °/\sqrt{\mathrm{h}}$ ；其余条件同前。

图 3.18（a）～（f）所示依次为捷联式惯导系统、单轴单向连续旋转系统、单轴正反连续旋转系统、双轴转停系统（方案一、二、三）的位置误差曲线。

从图 3.18 可以看出，无论在何种旋转方案下，其随机漂移不受 IMU 旋转的调制作用，由此引起的误差与捷联式惯导系统相当。

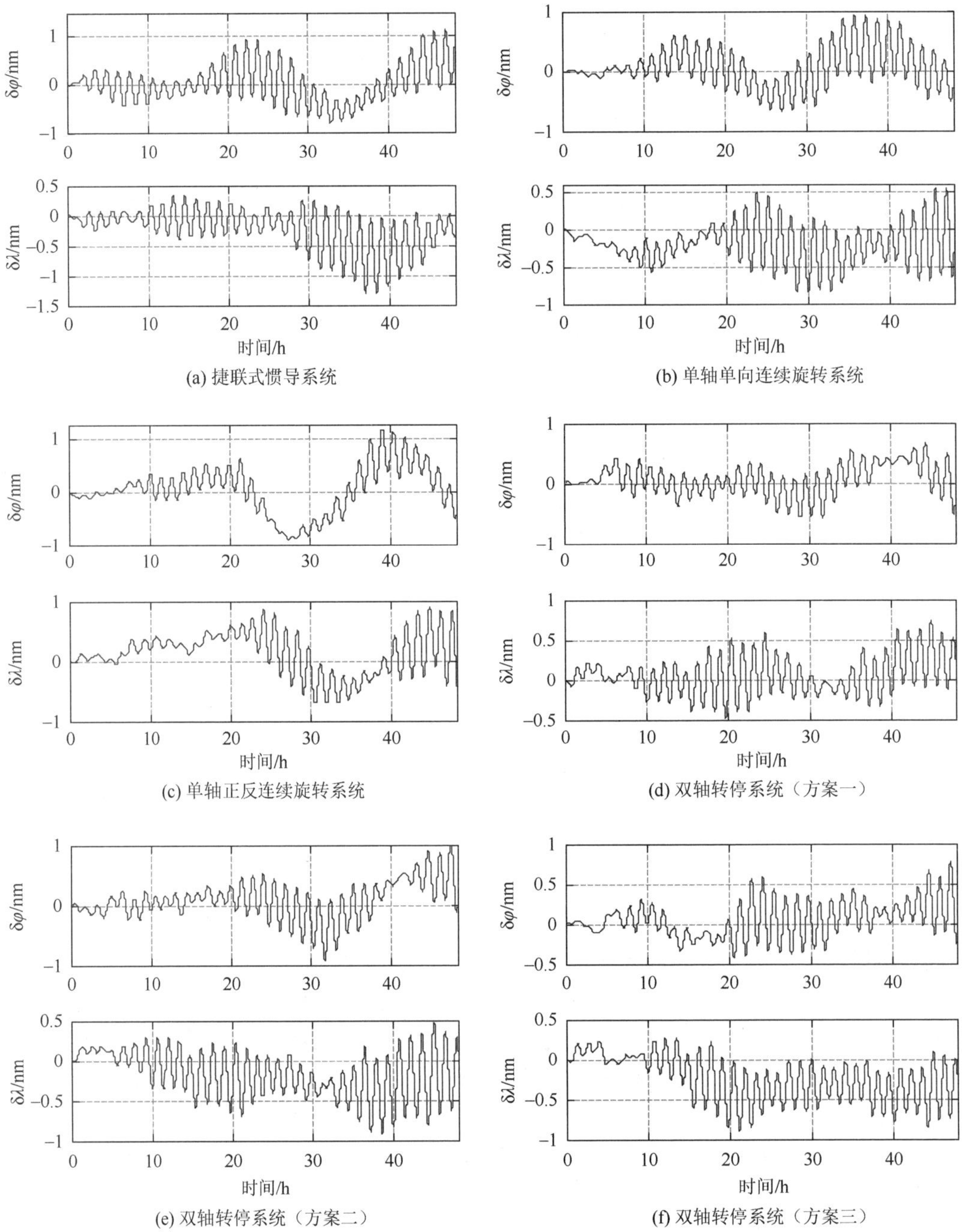

(a) 捷联式惯导系统　(b) 单轴单向连续旋转系统

(c) 单轴正反连续旋转系统　(d) 双轴转停系统（方案一）

(e) 双轴转停系统（方案二）　(f) 双轴转停系统（方案三）

图 3.18　不同旋转方案下系统的位置误差

3.6.5　载体运动影响仿真

以双轴转停系统方案三为例，仿真系统各误差源的调制特性受载体角运动的影响。

仿真对象：双轴转停系统（方案三）。

仿真条件：①陀螺漂移 $\varepsilon_x = \varepsilon_y = 0.01$ °/h；②刻度系数存在对称性误差 $\delta K_{Gx} = \delta K_{Gy} = \delta K_{Gz} = 10$ ppm；③刻度系数非对称性误差 $\delta K_{Gx} = \delta K_{Gy} = \delta K_{Gz} = 10$ ppm；④安装误差 $\delta G_{yx} = \delta G_{zx} = \delta G_{xy} = \delta G_{zy} = \delta G_{xz} = \delta G_{yz} = 2''$；⑤随机漂移。

角运动条件：①横摇 $\theta=\theta_{\mathrm{m}}\sin(\omega_\theta t+\rho_\theta)$；纵摇 $\gamma=\gamma_{\mathrm{m}}\sin(\omega_\gamma t+\rho_\gamma)$；航向 $\varphi=\varphi_{\mathrm{m}}\sin(\omega_\varphi t+\rho_\varphi)$。式中：$\theta_{\mathrm{m}}$、$\gamma_{\mathrm{m}}$、$\varphi_{\mathrm{m}}$ 分别为舰船纵摇、横摇和航向运动的幅值；ω_θ、ω_γ、ω_φ 为纵摇、横摇和航向运动的角频率；ρ_θ、ρ_γ、ρ_φ 为初始相位。设 $\theta_{\mathrm{m}}=3°$，$\gamma_{\mathrm{m}}=5°$，$\varphi_{\mathrm{m}}=0.5°$，舰船的纵摇、横摇和航向运动周期分别为 12 s、6 s、8 s，即 $\omega_\theta=0.5236$ Hz，$\omega_\gamma=1.2566$ Hz，$\omega_\varphi=1.0472$ Hz，初始相位 $\rho_\theta=20°$，$\rho_\gamma=40°$，$\rho_\varphi=80°$。②在角运动①的基础上，分别叠加强度为 1°、2°、0.2°，相关时间为 12 s、6 s、8 s 的马尔可夫噪声形式的纵摇、横摇和航向运动，使之呈现非严格的周期运动。两种姿态运动的波形如图 3.19 所示。

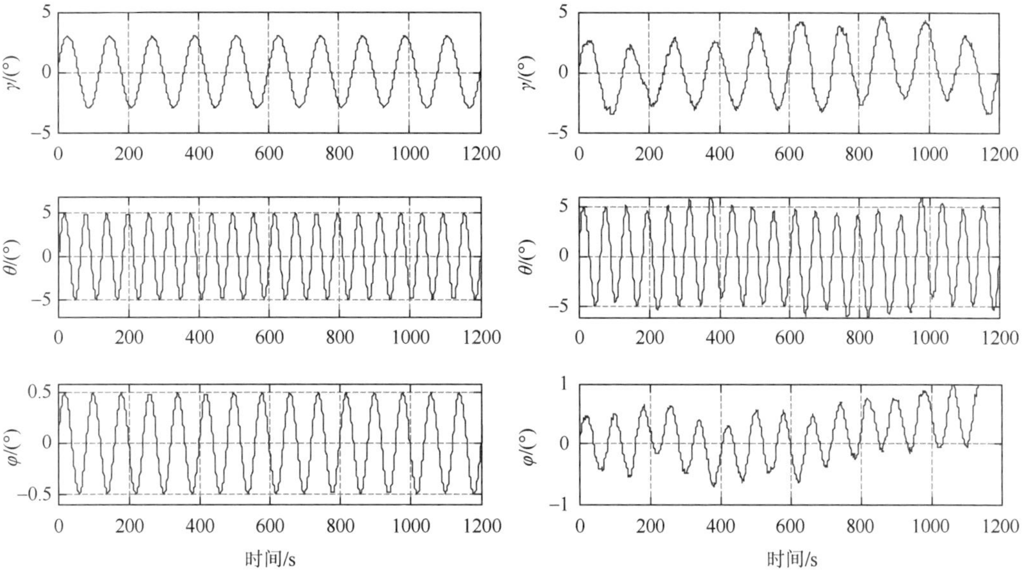

(a) 条件①　　(b) 条件②

图 3.19　不同运动的姿态曲线

其余仿真条件不变，系统旋转方案采用双轴转停方案三。对陀螺常值漂移误差、刻度系数误差、安装误差、随机漂移误差等误差源在角运动条件①和角运动条件②的条件下的调制特性进行仿真。

图 3.20（a）～（e）所示依次为误差条件①～⑤作用下，双轴转停系统在角运动条件①条件下的位置误差曲线。

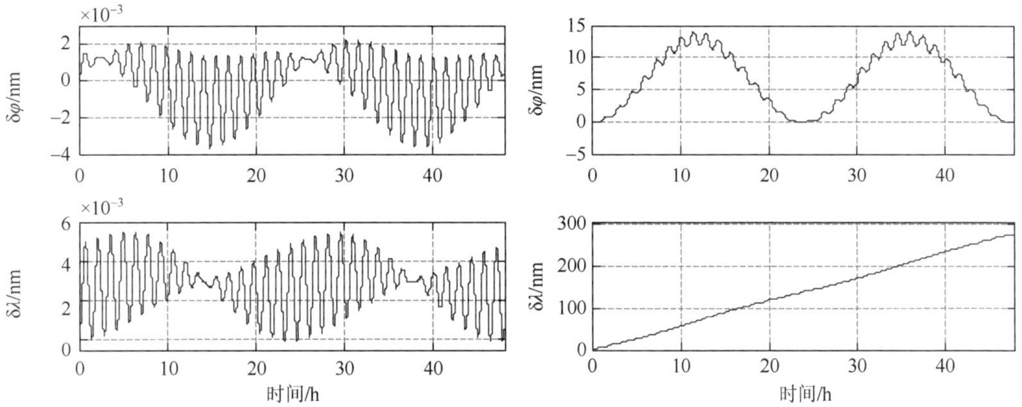

(a) 条件①　　(b) 条件②

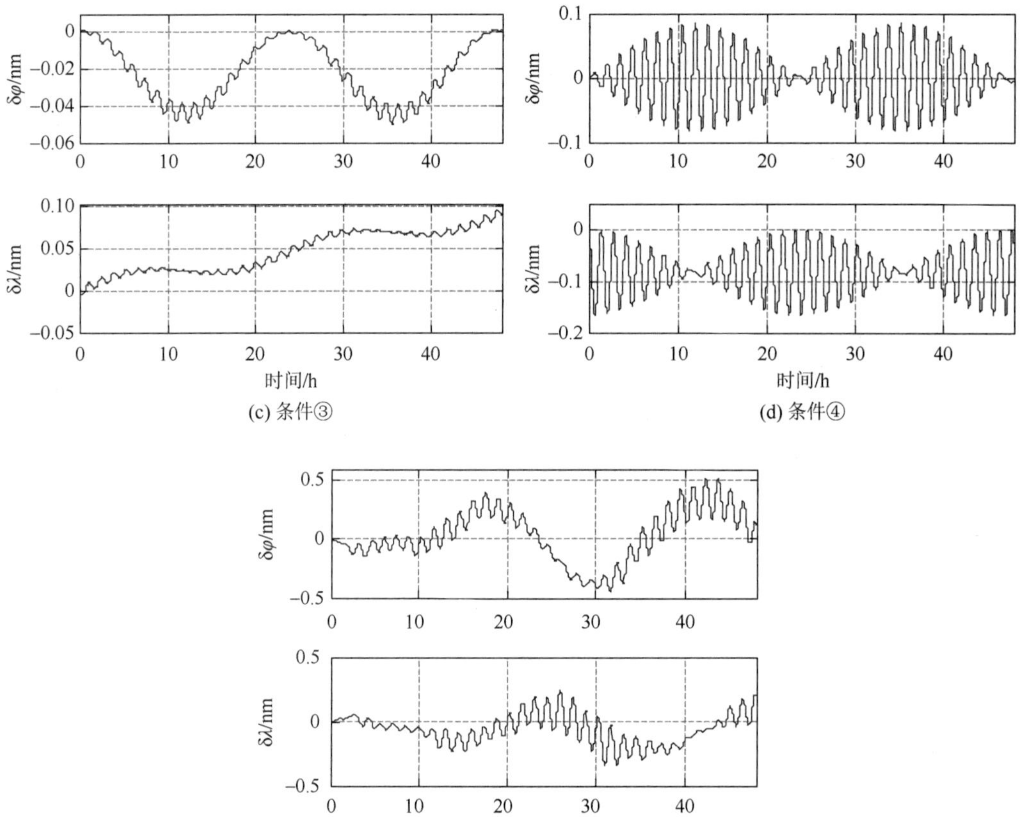

(c) 条件③

(d) 条件④

(e) 条件⑤

图 3.20　不同旋转方案下系统的位置误差

将图 3.20 与 3.5.4 小节对应的误差曲线比较可知，在严格的周期运动（在该周期运动不与 IMU 旋转同频或倍频的情况下）对误差调制特性并不会产生太大影响，因为周期性的角运动本身对误差具有调制作用。

图 3.21（a）～（e）所示依次为误差条件①～⑤作用下，双轴转停系统在角运动条件②条件下的位置误差曲线。

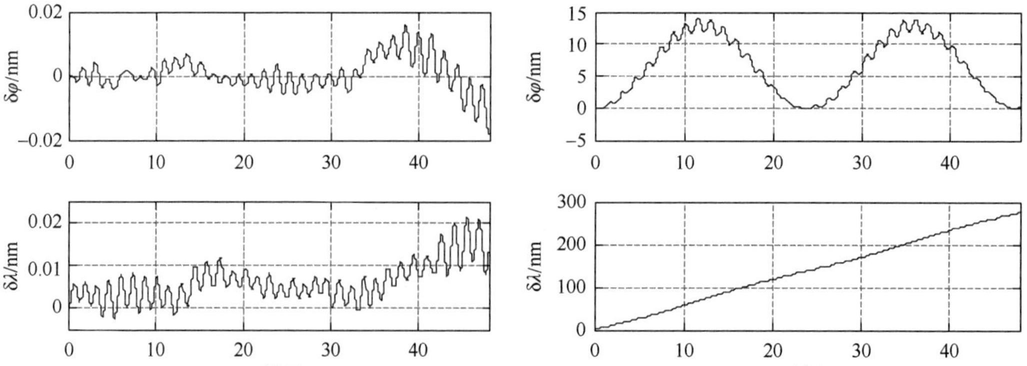

(a) 条件①

(b) 条件②

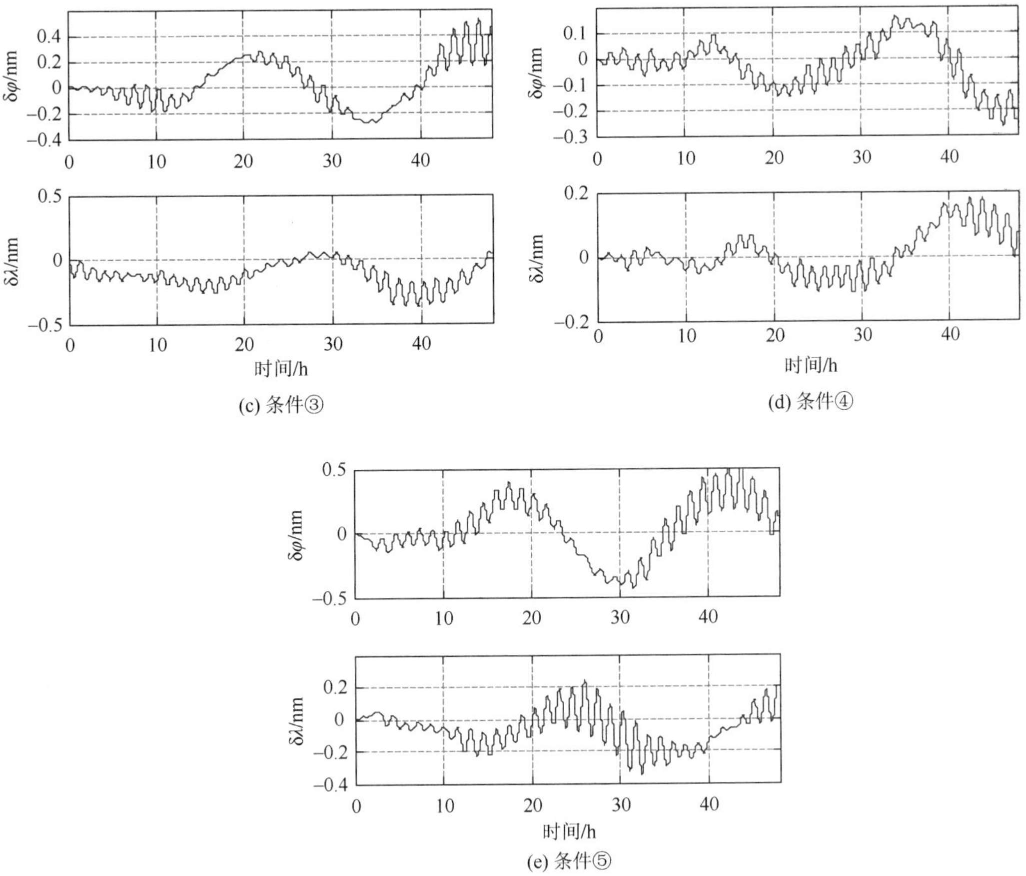

(c) 条件③ (d) 条件④

(e) 条件⑤

图 3.21 不同旋转方案下系统的位置误差

比较图 3.20 与图 3.21 比较可知，除随机漂移外，其他误差源因在非周期性运动作用下系统精度受到影响。对于对称性刻度系数误差，由于 IMU 运动耦合效应的影响占有重要因素，难以看出其姿态运动的影响。同时，安装误差受载体运动的影响相对较小，这是因为方案三中旋转矩阵在一个周期内各位置的反对称性较好，减小了载体运动的影响，这符合 3.3.2 小节的理论分析。

3.7 双轴旋转惯导系统的综合误差补偿

3.7.1 双轴旋转方案的缺陷

1. 8 位置旋转方案

尽管在整个旋转方案结束时将陀螺仪常值误差、比例因子误差和安装误差引起的姿态误差调制为零，但在整个旋转方案中误差幅度的变化趋势却有所不同。根据式（3.4.3）可知，由陀螺仪常值误差、比例因子误差和安装误差引起的等效误差具有不同的形式和幅度。为了便于分析，假设惯导系统载体是静态的，且 b 系与 n 系重合。假设双轴旋转惯导系统的 IMU 旋转速度为 6 °/s，这意味着相对于 i 系的角速率 ω_{ib}^{b} 远小于 IMU 角速率 ω_{bp}^{p}，因此可以省略。鉴于惯性级应用的技术水平，假设陀螺仪的常值误差为0.001 °/h，比例因子误差为1 ppm，安装误差为5 s。陀螺仪的常值误差量为4.85×10^{-9}。由比例因子误差与IMU旋转耦合引起的误差可以写为$\delta\boldsymbol{K}_{\rm g}\boldsymbol{\omega}_{\rm bp}^{\rm p}$，其数量为$1.05\times10^{-6}$。类似地，由安装误差与IMU旋转耦合引起的误差可以写为$\delta\boldsymbol{A}_{\rm g}\boldsymbol{\omega}_{\rm bp}^{\rm p}$，其数量为$2.54\times10^{-6}$。也就是说，陀螺仪常值误差引起的等效误差远小于普通旋转惯导系统中由比例因子误差和安装误差与IMU旋转耦合引起的等效误差。由于整个旋转方案通常不长，陀螺仪引起的误差与比例因子误差和安装误差引起的常值误差相比，可以忽略不计。

由比例因子误差和安装误差引起的误差表达式可以很容易地通过将每个旋转序列的$\boldsymbol{C}_{\rm p}^{\rm b}$和$\boldsymbol{\omega}_{\rm bp}^{\rm p}$代入$\phi=\int E_{\omega}^{\rm n}{\rm d}t=\int_0^{\pi/\omega}\sum_{i=1}^{8}[\boldsymbol{C}_{\rm b}^{\rm n}\boldsymbol{C}_{\rm p}^{\rm b}(\delta\boldsymbol{K}+\delta\boldsymbol{A})\omega_{{\rm bp}i}^{\rm p}]{\rm d}t=8(k_{13}+k_{31})$来获得。

根据$\phi=\int E_{\omega}^{\rm n}{\rm d}t=\int_0^{\pi/\omega}\sum_{i=1}^{8}[\boldsymbol{C}_{\rm b}^{\rm n}\boldsymbol{C}_{\rm p}^{\rm b}(\delta\boldsymbol{K}+\delta\boldsymbol{A})\omega_{{\rm bp}i}^{\rm p}]{\rm d}t=8(k_{13}+k_{31})$，由比例因子误差和每个旋转序列中的安装误差引起的姿态误差可计算如表3.1所示。

表3.1　8位置旋转方案中由比例因子误差和安装误差引起的姿态误差

旋转秩序	$\phi_{\delta K}$	$\phi_{\delta A}$
1	$(0,0,k_{33}\pi)^{\rm T}$	$(-2k_{23},2k_{13},0)^{\rm T}$
2	$(k_{11}\pi,0,k_{33}\pi)^{\rm T}$	$(-2k_{23},2k_{13}+2k_{31},2k_{21})^{\rm T}$
3	$(k_{11}\pi,0,0)^{\rm T}$	$(0,4k_{13}+2k_{31},2k_{21})^{\rm T}$
4	$(0,0,0)^{\rm T}$	$(0,4k_{13}+4k_{31},0)^{\rm T}$
5	$(-k_{11}\pi,0,0)^{\rm T}$	$(0,4k_{13}+2k_{31},2k_{21})^{\rm T}$
6	$(-k_{11}\pi,0,-k_{33}\pi)^{\rm T}$	$(-2k_{23},2k_{13}+2k_{31},2k_{21})^{\rm T}$
7	$(0,0,-k_{33}\pi)^{\rm T}$	$(-2k_{23},2k_{13},0)^{\rm T}$
8	$(0,0,0)^{\rm T}$	$(0,0,0)^{\rm T}$

因此，在整个旋转方案中，可以得到由比例因子误差引起的姿态误差幅度的变化趋势，如图3.22所示。

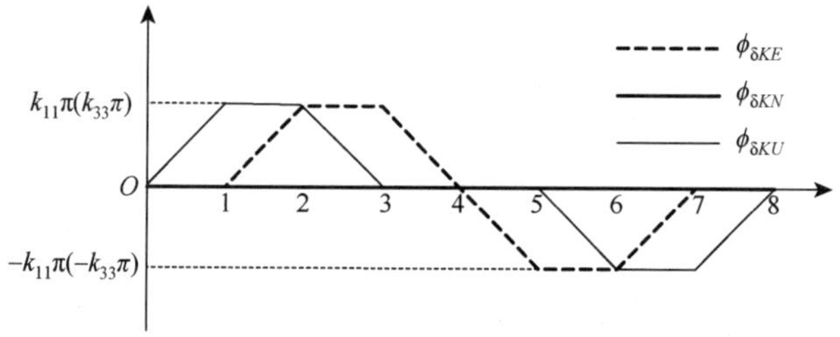

图3.22　8位置旋转方案中由比例因子误差引起的姿态误差

类似地，在整个旋转方案中，由安装误差引起的姿态误差幅度的变化趋势也可以得到，如图3.23所示。

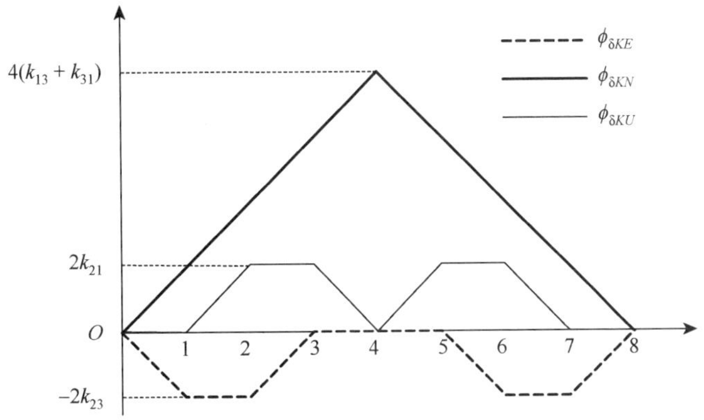

图 3.23　8 位置旋转方案中由安装错误引起的姿态误差

最后，可以发现，在这种 8 位置旋转方案中，由比例因子误差引起的姿态误差在北向轴上始终为零，在东向轴和天向轴上的姿态误差被调制为周期均值为零的形式。但是，由安装误差引起的姿态误差与由比例因子误差引起的姿态误差不同，它被调制为具有非零均值的周期形式。特别是，北向轴姿态误差的幅度达到$4(k_{13}+k_{31})$。根据$\delta\dot{\boldsymbol{v}}=\boldsymbol{f}^{\mathrm{n}}\times\boldsymbol{\Phi}+\boldsymbol{C}_{\mathrm{b}}^{\mathrm{n}}\boldsymbol{C}_{\mathrm{p}}^{\mathrm{p}}\delta\boldsymbol{f}^{\mathrm{p}}-(2\boldsymbol{\omega}_{\mathrm{ie}}^{\mathrm{n}}+\boldsymbol{\omega}_{\mathrm{en}}^{\mathrm{n}})\times\delta\boldsymbol{v}-(2\delta\boldsymbol{\omega}_{\mathrm{ie}}^{\mathrm{n}}+\delta\boldsymbol{\omega}_{\mathrm{en}}^{\mathrm{n}})\times\boldsymbol{v}-\delta\boldsymbol{g}$，姿态误差导出速度误差，可写成

$$\delta\boldsymbol{v}=\int(\boldsymbol{f}^{\mathrm{n}}\times\boldsymbol{\Phi})\mathrm{d}t \tag{3.7.1}$$

式中：$\boldsymbol{f}^{\mathrm{n}}$ 和 $\boldsymbol{\Phi}$ 分别为 n 系中的比力和姿态误差。基于上面提到的载体静态假设，$\boldsymbol{f}^{\mathrm{n}}$ 可以很容易地获得，即

$$\boldsymbol{f}^{\mathrm{n}}=(0,0,g)^{\mathrm{T}} \tag{3.7.2}$$

因此，东向轴和北向轴的速度误差可以分别写成

$$\delta v_{\mathrm{E}}=\int(-\phi_{\mathrm{N}}g)\mathrm{d}t \tag{3.7.3}$$

$$\delta v_{\mathrm{N}}=\int(\phi_{\mathrm{E}}g)\mathrm{d}t \tag{3.7.4}$$

根据上述误差分析，由比例因子误差引起的姿态误差是均值为零的周期形式，不会因积分而引起累积速度误差。但是，如图 3.23 所示，由安装误差引起的姿态误差会在整个旋转方案中引起累积速度误差。根据式（3.7.3）和式（3.7.4）可以很容易地获得累积速度误差，如表 3.2 所示。

表 3.2　8 位置旋转方案中由姿态误差引起的速度误差

旋转秩序	δv_{E}	δv_{N}
1	$-2k_{13}gt_{\mathrm{r}}$	$-2k_{23}gt_{\mathrm{r}}$
2	$-(4k_{13}+2k_{31})gt_{\mathrm{r}}$	$-4k_{23}gt_{\mathrm{r}}$
3	$-(8k_{13}+4k_{31})gt_{\mathrm{r}}$	$-4k_{23}gt_{\mathrm{r}}$
4	$-(12k_{13}+8k_{31})gt_{\mathrm{r}}$	$-4k_{23}gt_{\mathrm{r}}$
5	$-(16k_{13}+10k_{31})gt_{\mathrm{r}}$	$-4k_{23}gt_{\mathrm{r}}$
6	$-(18k_{13}+12k_{31})gt_{\mathrm{r}}$	$-6k_{23}gt_{\mathrm{r}}$
7	$-(20k_{13}+12k_{31})gt_{\mathrm{r}}$	$-8k_{23}gt_{\mathrm{r}}$
8	$-(20k_{13}+12k_{31})gt_{\mathrm{r}}$	$-8k_{23}gt_{\mathrm{r}}$
平均	$-(12.5k_{13}+7.5k_{31})gt_{\mathrm{r}}$	$-5k_{23}gt_{\mathrm{r}}$

2. 16 位置旋转方案

根据 3.7.1 小节 1，可以很容易地获得 16 位置旋转方案中由比例因子误差和安装误差引起的姿态误差幅度的变化趋势，如图 3.24 和图 3.25 所示。

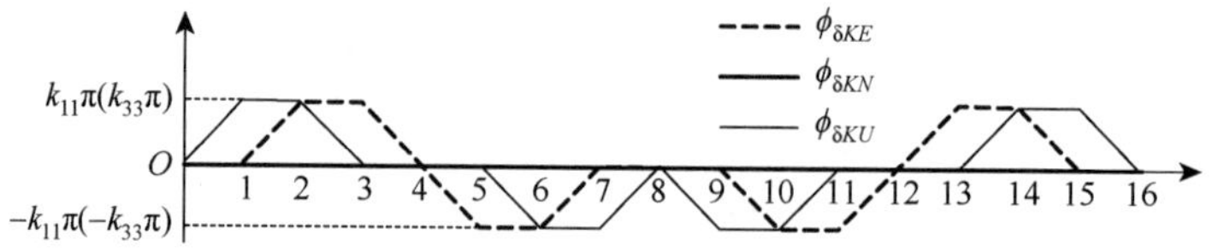

图 3.24　16 位置旋转方案中由比例因子误差引起的姿态误差

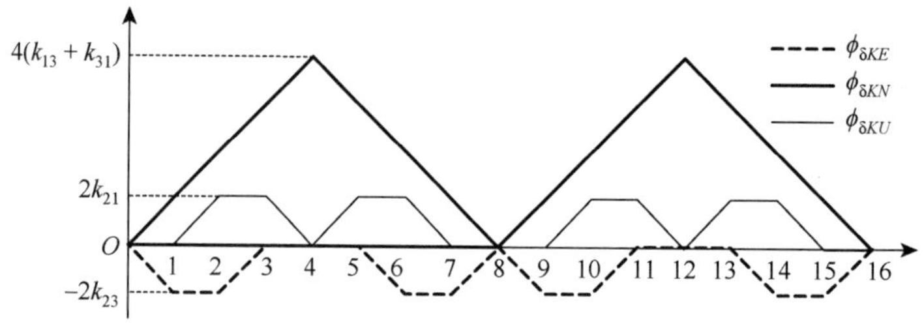

图 3.25　由 16 位置旋转方案中安装错误引起的姿态误差

与图 3.22 相比，在整个旋转方案中，由比例因子误差引起的图 3.24 中姿态误差幅度的变化趋势也是零均值的周期形式，即它不会引起累积速度误差。

从图 3.25 可以发现，在后 8 个旋转序列中，由安装误差引起的姿态误差与前 8 个旋转序列中相同。因此，在前 8 个旋转序列中由该姿态误差引起的速度误差与表 3.2 中所示的相同，但在后 8 个旋转序列中的误差将按顺序累积，如表 3.3 所示。

表 3.3　16 位置旋转方案中由姿态误差引起的速度误差

旋转秩序	δv_E	δv_N
9	$-(22k_{13}+12k_{31})gt_r$	$-10k_{23}gt_r$
10	$-(24k_{13}+14k_{31})gt_r$	$-12k_{23}gt_r$
11	$-(28k_{13}+16k_{31})gt_r$	$-12k_{23}gt_r$
12	$-(32k_{13}+20k_{31})gt_r$	$-12k_{23}gt_r$
13	$-(36k_{13}+22k_{31})gt_r$	$-12k_{23}gt_r$
14	$-(38k_{13}+24k_{31})gt_r$	$-14k_{23}gt_r$
15	$-(40k_{13}+24k_{31})gt_r$	$-16k_{23}gt_r$
16	$-(40k_{13}+24k_{31})gt_r$	$-16k_{23}gt_r$
平均	$-(22.5k_{13}+13.5k_{31})gt_r$	$-9k_{23}gt_r$

基于以上误差分析可以得出结论：在这两种旋转方案结束时，可以将由陀螺仪常值误差、比例因子误差和安装误差引起的姿态误差调制为零，但它们的变化趋势并不完全相同。由安装误差引起的姿态误差被调制为具有非零均值的周期形式，这将通过积分引起累积速度误差。累积速度误差将顺序增加位置振荡误差的幅度。

3.7.2 综合误差补偿方案

由 3.7.1 小节中双轴旋转惯导系统的误差分析可知，合理的旋转方案不仅可以补偿常值误差，而且可以将比例因子误差与 IMU 旋转耦合的安装误差调制为周期性。此外，周期性误差的均值必须为零，否则将导致速度计算中的累积误差。为了减少累积速度误差，本小节将提出一种具有综合误差补偿的改进的 16 位置旋转方案，这种补偿方案改变了 IMU 旋转的方向和顺序以改变安装误差与 IMU 旋转的耦合方式。具有综合误差补偿的旋转方案如图 3.26 所示。

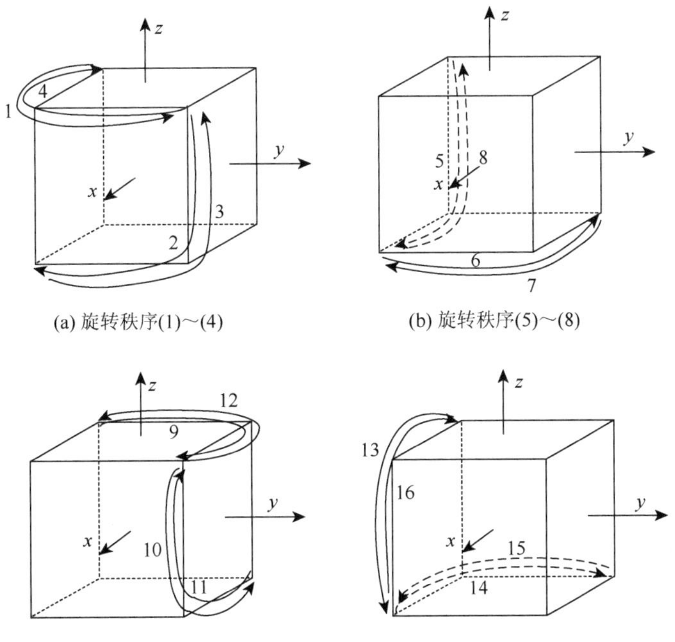

图 3.26 改进的 16 位置旋转方案

改进的 16 位置旋转方案的前 8 个旋转序列可以描述如下。

（1）绕 z 轴正方向旋转 180°到达位置 B，并在那里停留 t_s 时间（单位：s）。

（2）绕 x 轴负方向旋转 180°到达位置 C，并在那里停留 t_s 时间（单位：s）。

（3）绕 x 轴正方向旋转 180°到达位置 D，并在那里停留 t_s 时间（单位：s）。

（4）绕 z 轴负方向旋转 180°到达位置 A，并在那里停留 t_s 时间（单位：s）。

（5）绕 x 轴负方向旋转 180°到达位置 B，并在那里停留 t_s 时间（单位：s）。

（6）绕 z 轴正方向旋转 180°到达位置 C，并在那里停留 t_s 时间（单位：s）。

（7）绕 z 轴负方向旋转 180°到达位置 D，并在那里停留 t_s 时间（单位：s）。

（8）绕 x 轴正方向旋转 180°到达位置 A，并在那里停留 t_s 时间（单位：s）。

后 8 个旋转序列与前 8 个相同，但旋转方向相反。

根据 3.7.1 小节 1，可以很容易地计算出前 8 个旋转序列的坐标变换矩阵 $\boldsymbol{C}_{\mathrm{p}}^{\mathrm{b}}$ 和 IMU 旋转角速度 $\boldsymbol{\omega}_{\mathrm{bp}}^{\mathrm{p}}$，总结在表 3.4 中。

表 3.4 改进的 16 位置旋转方案中 $\boldsymbol{C}_{\mathrm{p}}^{\mathrm{b}}$ 和 $\boldsymbol{\omega}_{\mathrm{bp}}^{\mathrm{p}}$ 的表达式

旋转秩序	$\boldsymbol{C}_{\mathrm{p}i}^{\mathrm{b}}$	$\boldsymbol{\omega}_{\mathrm{bp}i}^{\mathrm{p}}$
1	$\begin{bmatrix} \cos(\omega t) & -\sin(\omega t) & 0 \\ \sin(\omega t) & \cos(\omega t) & 0 \\ 0 & 0 & 1 \end{bmatrix}$	$\begin{bmatrix} 0 \\ 0 \\ \omega \end{bmatrix}$
2	$\begin{bmatrix} -1 & 0 & 0 \\ 0 & -\cos(\omega t) & \sin(\omega t) \\ 0 & \sin(\omega t) & \cos(\omega t) \end{bmatrix}$	$\begin{bmatrix} \omega \\ 0 \\ 0 \end{bmatrix}$
3	$\begin{bmatrix} -1 & 0 & 0 \\ 0 & \cos(\omega t) & \sin(\omega t) \\ 0 & \sin(\omega t) & -\cos(\omega t) \end{bmatrix}$	$\begin{bmatrix} -\omega \\ 0 \\ 0 \end{bmatrix}$
4	$\begin{bmatrix} -\cos(\omega t) & -\sin(\omega t) & 0 \\ \sin(\omega t) & -\cos(\omega t) & 0 \\ 0 & 0 & 1 \end{bmatrix}$	$\begin{bmatrix} 0 \\ 0 \\ -\omega \end{bmatrix}$
5	$\begin{bmatrix} 1 & 0 & 0 \\ 0 & \cos(\omega t) & \sin(\omega t) \\ 0 & -\sin(\omega t) & \cos(\omega t) \end{bmatrix}$	$\begin{bmatrix} -\omega \\ 0 \\ 0 \end{bmatrix}$
6	$\begin{bmatrix} \cos(\omega t) & \sin(\omega t) & 0 \\ \sin(\omega t) & -\cos(\omega t) & 0 \\ 0 & 0 & -1 \end{bmatrix}$	$\begin{bmatrix} 0 \\ 0 \\ -\omega \end{bmatrix}$
7	$\begin{bmatrix} -\cos(\omega t) & \sin(\omega t) & 0 \\ \sin(\omega t) & \cos(\omega t) & 0 \\ 0 & 0 & -1 \end{bmatrix}$	$\begin{bmatrix} 0 \\ 0 \\ \omega \end{bmatrix}$
8	$\begin{bmatrix} 1 & 0 & 0 \\ 0 & -\cos(\omega t) & \sin(\omega t) \\ 0 & -\sin(\omega t) & -\cos(\omega t) \end{bmatrix}$	$\begin{bmatrix} \omega \\ 0 \\ 0 \end{bmatrix}$

然后，可以通过将整个旋转方案的 $\boldsymbol{C}_{\mathrm{p}}^{\mathrm{b}}$ 代入式（3.7.5）得到由常值误差 $\boldsymbol{\varepsilon}^{\mathrm{p}}$ 引起的陀螺仪误差为

$$\boldsymbol{E}_{\varepsilon}^{\mathrm{n}} = \boldsymbol{C}_{\mathrm{p}}^{\mathrm{b}}\boldsymbol{\varepsilon}^{\mathrm{p}} = \sum_{i=1}^{16}\boldsymbol{C}_{\mathrm{p}i}^{\mathrm{b}}\boldsymbol{\varepsilon}^{\mathrm{p}} + 4(\boldsymbol{C}_{\mathrm{p}}^{\mathrm{b}})_A\boldsymbol{\varepsilon}^{\mathrm{p}} + 4(\boldsymbol{C}_{\mathrm{p}}^{\mathrm{b}})_B\boldsymbol{\varepsilon}^{\mathrm{p}} + 4(\boldsymbol{C}_{\mathrm{p}}^{\mathrm{b}})_C\boldsymbol{\varepsilon}^{\mathrm{p}} + 4(\boldsymbol{C}_{\mathrm{p}}^{\mathrm{b}})_D\boldsymbol{\varepsilon}^{\mathrm{p}} \tag{3.7.5}$$

由陀螺仪常值误差引起的姿态误差可以计算为

$$\boldsymbol{\Phi} = \int \boldsymbol{E}_{\varepsilon}^{\mathrm{n}}\mathrm{d}t = \int_0^{\pi/\omega}\boldsymbol{E}_{\varepsilon}^{\mathrm{n}}\sum_{i=1}^{16}\boldsymbol{C}_{\mathrm{p}i}^{\mathrm{b}}\boldsymbol{\varepsilon}^{\mathrm{p}}\mathrm{d}t + \int_0^{t_s}\{4[(\boldsymbol{C}_{\mathrm{p}}^{\mathrm{b}})_A + (\boldsymbol{C}_{\mathrm{p}}^{\mathrm{b}})_B + (\boldsymbol{C}_{\mathrm{p}}^{\mathrm{b}})_C + (\boldsymbol{C}_{\mathrm{p}}^{\mathrm{b}})_D]\boldsymbol{\varepsilon}^{\mathrm{p}}\}\mathrm{d}t = 0 \tag{3.7.6}$$

结果表明，引起陀螺仪常值误差的姿态误差已被调制为零。与 3.4.2 小节中提到的两种方案相似，将整个旋转方案的 $\boldsymbol{C}_{\mathrm{p}}^{\mathrm{b}}$ 和 $\boldsymbol{\omega}_{\mathrm{bp}}^{\mathrm{p}}$ 代入

$$\phi=\int \boldsymbol{E}_{\omega}^{\mathrm{n}}\mathrm{d}t=\int_{0}^{\pi/\omega}\sum_{i=1}^{8}[\boldsymbol{C}_{\mathrm{b}}^{\mathrm{n}}\boldsymbol{C}_{\mathrm{p}}^{\mathrm{b}}(\delta\boldsymbol{K}+\delta\boldsymbol{A})\omega_{\mathrm{bp}i}^{\mathrm{p}}]\mathrm{d}t=8(k_{13}+k_{31})$$

可以得到由 $\boldsymbol{\omega}_{\mathrm{bp}}^{\mathrm{p}}$ 与比例因子误差和安装误差耦合引起的姿态误差。结果，旋转方案结束时姿态误差也为零。

但是，该 16 位置旋转方案中，由比例因子误差和安装误差引起的姿态误差幅度变化与 3.7.1 小节两种方案不同。由比例因子误差引起的前 8 个旋转序列的误差表达将旋转顺序 1～8 的 $\boldsymbol{C}_{\mathrm{p}}^{\mathrm{b}}$ 和 $\boldsymbol{\omega}_{\mathrm{bp}}^{\mathrm{p}}$ 代入式（3.7.5）可获得安装误差，将其示于表 3.5。通过反转角度速率 ω 可类似地获得其余 8 个旋转顺序的误差表达式。

表 3.5　改进的 16 位置旋转方案中由比例因子误差和安装误差引起的误差的表达式

旋转秩序	$\boldsymbol{C}_{\mathrm{p}}^{\mathrm{b}}\delta\boldsymbol{A}\boldsymbol{\omega}_{\mathrm{bp}i}^{\mathrm{p}}$	$\boldsymbol{C}_{\mathrm{p}}^{\mathrm{b}}\delta\boldsymbol{K}\boldsymbol{\omega}_{\mathrm{bp}i}^{\mathrm{p}}$
1	$\begin{bmatrix}0\\0\\\omega k_{33}\end{bmatrix}$	$\begin{bmatrix}\omega[k_{13}\cos(\omega t)-k_{23}\sin(\omega t)]\\\omega[k_{23}\cos(\omega t)+k_{13}\sin(\omega t)]\\0\end{bmatrix}$
2	$\begin{bmatrix}-\omega k_{11}\\0\\0\end{bmatrix}$	$\begin{bmatrix}0\\-\omega[k_{21}\cos(\omega t)-k_{31}\sin(\omega t)]\\\omega[k_{31}\cos(\omega t)+k_{21}\sin(\omega t)]\end{bmatrix}$
3	$\begin{bmatrix}\omega k_{11}\\0\\0\end{bmatrix}$	$\begin{bmatrix}0\\-\omega[k_{21}\cos(\omega t)+k_{31}\sin(\omega t)]\\\omega[k_{31}\cos(\omega t)-k_{21}\sin(\omega t)]\end{bmatrix}$
4	$\begin{bmatrix}0\\0\\-\omega k_{33}\end{bmatrix}$	$\begin{bmatrix}\omega[k_{13}\cos(\omega t)+k_{23}\sin(\omega t)]\\\omega[k_{23}\cos(\omega t)-k_{13}\sin(\omega t)]\\0\end{bmatrix}$
5	$\begin{bmatrix}-\omega k_{11}\\0\\0\end{bmatrix}$	$\begin{bmatrix}0\\-\omega[k_{21}\cos(\omega t)+k_{31}\sin(\omega t)]\\-\omega[k_{31}\cos(\omega t)-k_{21}\sin(\omega t)]\end{bmatrix}$
6	$\begin{bmatrix}0\\0\\\omega k_{33}\end{bmatrix}$	$\begin{bmatrix}-\omega[k_{13}\cos(\omega t)+k_{23}\sin(\omega t)]\\\omega[k_{23}\cos(\omega t)-k_{13}\sin(\omega t)]\\0\end{bmatrix}$
7	$\begin{bmatrix}0\\0\\-\omega k_{33}\end{bmatrix}$	$\begin{bmatrix}-\omega[k_{13}\cos(\omega t)-k_{23}\sin(\omega t)]\\\omega[k_{23}\cos(\omega t)+k_{13}\sin(\omega t)]\\0\end{bmatrix}$
8	$\begin{bmatrix}\omega k_{11}\\0\\0\end{bmatrix}$	$\begin{bmatrix}0\\-\omega[k_{21}\cos(\omega t)-k_{31}\sin(\omega t)]\\-\omega[k_{31}\cos(\omega t)+k_{21}\sin(\omega t)]\end{bmatrix}$

根据式（3.7.6），由比例因子误差和每个旋转序列中的安装误差引起的姿态误差可计算为表 3.6。

表 3.6 改进的 16 位置旋转方案中由比例因子误差和安装误差引起的姿态误差

旋转秩序	$\phi_{\delta K}$	$\phi_{\delta A}$
1	$(0,0,k_{33}\pi)^{\mathrm{T}}$	$(-2k_{23},2k_{13},0)^{\mathrm{T}}$
2	$(-k_{11}\pi,0,k_{33}\pi)^{\mathrm{T}}$	$(-2k_{23},2k_{13}+2k_{31},2k_{21})^{\mathrm{T}}$
3	$(0,0,k_{33}\pi)^{\mathrm{T}}$	$(-2k_{23},2k_{13},0)^{\mathrm{T}}$
4	$(0,0,0)^{\mathrm{T}}$	$(0,0,0)^{\mathrm{T}}$
5	$(-k_{11}\pi,0,0)^{\mathrm{T}}$	$(0,-2k_{31},2k_{21})^{\mathrm{T}}$
6	$(-k_{11}\pi,0,k_{33}\pi)^{\mathrm{T}}$	$(-2k_{23},-2k_{13}-2k_{31},2k_{21})^{\mathrm{T}}$
7	$(-k_{11}\pi,0,0)^{\mathrm{T}}$	$(0,-2k_{31},2k_{21})^{\mathrm{T}}$
8	$(0,0,0)^{\mathrm{T}}$	$(0,0,0)^{\mathrm{T}}$

因此，在整个旋转方案中，由比例因子误差引起的姿态误差幅度的变化趋势如图 3.27 所示。

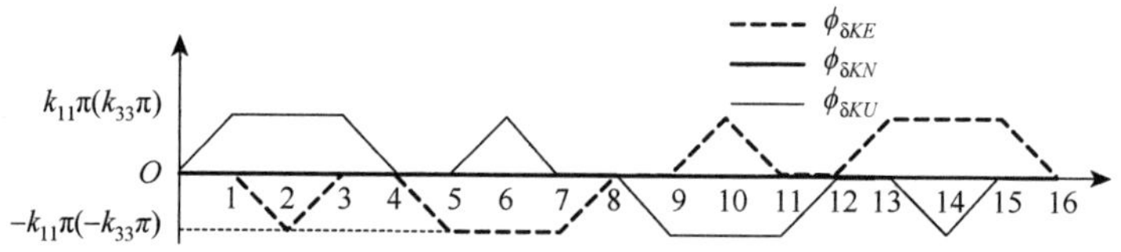

图 3.27 由比例因子误差引起的姿态误差

从图 3.27 可以看出，在完整的旋转方案中，由比例因子误差引起的东向轴和天向轴的姿态误差也是零均值的周期形式。同时，北向轴的姿态误差也总是零。

类似地，在整个旋转方案中，由安装误差引起的姿态误差幅度的变化趋势如图 3.28 所示。

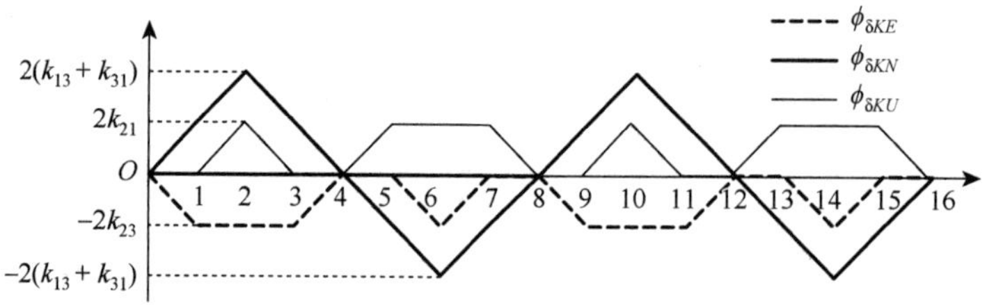

图 3.28 由安装误差引起的姿态误差

将图 3.27 与图 3.22 和图 3.24 进行比较，由安装误差引起的东向轴和天向轴的姿态误差与上述旋转方案中的相似，并以非零均值调制为周期形式。但是在这种 16 位置旋转方案中，由安装误差引起的北向轴姿态误差与上述两种旋转方案有很大不同，在两种旋转方案中，姿态误差均值不为零且其峰值达到 $4(k_{13}+k_{31})$。在此 16 位置旋转方案中的轴姿态误差被调制为零均值的周期形式，其峰值仅为 $2(k_{13}+k_{31})$。因此，姿态误差不会因积分而引起累积速度误差。

由于在表 3.6 中表示出了由安装误差引起的姿态误差，根据式（3.7.3）和式（3.7.4）可以容易地求出各旋转顺序中的速度误差，并在表 3.7 中标出。

表 3.7 姿态误差引起的速度误差

旋转秩序	δv_E	δv_N
1	$-2k_{13}gt_r$	$-2k_{23}gt_r$
2	$-(4k_{13}+2k_{31})gt_r$	$-4k_{23}gt_r$
3	$-(6k_{13}+2k_{31})gt_r$	$-6k_{23}gt_r$
4	$-(6k_{13}+2k_{31})gt_r$	$-6k_{23}gt_r$
5	$-6k_{13}gt_r$	$-6k_{23}gt_r$
6	$-(4k_{13}-2k_{31})gt_r$	$-8k_{23}gt_r$
7	$-4(k_{13}-k_{31})gt_r$	$-8k_{23}gt_r$
8	$-4(k_{13}-k_{31})gt_r$	$-8k_{23}gt_r$
9	$-(6k_{13}-4k_{31})gt_r$	$-10k_{23}gt_r$
10	$-(8k_{13}-2k_{31})gt_r$	$-12k_{23}gt_r$
11	$-(6k_{13}-2k_{31})gt_r$	$-14k_{23}gt_r$
12	$-(6k_{13}-2k_{31})gt_r$	$-14k_{23}gt_r$
13	$-(6k_{13}-4k_{31})gt_r$	$-14k_{23}gt_r$
14	$-(8k_{13}-6k_{31})gt_r$	$-16k_{23}gt_r$
15	$-8(k_{13}-k_{31})gt_r$	$-16k_{23}gt_r$
16	$-8(k_{13}-k_{31})gt_r$	$-16k_{23}gt_r$
平均	$-(5.75k_{13}+2.5k_{31})gt_r$	$-10k_{23}gt_r$

与 8 位置旋转方案和 16 位置旋转方案相比，改进的 16 位置旋转方案不仅可以将常值误差、比例因子误差和安装误差调制为周期形式，而且可以减小姿态误差及由安装误差引起的累积速度误差，是双轴旋转惯导系统的一种合理、全面的误差补偿方案。

3.7.3 仿真与分析

为了验证上述改进的 16 位置旋转方案的数学分析和优越性，针对不同的旋转方案进行仿真。惯导系统的模拟位置位于经度 114.23°和纬度 30.58°；IMU 旋转的角速率设置为 6 °/s，位置 A、B、C、D 的停止时间设置为 30 s。

1. 常值误差调制仿真

仿真条件仅包含陀螺仪常值误差，设置为 0.001 °/h。在这种情况下，对一般惯导系统，双轴旋转惯导系统的姿态、速度和位置误差进行仿真，包括 8 位置方案、16 位置方案和改进的 16 位置方案。为显示简洁，在图 3.29～3.32 中给出了不同惯导系统的速度和位置误差，而省略了姿态误差。

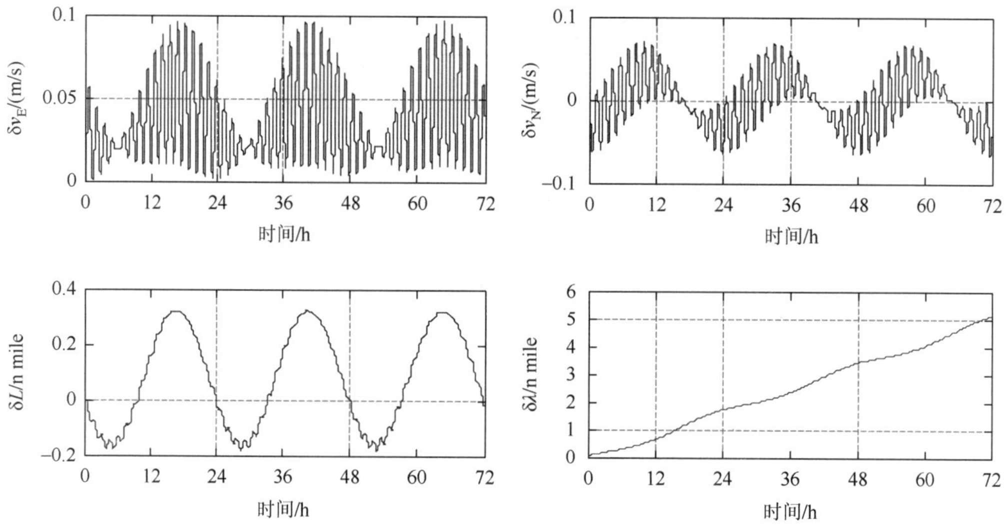

图 3.29 捷联式惯性导航系统（SINS）的速度和位置误差

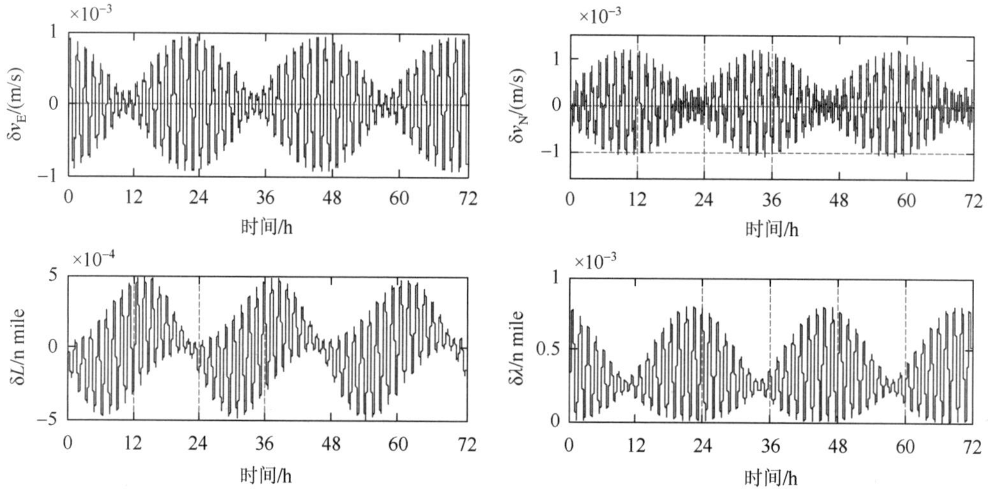

图 3.30 8 位置方案的旋转惯导系统的速度和位置误差

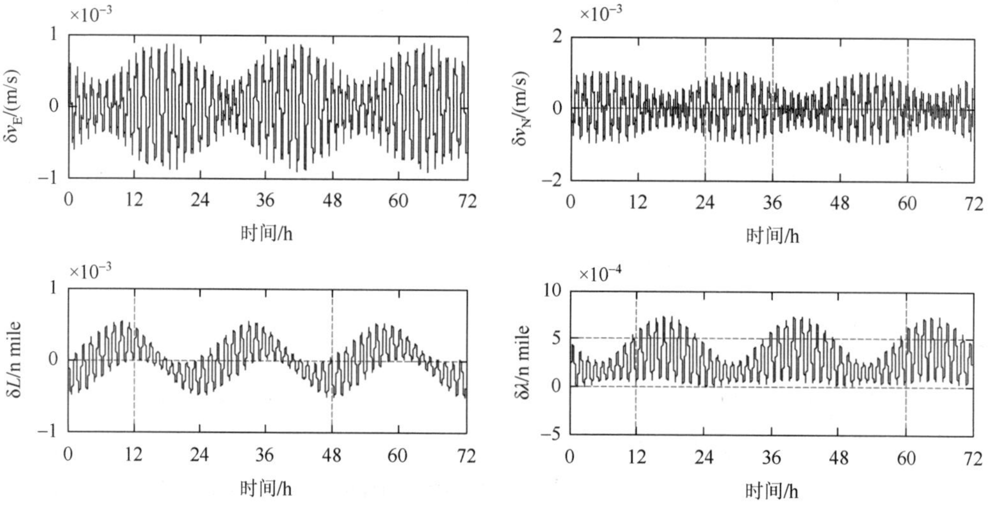

图 3.31 16 位置方案的旋转惯导系统速度和位置误差

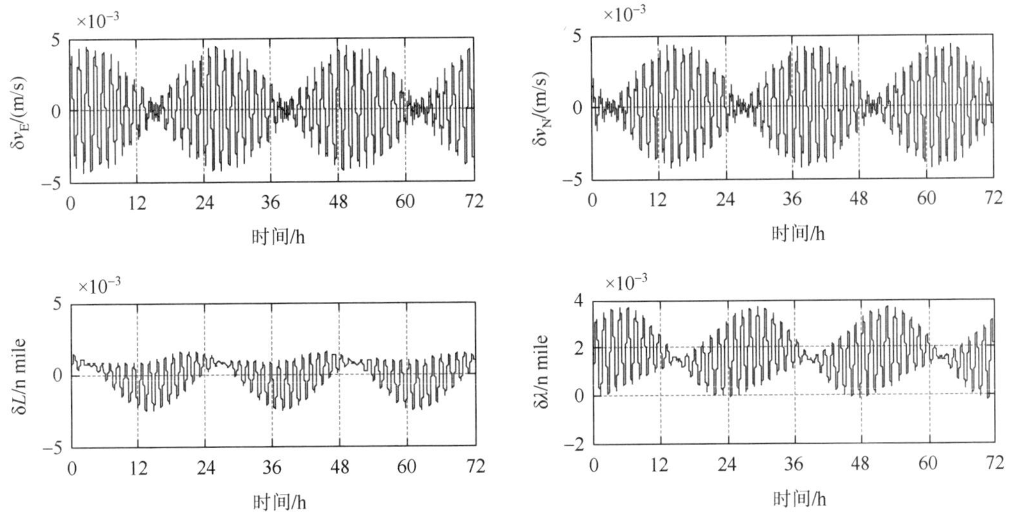

图 3.32 改进的 16 位置方案旋转惯导系统的速度和位置误差

从图 3.29～3.32 中可以看出，这三种旋转方案中的速度和位置误差的幅度小于 SINS 中的幅度，这是因为在这三种旋转方案中陀螺仪的常值误差得到调制。将图 3.32 与图 3.30 和图 3.31 进行比较，我们必须注意到，改进旋转方案的旋转惯导系统的误差振荡大于其他两种方案中，这是因为所提出的方案中陀螺仪常值误差引起的姿态误差大于这两个方案中的误差。但是，正如在 3.7.1 小节中所分析的那样，陀螺仪常值误差引起的等效误差远小于普通旋转惯导系统中由比例因子误差和安装误差与 IMU 旋转耦合引起的等效误差，因此该误差振荡不是主要因素，当存在比例因子误差和安装误差时，会影响旋转惯导系统的精度。

2. 比例因子误差调制仿真

仿真条件仅包含比例因子误差，设置为 5 ppm。在此条件下，通过 8 位置方案、16 位置方案和改进的 16 位置方案对 SINS 和双轴旋转惯导系统的姿态、速度和位置误差进行仿真。图 3.33 中，为简洁起见，省略了姿态和速度误差。

在图 3.33 中，由比例因子误差与 IMU 旋转耦合引起的经度误差以相似的趋势发散，这证明比例因子误差不会在三个旋转惯导系统中引起附加误差。但是图 3.33 中的纬度误差表明，该方案的误差振荡幅度最大，证明了 2.4.2 小节的比例因子误差分析。通过比较图 3.22、图 3.24 和图 3.27 可以看出，对于所提出的方案，由于姿态误差的符号没有改变，无法消除前 8 个旋转序列中由东向轴姿态误差引起的北向速度误差，未补偿的北向速度误差将引起纬度误差。但是，由于姿态误差的符号发生了变化，对于 8 位置方案和 16 位置方案，北速度误差在前 8 个旋转序列中得到了补偿。这些北向速度误差将导致较小的纬度误差振荡。

因此，仅考虑比例因子误差时，改进的 16 位置旋转方案不是最佳方案。但是，正如在 3.7.1 小节 1 中所讨论的，惯性误差、安装误差和比例因子误差在惯导系统中并存。合理的轮换方案应综合考虑各种误差的大小。

3. 安装误差调制仿真

模拟条件仅包含安装误差，设置为 5″。也就是说，安装误差矩阵如下进行单位变换：

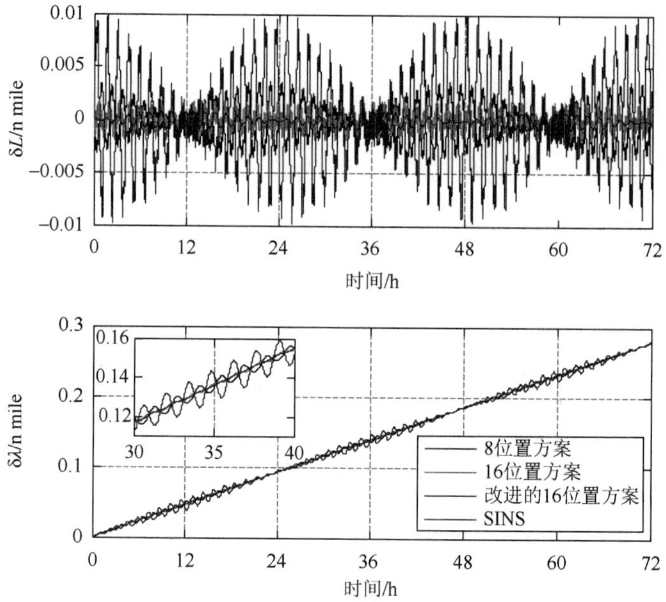

图 3.33　72 h 内不同旋转方案的旋转惯导系统的位置误差

$$\delta A_g = \begin{bmatrix} 0 & -2.42\times10^{-5} & -2.42\times10^{-5} \\ 2.42\times10^{-5} & 0 & -2.42\times10^{-5} \\ 2.42\times10^{-5} & 2.42\times10^{-5} & 0 \end{bmatrix} \tag{3.7.7}$$

在这种情况下，利用 8 位置方案、16 位置方案和改进的 16 位置方案，对 SINS 和双轴旋转惯导系统的姿态、速度和位置误差进行仿真。图 3.34 和图 3.35 显示了在整个旋转周期中不同惯导系统的姿态和速度误差。

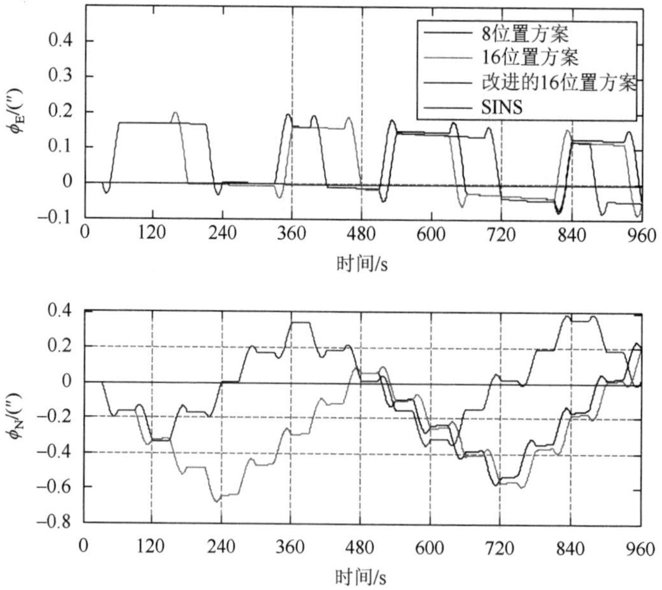

图 3.34　在整个旋转周期中不同旋转方案的旋转惯导系统的姿态误差

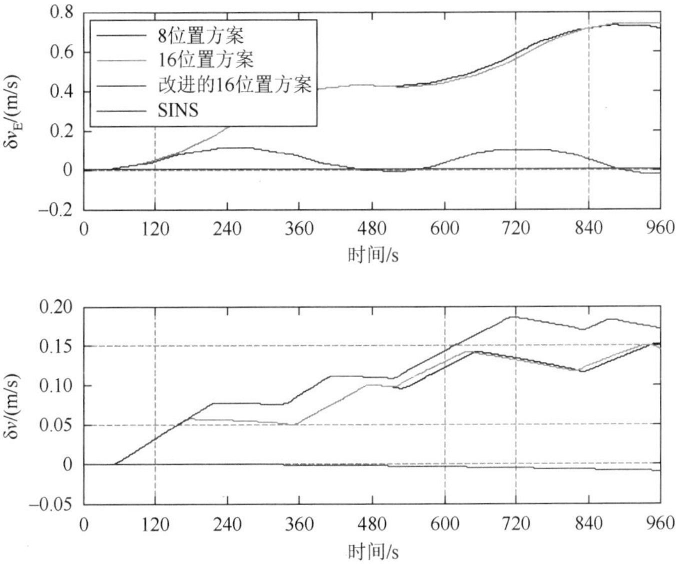

图 3.35　在整个旋转周期中不同旋转方案的旋转惯导系统的速度误差

从图 3.34 和图 3.35 可以看出，在 SINS 中，由安装误差和 IMU 旋转耦合引起的姿态误差最小，这是因为 IMU 没有旋转。这些姿态误差是由安装误差与地球旋转耦合引起的。它们在整个旋转过程中都不是零均值的周期形式，长期来看会引起累积的速度误差和位置误差。而且，将改进的 16 位置方案与其他方案进行比较，如图 3.34 所示，该方案将北向轴的姿态误差调制为零均值周期形式，不会引起东向轴的累积速度误差。不同旋转方式下旋转惯导系统在 72 h 内的位置误差如图 3.36 所示，从中可以抑制该方案中的经度误差。

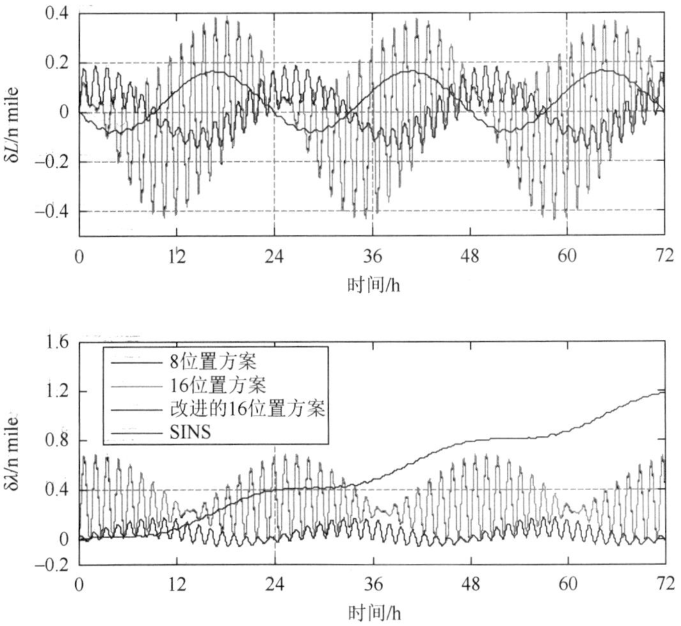

图 3.36　72 h 内不同旋转方式的旋转惯导系统的位置误差

4. 综合误差调制仿真

在典型的惯性等级应用中考虑综合误差条件，将以上所有误差条件都考虑进仿真，并将陀螺仪的随机误差视为振幅为0.000 1 °/$\sqrt{\text{h}}$ 的高斯白噪声。此外，将三个加速度计的常值误差设置为 10 μg，并将它们的随机误差也视为幅度为 1 μg 的高斯白噪声。三个加速度计的比例因子误差设置为 10 ppm，三个加速度计的六个失准角都设置为 10″，因此可以通过单位变换获得安装误差矩阵为

$$\delta \boldsymbol{A}_{\text{g}} = \begin{bmatrix} 0 & -4.85\times10^{-5} & -4.85\times10^{-5} \\ 4.85\times10^{-5} & 0 & -4.85\times10^{-5} \\ 4.85\times10^{-5} & 4.85\times10^{-5} & 0 \end{bmatrix} \tag{3.7.8}$$

在这种情况下，利用 8 位置方案、16 位置方案和改进的 16 位置方案，对 SINS 和双轴旋转惯导系统的姿态、速度和位置误差进行仿真。图 3.37 显示了具有不同旋转方案的旋转惯导系统的姿态误差。可以发现，在改进的 16 位置方案中，将姿态误差调制为零均值周期形式。为了清楚显示，一个完整旋转周期中的姿态误差如图 3.38 所示。

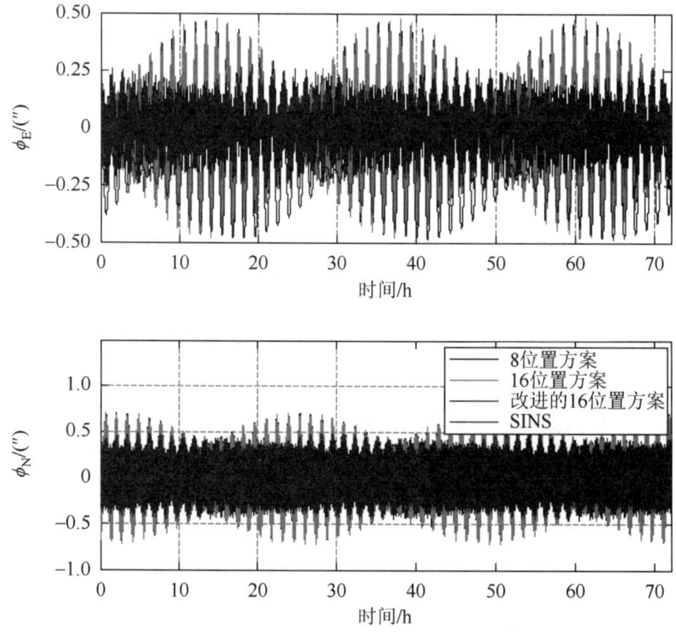

图 3.37　不同旋转方式的旋转惯导系统在 72 h 内的姿态误差

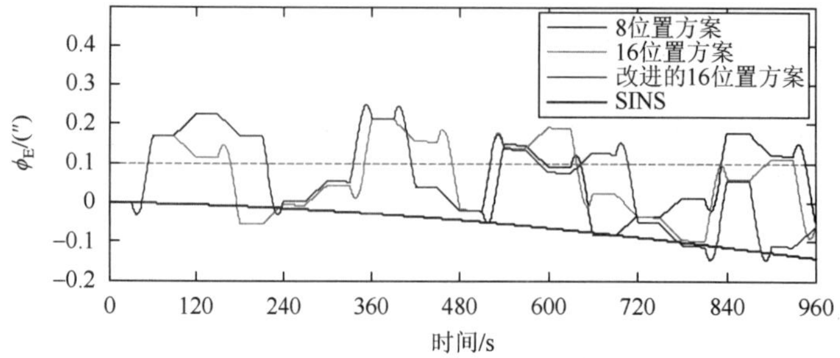

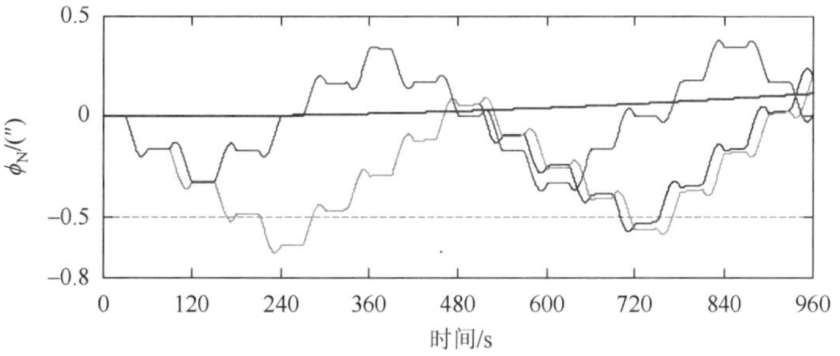

图 3.38 在整个旋转周期中不同旋转方案的旋转惯导系统的姿态误差

从图 3.38 可以发现，在整个旋转周期中，仅将改进的 16 位置方案中的北向轴姿态误差调制为零均值周期形式。结果，其他方案中的东向轴速度误差将根据等式（3.7.1）累积，如图 3.39 所示。累积速度误差将引起位置误差。

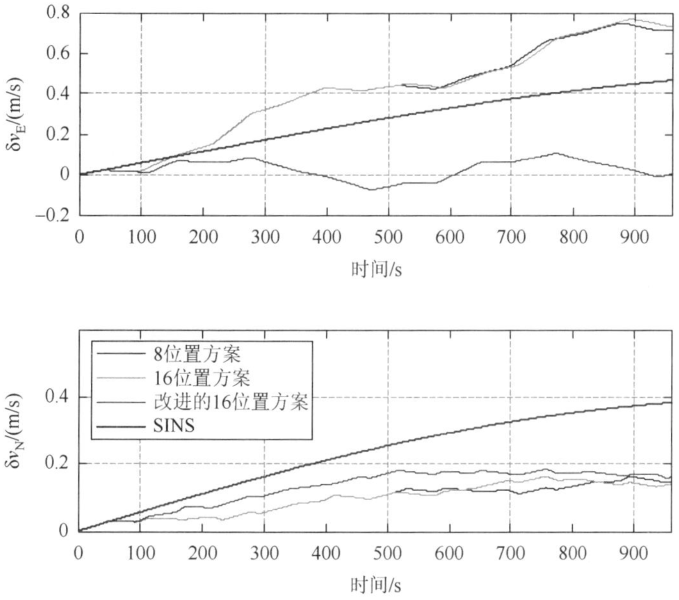

图 3.39 在整个旋转周期中不同旋转方案的旋转惯导系统的速度误差

图 3.40 显示了 8 位置方案、16 位置方案和改进的 16 位置方案的 SINS 和双轴旋转惯导系统在 72 h 内的位置误差。旋转惯导系统的误差远小于捷联惯导系统的误差，因为在所有不同的旋转方案中常值误差均被调制。但是，与其他两种方案相比，改进的 16 位置方案中的位置误差振动幅度明显减小，这是因为由安装误差引起的北向轴姿态误差被调制为具有零均值的周期形式，这不会导致通过积分累积速度和位置误差。因此，在综合误差条件下，改进的 16 位置方案不仅可以调制常值误差，而且可以抑制比例因子误差和安装误差引起的 IMU 旋转耦合效应。因此，所改进的 16 位置方案的位置误差最小。

如图 3.41 所示，将三种不同方案的纬度和经度误差转换为合成位置误差，以便直接、清晰地显示。在相同的综合误差条件下，改进的 16 位置方案的位置误差从其他两种方案的 0.98 nmile/72 h 降低到 0.37 nmile/72 h。

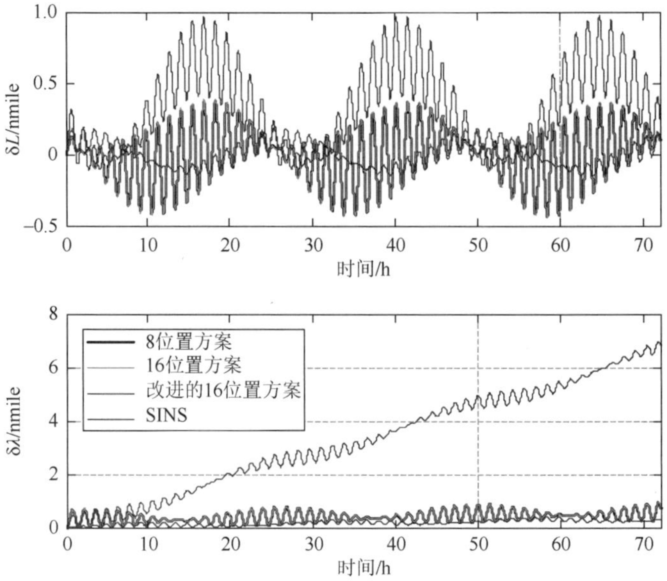

图 3.40　72 h 内不同旋转方式的旋转惯导系统的经纬度误差

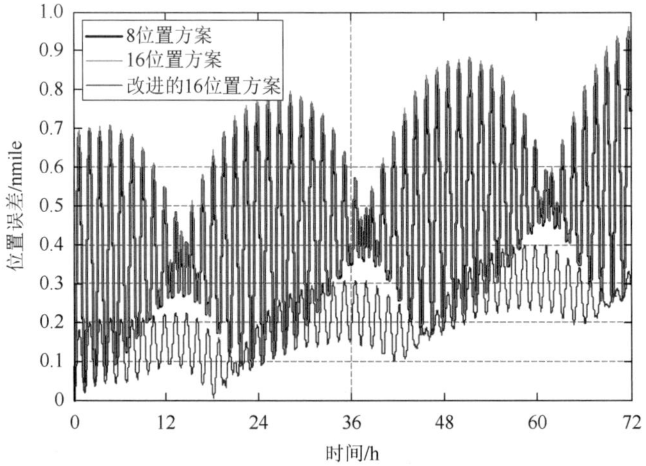

图 3.41　72 h 内不同旋转方案的旋转惯导系统的合成位置误差

旋转惯导系统的误差补偿效果取决于 IMU 的旋转方案。全面的误差补偿方案应消除由于惯性传感器的漂移而引起的系统误差，同时不应引入其他附加误差，如由比例因子误差、安装误差和 IMU 旋转耦合引起的误差。本节提出了双轴 INSS 区域的合理综合误差补偿方案。与传统的 8 位置旋转方案和 16 位置旋转方案相比，该方案不仅可以将常值误差、比例因子误差、安装误差调制为周期形式，而且可以减小由安装误差引起的姿态误差和伴随的累积速度误差。为了验证该方案的数学分析和优越性，针对不同的旋转方案进行了四种不同误差条件的仿真，验证了所提方案的优越性。

第 4 章

系统设计与误差标定技术

在实际系统设计中，系统的硬件构建、电路设计、接口及软件设计是完成系统功能、保证系统可靠性、控制系统体积和成本、提高系统适用性的重要保证。综合系统成本、组成、控制策略等因素，本章将构建以光纤陀螺和石英扰性加速度计为惯性测量组件的单轴旋转惯导系统，并在确定系统的旋转方案后，进行系统总体结构和硬件架构设计；在此基础上进行系统导航和通信软件编程，完成光纤陀螺单轴旋转惯导系统方案设计。针对构建的单轴旋转惯导系统，快速、准确的系统误差标定技术是进行误差补偿、提高系统精度的关键。本章将立足于实验室条件下的双轴速率转台，进行光纤陀螺 IMU 误差标定技术研究，通过改进标定编排和基准要求，对传统意义上的器件误差、安装误差、刻度系数等进行标定。

4.1 系统硬件技术

4.1.1 总体技术方案

系统主要由 IMU、电子部件和显控部件组成。IMU 组件和电子部件安装于一个机箱内，如图 4.1（a）所示，机箱通过电缆与显控部件连接。机箱内部结构如图 4.1（b）所示。

(a) 机箱

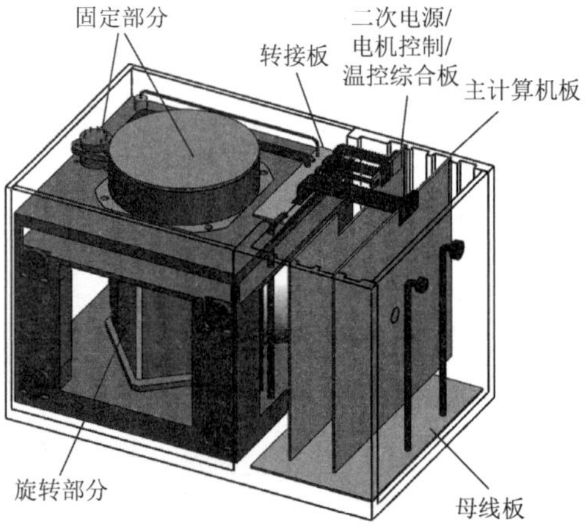

(b) 机箱内部结构

图 4.1 系统结构图

图 4.1（b）中，水平方向的两个陀螺正交安装组成旋转体，与电机旋转轴连接，天向陀螺通过安装板固定在水平面内，与两水平陀螺构成正交系；力矩电机和圆光栅分别安装在旋转体的两个端面上，用于驱动单元体旋转并完成转角测量；旋转单元体上的信号及电源线穿过旋转轴中心孔连接转接板；计算机板、电源电机控制板通过卡销固定在机箱右侧，惯性测量部件的信息通过转接板与电子线路板相连。

考虑到系统成本、旋转控制实现，以及系统中等精度的原理样机的定位，系统采用单轴旋转方案。借鉴目前国内外的旋转方式，选择 IMU 的天向轴为旋转轴。旋转方案可根据电机控制程序选择单轴连续正反旋转或单轴连续多位置转停方案。由于旋转轴上的惯性器件误差不受旋转调制，将天向陀螺固定安装在与旋转轴正交的平面上，不参与旋转。采用上述方案，一方面正反旋转可避免使用导电滑环，提高系统可靠性，另一方面天向陀螺的固定安装可以减小其动态环境，克服刻度系数误差与旋转运动的耦合效应。

系统中电子部件主要包括安装在旋转体上的加速度计 I/F 转换板、信号转接板，以及主计算机板、电源/电机控制板和位于系统底部的母线板，系统原理及各电路板之间的信息关系如图 4.2 所示。

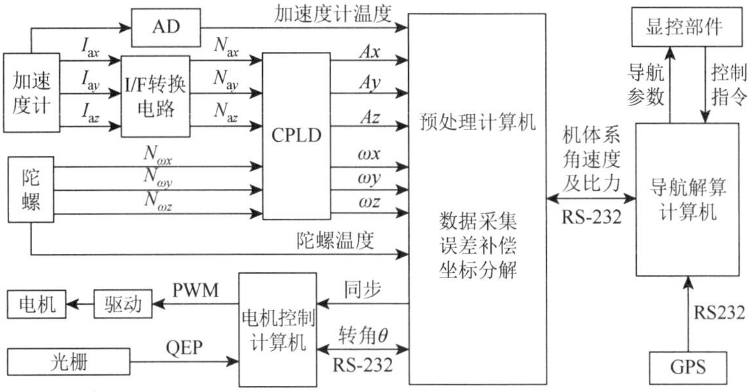

图 4.2　系统原理图

图 4.2 中：加速度计输出为模拟电流信号，经 I/F 转换后进入 CPLD 进行脉冲计数；其温度信号通过 A/D 转换后利用预处理计算机采集；陀螺直接输出数字脉冲信号，经 CPLD 计数后进入预处理计算机；陀螺温度信号为数字信号，通过预处理计算机采集；预处理计算机完成 IMU 信号的采集、误差补偿、旋转分解后，将载体系的角速度、加速度信息通过 RS-232 通信接口传输至导航解算计算机；光栅输出正交编码脉冲，电机控制计算机的 QEP 接口电路可直接采样光栅的转角脉冲值；电机采用 PWM 控制，电机控制计算机输出的 PWM 信号经功率放大模块后驱动电机按旋转方案旋转；导航解算计算机通过 RS-232 接口与显控部件通信，接收用户控制指令并输出系统的导航参数信息，同时可接收外部 GPS 信号，并根据用户指令实现惯性/GPS 组合导航。

4.1.2　系统硬件方案

系统电子部件主要由电源/电机控制板、计算机板、I/F 转换板、母线板和 IMU 信号转接板组成。电子部件中核心为三块 TMS320F28335 型 DSP 芯片和一块 CPLD 芯片，分别以 DSP-A、DSP-B、DSP-C 和 CPLD 进行标识。DSP-A 主要完成电机控制，CPLD 主要完成陀螺和加速度计频率信号的计数采样后发送至 DSP-B，DSP-B 进行采集数据的预处理，DSP-C 和 DSP-B 进行数据通信以完成导航计算，并将导航结果发送至上位机。电源/电机控制板、计算机板、母线板置于电子机箱内。为避免模拟电流信号受电机电磁干扰，将 I/F 转换板固定于旋转单元体上一起旋转，待信号转化为频率信号后通过电机轴引出。IMU 信号转接板固定于旋转单元体顶面。电源/电机控制板、计算机板采用加固结构设计，底部由插座与母线板相连，电路板中间加梁，两侧由锁紧夹与插槽紧固。电子部件结构如图 4.3 所示。

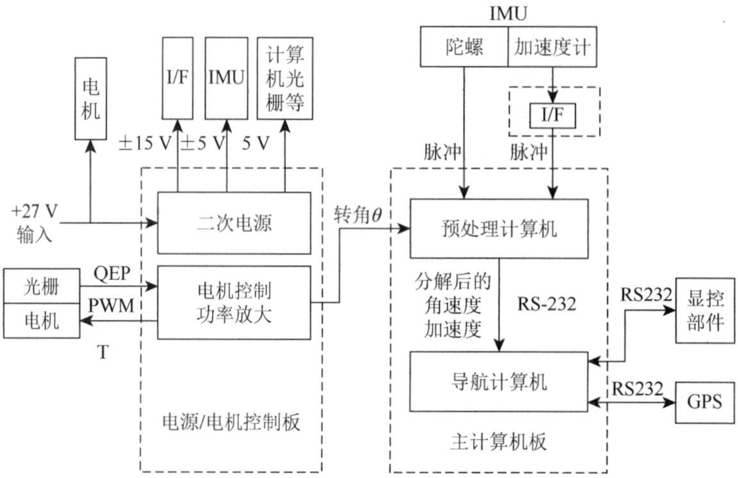

图 4.3　电子部件结构图

1. 电源/电机控制板

电源/电机控制板外形如图 4.4 所示，主要完成系统和各器件供电、输出 PWM 控制电机旋转、IMU 数据的预处理、故障检测等功能。

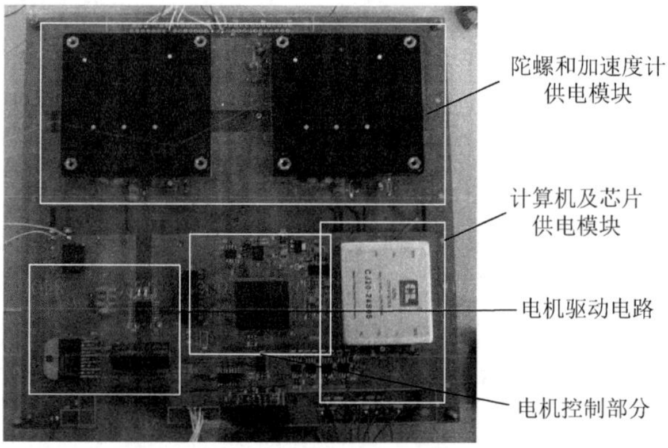

图 4.4　电源/电机控制板外形图

首先，根据系统和器件供电需求，电源部分的外界输入电压为 + 27 V，经无源滤波后可提供±5 V、±15 V、5 V 电压，分别对陀螺、加速度计及其他电路供电。同时可为电机控制提供 + 27 V 电源。其中，±5 V 输出的电源模块完成对三个光纤陀螺供电，因此其输出总功率不大于 24 W。±15 V 输出的电源模块完成用于加速度计和 I/F 转换板供电，加速度计功耗小于 7.2 W，I/F 转换板功耗小于 6 W，即总功耗小于 13.2 W，5 V 电压输出的电源模块主要完成对电子元器件的供电，其功耗较小。

按照供电类型和功率需求，系统电源模块选用北京承力电源有限公司的 CG40-24D 05&05、CG40-24D15&15、CJ15-24S05 电源模块，其性能如表 4.1 所示。

表 4.1 电源模块性能指标

型号	功率/W	输入电压/V	输出电压/V	输出电流/A	纹波 pk-pk/mV	效率（Typ）/%	电压精度/%
05&05	40	18～36	±5	6/2	50/50	81	±1
15&15	40	18～36	±15	1.3/1.3	150/150	83	±1
S05	15	18～36	5	3	50	82	±1

DSP-A 的主要外围电路结构如图 4.5 所示，DSP-A 采样光栅信号获取电机的旋转角度后，通过转速控制算法获得控制电压并产生 PWM 形式的控制信号，功率放大后驱动电机按旋转方案旋转。

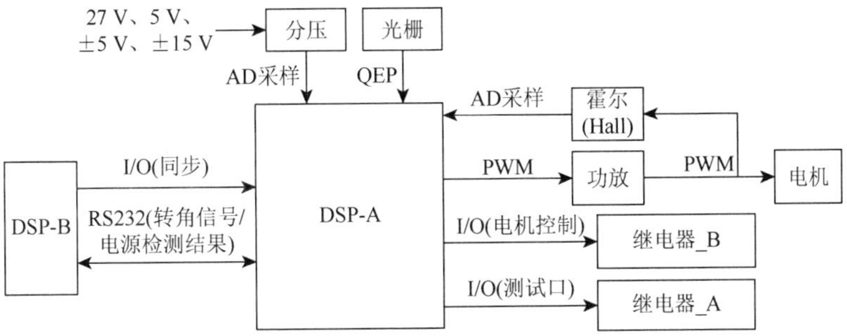

图 4.5 DSP-A 外围电路

功放电路采用 IRF540N 型 MOSFET 作为功率器件。DSP-A 根据系统的要求改变直流电机驱动电路（H 桥控制电路 MOSFET）中功率管的导通顺序，实现对电机转速和转动方向的控制。

同时，为避免电路电流和电压异常引起的器件损坏或电机飞车，设计相应的保护电路。通过 DSP 进行电路电压和电流采集进行故障检测，控制总电源的通断。

2. 计算机板

计算机板是系统的核心部件，主要完成采集数据的预处理和导航解算。其中，DSP-B 完成对陀螺和加速度计信号标定结果补偿、温度补偿、旋转分解等预处理，利用从电机控制板获得的电机角度信号，通过旋转矩阵将旋转系内获得的陀螺和加速度计数据完成误差补偿后转换到固定的载体坐标系。DSP-C 利用从 DSP-B 获得的预处理后的陀螺和加速度计数据以及从 GPS 获得的卫星数据根据系统用户的纯惯性导航、组合导航需求完成相应的导航解算，并将导航信息发送给显控部件。

DSP-B 将采集到的陀螺和加速度计信号进行误差补偿，将坐标分解后的结果传给导航计算机；同时将检测到的系统故障传给 DSP-C。DSP-C 则完成导航解算，并将结果和 DSP-B 传输的故障信息传送给上位机显示。两者之间通过 RS232 总线完成通信。电路板结构如图 4.6 所示。

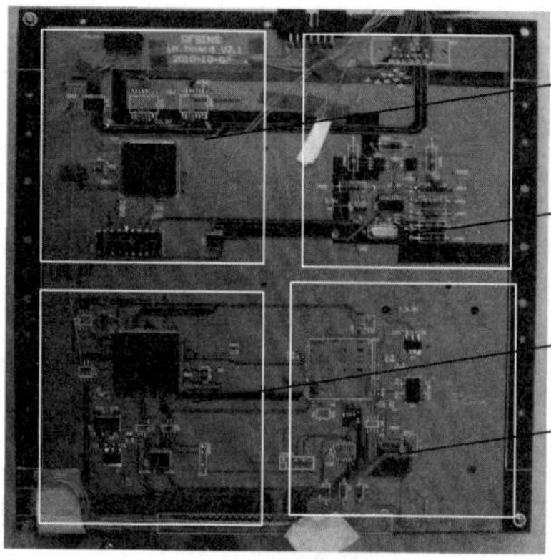

图 4.6　计算机板结构图

3. I/F 转换板

加速度计信号为微弱模拟信号，进行高精度的采集较为困难，因此通过 I/F 转换板将加速度计输出的电流信号转化为频率信号。I/F 转换板输入电流范围为 0～±10 mA，输出频率范围为 0～256 kHz，零偏和零漂均小于 0.5 Hz，刻度系数非线性度小于1.5×10^{-4}，常温下刻度系数逐日重复性小于1.5×10^{-5}。

另外，母线板主要完成电子机箱中电路板之间以及系统与外界的信号交换。IMU 信号转接板对由单元体出来的线缆进行整理、合并，以减少单元体与电子机箱之间线缆数量。线缆和接插件的选择应考虑系统测高低温应用及振动、防插错功能和气密性要求。

4.2　系统软件技术

4.2.1　电机控制与导航解算

计算机软件主要通过 DSP-B 和 DSP-C 完成，DSP-B 完成陀螺和加速度计的输出信号、温度信号和电机的转角信号，对陀螺和加速度计信号进行标定、温度补偿、旋转分解后传输至 DSP-C。DSP-C 进行初始化后，获得的预处理后的数据。该数据相当于等效载体系下的陀螺和加速度计输出，因此可利用其进行导航解算程序设计，完成系统导航解算。系统导航解算算法与捷联式惯导系统的解算流程相同，速度、姿态、位置更新采用常用的经典算法进行程序设计。相对于器件误差，算法误差对系统精度的影响有限，因此未对导航算法优化及改进进行研究。解算中姿态更新采用旋转矢量三子样算法，速度和位置更新采用四阶龙格–库塔（Runge-Kutta）算法。计算机软件的算法流程如图 4.7 所示。

4.2.2　显控软件

显控软件主要完成系统导航参数（姿态、速度、位置信息）的显示，系统状态（供电状态、电机状态、系统工作状态等）的显示、控制，故障监测灯的指示。软件设计基于美国国家仪器公司（NI 公司）开发的图形化语言 LABVIEW。设计的单轴旋转光纤惯导系统显控软件界面和部分程序如图 4.8 所示。

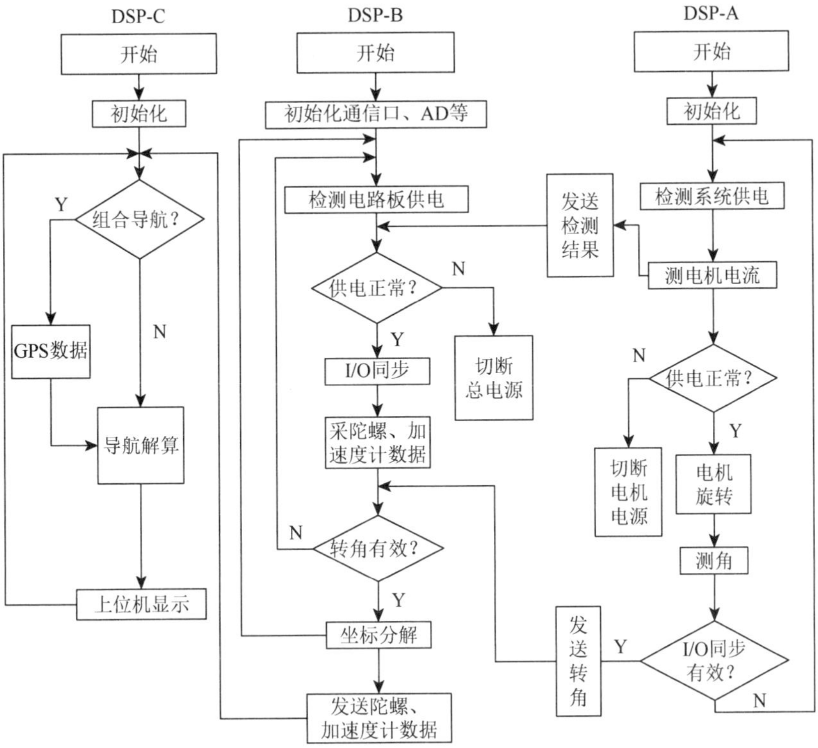

图 4.7 系统软件流程

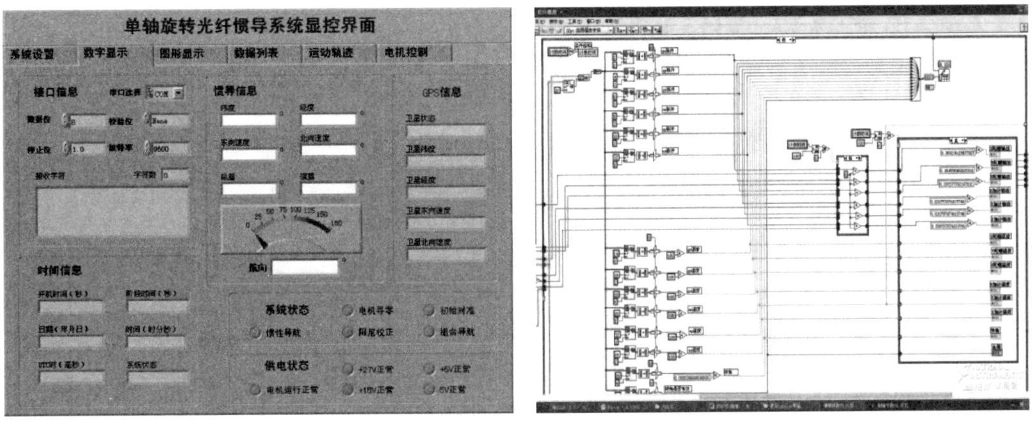

图 4.8 单轴旋转光纤惯导系统显控界面和程序

4.3 系统标定技术

IMU 的标定技术是惯性导航领域的关键技术之一，传统 IMU 标定主要包含对惯性器件自身误差和其安装误差的标定。其中，器件误差的标定直接关系着惯性器件输出补偿，安装误差则影响系统内坐标系转换精度，因此 IMU 的标定精度直接影响惯导系统精度。

传统的 IMU 标定通过速率标定法和多位置标定法来实现。速率标定是通过利用三轴速率转台提供三个轴向的多速率输入来标定陀螺的刻度系数和安装误差。多位置标定则是通过转台提供的多个位置来测试不同的角速率和加速度激励下惯性器件的输出，从而标定出陀螺零偏和加速度计组合的全部误差项。传统标定方法具有较高精度，但是标定周期长，程序复杂。

4.3.1 误差标定模型

1. 光纤陀螺组件的误差模型

光纤陀螺理论误差模型为[150]

$$N = K(\omega + \varepsilon) \tag{4.3.1}$$

式中：N 为单位时间内陀螺的输出脉冲；ω 为陀螺敏感轴向上的角速率；K 为陀螺的刻度系数；ε 为陀螺敏感轴向上的漂移[150, 151]。根据 3.1 节安装误差的定义可得（为书写方便，令 $\delta G_{ij} = E_{gij}(i, j = x, y, z)$）

$$\begin{cases} N_{gx} = K_x(\omega_x + E_{gyx}\omega_y + E_{gzx}\omega_z) + K_x\varepsilon_{x0} \\ N_{gy} = K_y(E_{gxy}\omega_x + \omega_y + E_{gzy}\omega_z) + K_y\varepsilon_{y0} \\ E_{gz} = K_z(E_{gxz}\omega_x + E_{gyz}\omega_y + \omega_z) + K_z\varepsilon_{z0} \end{cases} \tag{4.3.2}$$

式中：参数的下标代表不同轴向分量。

2. 加速度计组件的误差模型

由于安装误差的存在，三个加速度计除敏感轴向加速度外，还包括另两个加速度计的耦合项。另外，加速度计存在常值零偏项、二阶非线性误差项、三阶非线性误差项等。工程应用中，因三阶非线性误差较小而忽略，得到加速度计组合的输出为

$$\begin{cases} N_{ax} = K_{0x} + K_{ax}(A_x + E_{ayx}A_y + E_{azx}A_z) + K_{2x}A_x^2 \\ N_{ay} = K_{0y} + K_{ay}(E_{axy}A_y + A_y + E_{azy}A_z) + K_{2y}A_y^2 \\ N_{az} = K_{0z} + K_{az}(E_{axz}A_x + E_{ayz}A_y + A_z) + K_{2z}A_z^2 \end{cases} \tag{4.3.3}$$

式中：N 为加速度计在单位时间内输出；K_0 为加速度计常值零偏；A 为敏感轴向上的加速度；K_a 为加速度计的刻度系数；$E_{aij}(i, j = x, y, z; i \neq j)$ 为安装误差，其含义见 3.1 节安装误差定义（为书写方便，令 $\delta A_{ij} = E_{aij}(i, j = x, y, z)$）；$K_{2x}$ 为二阶非线性误差项。

4.3.2 传统标定方法

1. 三轴速率试验

1）标定流程

三轴速率试验通过三轴转台给三个轴向陀螺提供角速率基准输入，测试不同轴向上的陀螺输出，由此辨识出三个陀螺的刻度系数和安装误差。其标定流程如下。

（1）将光纤陀螺 IMU 安装在高精度三轴转台上，使其三个光纤陀螺仪的敏感轴与归零状态下的三轴转台主轴互相平行，使转台的初始方位指向东北天方向。

（2）驱动转台绕 z 轴以一定角速率旋转，记录陀螺输出，而后以同样角速率反转，记录陀螺输出。随后，改变旋转角速率，使 IMU 以不同速度档的速率旋转按前述相同方式旋转，记

录每个角速率下整数圈内的陀螺输出。速率选择应根据器件应用需求和速率范围合理选取，速率档不少于 11 档。

（3）控制转台使光纤陀螺 IMU 的 y 轴指天。驱动转台绕天向轴旋转，即绕 IMU 的 y 陀螺敏感轴旋转，测试过程同步骤（2）。

（4）控制转台使光纤陀螺 IMU 的 x 轴指天。驱动转台绕天向轴旋转，即绕 IMU 的 y 陀螺敏感轴旋转，测试过程同步骤（2）。

2）标定算法

在步骤（2）～（4）中，光纤陀螺 IMU 分别绕不同陀螺的敏感轴正向旋转，在任一角速率 ω 转动下，任意 t 时刻陀螺在三个步骤中的角速率输出分别如下。

步骤（2）中

$$\begin{bmatrix}\omega_{1x}\\ \omega_{1y}\\ \omega_{1z}\end{bmatrix}=\begin{bmatrix}\cos(\omega t) & -\sin(\omega t) & 0\\ \sin(\omega t) & \cos(\omega t) & 0\\ 0 & 0 & 1\end{bmatrix}\begin{bmatrix}0\\ \omega_{\text{ie}}\cos\varphi\\ \omega+\omega_{\text{ie}}\sin\varphi\end{bmatrix} \tag{4.3.4}$$

步骤（3）中

$$\begin{bmatrix}\omega_{2x}\\ \omega_{2y}\\ \omega_{2z}\end{bmatrix}=\begin{bmatrix}\cos(\omega t) & 0 & -\sin(\omega t)\\ 0 & 1 & 0\\ \sin(\omega t) & 0 & \cos(\omega t)\end{bmatrix}\begin{bmatrix}\omega_{\text{ie}}\cos\varphi\\ \omega+\omega_{\text{ie}}\sin\varphi\\ 0\end{bmatrix} \tag{4.3.5}$$

步骤（4）中

$$\begin{bmatrix}\omega_{3x}\\ \omega_{3y}\\ \omega_{3z}\end{bmatrix}=\begin{bmatrix}1 & 0 & 0\\ 0 & \cos(\omega t) & \sin(\omega t)\\ 0 & -\sin(\omega t) & \cos(\omega t)\end{bmatrix}\begin{bmatrix}\omega+\omega_{\text{ie}}\sin\varphi\\ 0\\ \omega_{\text{ie}}\cos\varphi\end{bmatrix} \tag{4.3.6}$$

将式（4.3.4）代入式（4.3.2），可得

$$\begin{cases}\dfrac{N_{gx1}^{+}}{K_x}=\varepsilon_{x0}+\omega_{\text{ie}}\cos\varphi\sin(\omega t)+E_{gyx}\omega_{\text{ie}}\cos\varphi\cos(\omega t)+E_{gzx}(\omega+\omega_{\text{ie}}\sin\varphi)\\ \dfrac{N_{gy1}^{+}}{K_y}=\varepsilon_{y0}+E_{gxy}\omega_{\text{ie}}\cos\varphi\sin(\omega t)+\omega_{\text{ie}}\cos\varphi\cos(\omega t)+E_{gzy}(\omega+\omega_{\text{ie}}\sin\varphi)\\ \dfrac{N_{gz1}^{+}}{K_z}=\varepsilon_{z0}+E_{gxz}\omega_{\text{ie}}\cos\varphi\sin(\omega t)+E_{gyz}\omega_{\text{ie}}\cos\varphi\cos(\omega t)+(\omega+\omega_{\text{ie}}\sin\varphi)\end{cases} \tag{4.3.7}$$

式中：N_{gx1}^{+}、N_{gy1}^{+}、N_{gz1}^{+} 为转动中任意 t 时刻陀螺的输出脉冲数。

对正转时整周的陀螺输出进行求和得

$$\begin{cases}\sum\dfrac{N_{gx1}^{+}}{K_x}=[E_{gzx}(\omega+\omega_{\text{ie}}\sin\varphi)+\varepsilon_{x0}]T\\ \sum\dfrac{N_{gy1}^{+}}{K_x}=[E_{gzy}(\omega+\omega_{\text{ie}}\sin\varphi)+\varepsilon_{y0}]T\\ \sum\dfrac{N_{gz1}^{+}}{K_x}=[(\omega+\omega_{\text{ie}}\sin\varphi)+\varepsilon_{z0}]T\end{cases} \tag{4.3.8}$$

同理，对反转时整周的陀螺输出进行求和得

$$\begin{cases}\sum\dfrac{N_{gx1}^{-}}{K_x}=[E_{gzx}(-\omega+\omega_{ie}\sin\varphi)+\varepsilon_{x0}]T\\ \sum\dfrac{N_{gy1}^{-}}{K_x}=[E_{gzy}(-\omega+\omega_{ie}\sin\varphi)+\varepsilon_{y0}]T\\ \sum\dfrac{N_{gz1}^{-}}{K_x}=[(-\omega+\omega_{ie}\sin\varphi)+\varepsilon_{z0}]T\end{cases} \tag{4.3.9}$$

对式（4.3.8）和式（4.3.9）作差得

$$\begin{cases}N_{gx1}=2K_xE_{gzx}\omega T\\ N_{gy1}=2K_yE_{gzy}\omega T\\ N_{gz1}=2K_z\omega T\end{cases} \tag{4.3.10}$$

对步骤（3）和步骤（4）中数据进行同样处理，可得

$$\begin{cases}N_{gx2}=2K_xE_{gyx}\omega T\\ N_{gy2}=2K_y\omega T\\ N_{gz2}=2K_zE_{gyz}\omega T\end{cases} \tag{4.3.11}$$

$$\begin{cases}N_{gx3}=2K_x\omega T\\ N_{gy3}=2K_yE_{gxy}\omega T\\ N_{gz3}=2K_zE_{gxz}\omega T\end{cases} \tag{4.3.12}$$

由式（4.3.10）～（4.3.12）可得三个陀螺的刻度系数为

$$\begin{cases}K_x=N_{gx3}/2\omega T\\ K_y=N_{gy2}/2\omega T\\ K_z=N_{gz1}/2\omega T\\ E_{gyx}=N_{gx2}/N_{gx3}\\ E_{gzx}=N_{gx1}/N_{gx3}\\ E_{gxy}=N_{gy3}/N_{gz2}\\ E_{gzy}=N_{gy1}/N_{gy2}\\ E_{gxz}=N_{gy3}/N_{gz2}\\ E_{gyz}=N_{gz3}/N_{gz1}\end{cases} \tag{4.3.13}$$

式（4.3.13）为一个角速率下标定出的参数，实际计算中，应该根据不同角速率下的计算值进行最小二乘求最优值。

2. 多位置试验

1）标定流程

多位置试验通过三轴转台的不同位置的重力加速度给三个轴向的加速度计提供不同的加速度基准，通过地球角速度提供不同的角速度基准，测试不同位置下的陀螺加速度计输出，由此辨识出陀螺的零位误差，加速度计的刻度系数、安装误差、零位误差、二次耦合项误差、二次非线性误差。常用的位置试验有 6 位置试验法、8 位置试验法、24 位置试验法。IMU 停留的

位置越多，其信息观测量越多，因此能够辨识的误差系数越多，精度也相对较高。现以 24 位置试验为例简述其标定流程。

（1）光纤陀螺捷联式惯导系统安装在高精度三轴转台上，使光纤 IMU 的 x、y、z 陀螺分别指向北、西、天，采集陀螺和加速度计输出，随后绕 x 轴以 45°的间隔依次顺时针旋转 7 个位置，每个位置上采集一段时间陀螺和加速度计输出。

（2）控制转台，将使光纤 IMU 的 x、y、z 向陀螺分别指向东、北、天，采集陀螺和加速度计输出，随后绕 y 轴以 45°的间隔依次顺时针旋转 7 个位置，每个位置上采集一段时间陀螺和加速度计输出。

（3）控制转台，将使光纤 IMU 的 x、y、z 向陀螺分别指向东、地、北后，重复以上步骤。

2）标定算法

步骤（1）中 8 个位置的陀螺和加速度计输出可以表示为

$$\begin{bmatrix}\omega_x\\ \omega_y\\ \omega_z\end{bmatrix}=\begin{bmatrix}1 & 0 & 0\\ 0 & \cos\sigma_i & \sin\sigma_i\\ 0 & -\sin\sigma_i & \cos\sigma_i\end{bmatrix}\begin{bmatrix}\omega_{\mathrm{ie}}\cos\varphi\\ 0\\ \omega_{\mathrm{ie}}\sin\varphi\end{bmatrix} \tag{4.3.14}$$

$$\begin{bmatrix}A_x\\ A_y\\ A_z\end{bmatrix}=\begin{bmatrix}1 & 0 & 0\\ 0 & \cos\sigma_i & \sin\sigma_i\\ 0 & -\sin\sigma_i & \cos\sigma_i\end{bmatrix}\begin{bmatrix}0\\ 0\\ g\end{bmatrix} \tag{4.3.15}$$

式中：$\sigma_i = 45°\times i\ (i = 0,1,\cdots,7)$。从而有

$$\begin{cases}\omega_x(i)=\omega_{\mathrm{ie}}\cos\varphi\\ \omega_y(i)=\omega_{\mathrm{ie}}\sin\varphi\sin(45\times i)\\ \omega_z(i)=\omega_{\mathrm{ie}}\sin\varphi\cos(45\times i)\\ A_x(i)=0\\ A_y(i)=-g\sin(45\times i)\\ A_z(i)=-g\cos(45\times i)\end{cases} \tag{4.3.16}$$

由此得到了步骤（1）中陀螺和加速度计在各位置的基准输入，同理，可得到另 16 个位置的基准输入。将其代入误差模型可得

$$\begin{bmatrix}\dfrac{N_{gx}(1)}{K_{gx}}\\ \dfrac{N_{gx}(2)}{K_{gx}}\\ \vdots\\ \dfrac{N_{gx}(24)}{K_{gx}}\end{bmatrix}=\begin{bmatrix}\omega_x(1) & \omega_y(1) & \omega_z(1)\\ \omega_x(2) & \omega_y(2) & \omega_z(2)\\ \vdots & \vdots & \vdots\\ \omega_x(24) & \omega_y(24) & \omega_z(24)\end{bmatrix}\begin{bmatrix}1\\ E_{gyx}\\ E_{gzx}\end{bmatrix}+\begin{bmatrix}1\\ 1\\ \vdots\\ 1\end{bmatrix}\varepsilon_{x0}+\begin{bmatrix}w(1)\\ w(2)\\ \vdots\\ w(24)\end{bmatrix} \tag{4.3.17}$$

式中：$N_{gx}(i)$ 为 x 陀螺在 24 个位置的输出脉冲；$\omega_x(i)$、$\omega_y(i)$、$\omega_z(i)$ 分别为三个陀螺在 24 位置的基准输入；E_{gyx} 和 E_{gzx} 为陀螺的安装误差，在速率试验中求得；w 为量测噪声，由此可以求出 x 陀螺零偏 ε_{x0}。同理，利用 y 陀螺和 z 陀螺的输出可以求出相应的零偏。

同理，可得加速度计的系数满足

$$\begin{bmatrix} N_{ax}(1) \\ N_{ax}(2) \\ \vdots \\ N_{ax}(24) \end{bmatrix} = \begin{bmatrix} A_x(1) & A_y(1) & A_z(1) & A_x^2(1) & 1 \\ A_x(2) & A_y(2) & A_z(2) & A_x^2(2) & 1 \\ \vdots & \vdots & \vdots & \vdots & \vdots \\ A_x(24) & A_y(24) & A_z(24) & A_x^2(24) & 1 \end{bmatrix} \begin{bmatrix} K_{ax} \\ E_{ayx}K_{ax} \\ E_{azx}K_{ax} \\ K_{x2} \\ K_{x0} \end{bmatrix} + \begin{bmatrix} u(1) \\ u(2) \\ \vdots \\ u(24) \end{bmatrix} \tag{4.3.18}$$

式中：$N_{ax}(i)$ 为 x 加速度计在 24 个位置的输出脉冲；$A_x(i)$、$A_y(i)$、$A_z(i)$ 分别为三个加速度计在 24 位置的基准输入；E_{ayx} 和 E_{azx} 为加速度计的安装误差，在速率试验中求得；$u(i)$ 为量测噪声。将式（4.3.18）写成 $\boldsymbol{Z} = \boldsymbol{AX} + \boldsymbol{u}$ 的形式，利用最小二乘可以求出 $\boldsymbol{X}$ 的值，从而得到各项系数。

4.3.3 基于双轴转台的无北向转停标定方法

通过上述标定流程可以看出，传统标定方法步骤复杂，耗时长，且标定需利用三轴转台，并给系统提供精确的水平基准和方向基准，标定环境要求较高。为兼顾 IMU 标定的快速性和准确性，本小节提出将角速率试验和静态多位置试验相结合的方法，减少标定步骤和流程，同时采用正反转停的标定方案，在双轴转台上实现在无北向条件下陀螺误差系数的动态标定和加速度计误差系数的静态标定。完成标定后，基于上述标定方案设计了陀螺和加速度计安装误差的精确修正算法，进一步提高安装误差的标定精度。

1. 标定流程

根据光纤陀螺 IMU 的误差特性和输出模型，设计其绕天向轴正反转后，分别绕 x 轴和 y 轴的正反转停的测试方案，如图 4.9 所示。其具体步骤如下。

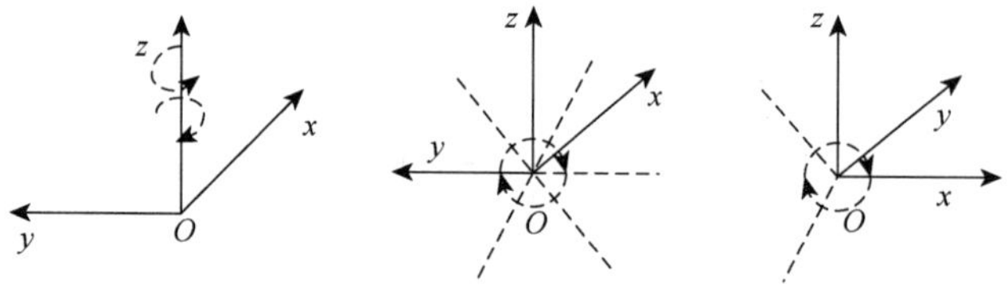

(a) 步骤 (1)　　(b) 步骤 (2)　　(c) 步骤 (3)

图 4.9　标定方案

（1）将光纤陀螺 IMU 固定在双轴转台上，使 IMU 的 x 轴与转台俯仰轴平行，同时保持转台水平，IMU 的 z 轴指向天向。驱动转台以角速率 $\omega = 6$ °/s 绕 z 轴正反转一周，记录转动过程中 IMU 输出。

（2）驱动转台以角速度 $\omega = 6$ °/s 绕俯仰轴依次转动 60°，每转动一个位置停止 2 min。转动一周后，反转一周，IMU 回到初始位置，记录转停过程中 IMU 输出。

（3）驱动转台绕天向轴转 90°，使得 y 轴与俯仰轴平行。驱动转台以角速率 $\omega = 6$ °/s 绕俯仰轴依次转动 120°，每转到一位置停止 2 min。转动一周后，反转一周，记录转停过程中 IMU 输出。

上述方案中每步包含了 IMU 绕不同轴向进行的转动过程。通过转动过程的数据可以标定出陀螺的误差项。另外，正反转动方案可以使得 IMU 无需北向基准。同时，利用步骤（2）和步骤（3）中的停止过程，进行加速度计多位置静止试验。为减小转台位置误差对于标定精度的影响，将正反方向的停止位置看成是一个位置，对其输出数据进行平均处理。

2. 标定算法

1）陀螺误差标定

在步骤（1）中，假设初始时刻 y 轴与北向的夹角为 ϕ_0，正转时角速率可以表示为

$$\begin{bmatrix}\omega_{1x}\\ \omega_{1y}\\ \omega_{1z}\end{bmatrix}=\begin{bmatrix}\cos(\omega t+\phi_0) & -\sin(\omega t+\phi_0) & 0\\ \sin(\omega t+\phi_0) & \cos(\omega t+\phi_0) & 0\\ 0 & 0 & 1\end{bmatrix}\begin{bmatrix}0\\ \omega_{\text{ie}}\cos\varphi\\ \omega+\omega_{\text{ie}}\sin\varphi\end{bmatrix} \tag{4.3.19}$$

将其代入陀螺组件误差模型得

$$\begin{cases}\dfrac{N_{gx1}^{+}}{K_x}=\varepsilon_{x0}+\omega_{\text{ie}}\cos\varphi\sin(\omega t+\phi_0)+E_{gyx}\omega_{\text{ie}}\cos\varphi\cos(\omega t+\phi_0)+E_{gzx}(\omega+\omega_{\text{ie}}\sin\varphi)\\ \dfrac{N_{gy1}^{+}}{K_y}=\varepsilon_{y0}+E_{gxy}\omega_{\text{ie}}\cos\varphi\sin(\omega t+\phi_0)+\omega_{\text{ie}}\cos\varphi\cos(\omega t+\phi_0)+E_{gzy}(\omega+\omega_{\text{ie}}\sin\varphi)\\ \dfrac{N_{gz1}^{+}}{K_z}=\varepsilon_{z0}+E_{gxz}\omega_{\text{ie}}\cos\varphi\sin(\omega t+\phi_0)+E_{gyz}\omega_{\text{ie}}\cos\varphi\cos(\omega t+\phi_0)+(\omega+\omega_{\text{ie}}\sin\varphi)\end{cases} \tag{4.3.20}$$

将式（4.3.20）在一周内积分得

$$\begin{cases}\sum\dfrac{N_{gx1}^{+}}{K_x}=[E_{gzx}(\omega+\omega_{\text{ie}}\sin\varphi)+\varepsilon_{x0}]T\\ \sum\dfrac{N_{gy1}^{+}}{K_x}=[E_{gzy}(\omega+\omega_{\text{ie}}\sin\varphi)+\varepsilon_{y0}]T\\ \sum\dfrac{N_{gz1}^{+}}{K_x}=[(\omega+\omega_{\text{ie}}\sin\varphi)+\varepsilon_{z0}]T\end{cases} \tag{4.3.21}$$

同理，可得反转一周时积分等式

$$\begin{cases}\sum\dfrac{N_{gx1}^{-}}{K_x}=[E_{gzx}(-\omega+\omega_{\text{ie}}\sin\varphi)+\varepsilon_{x0}]T\\ \sum\dfrac{N_{gy1}^{-}}{K_x}=[E_{gzy}(-\omega+\omega_{\text{ie}}\sin\varphi)+\varepsilon_{y0}]T\\ \sum\dfrac{N_{gz1}^{-}}{K_x}=[(-\omega+\omega_{\text{ie}}\sin\varphi)+\varepsilon_{z0}]T\end{cases} \tag{4.3.22}$$

对式（4.3.21）和式（4.3.22）作差可得

$$\begin{cases}N_{gx1}=2K_xE_{gzx}\omega T\\ N_{gy1}=2K_yE_{gzy}\omega T\\ N_{gz1}=2K_z\omega T\end{cases} \tag{4.3.23}$$

对式（4.3.21）和式（4.3.22）求和可得

$$\begin{cases}\dfrac{N'_{gx1}}{K_x}=(E_{gzx}\omega_{ie}\sin\varphi+\varepsilon_{x0})T\\ \dfrac{N'_{gy1}}{K_y}=(E_{gzy}\omega_{ie}\sin\varphi+\varepsilon_{y0})T\\ \dfrac{N'_{gz1}}{K_z}=(\omega_{ie}\sin\varphi+\varepsilon_{z0})T\end{cases}\tag{4.3.24}$$

步骤（2）中，根据坐标转换关系，角速率可以表示为

$$\begin{bmatrix}\omega_{1x}\\ \omega_{1y}\\ \omega_{1z}\end{bmatrix}=\begin{bmatrix}1 & 0 & 0\\ 0 & \cos(\omega t) & \sin(\omega t)\\ 0 & -\sin(\omega t) & \cos(\omega t)\end{bmatrix}\begin{bmatrix}\omega+\omega_{ie}\sin\varphi\cos\phi_0\\ \omega_{ie}\sin\varphi\sin\phi_0\\ \omega_{ie}\cos\varphi\end{bmatrix}\tag{4.3.25}$$

因转台采取转停方式，其角速率为

$$\omega=\begin{cases}6\ ^\circ/\mathrm{s}, & 转动阶段\\ 0, & 停止阶段\end{cases}\tag{4.3.26}$$

将其代入陀螺误差模型可得

$$\begin{cases}\dfrac{N^+_{gx1}}{K_x}=\varepsilon_{x0}+(\omega+\omega_{ie}\sin\varphi\cos\phi_0)+E_{gyx}(\omega_{ie}\sin\varphi\sin\phi_0\cos(\omega t)+\omega_{ie}\cos\varphi\sin(\omega t))\\ \qquad +E_{gzx}(-\omega_{ie}\sin\varphi\sin\phi_0\sin(\omega t)+\omega_{ie}\cos\varphi\cos(\omega t))\\ \dfrac{N^+_{gy1}}{K_y}=\varepsilon_{y0}+E_{gxy}(\omega+\omega_{ie}\sin\varphi\cos\phi_0)+(-\omega_{ie}\sin\varphi\sin\phi_0\sin(\omega t)+\omega_{ie}\cos\varphi\cos(\omega t))\\ \qquad +E_{gzy}(-\omega_{ie}\sin\varphi\sin\phi_0\sin(\omega t)+\omega_{ie}\cos\varphi\cos(\omega t))\\ \dfrac{N^+_{gz1}}{K_z}=\varepsilon_{z0}+E_{gxz}(\omega+\omega_{ie}\sin\varphi\cos\phi_0)+E_{gyz}(-\omega_{ie}\sin\varphi\sin\phi_0\sin\omega t+\omega_{ie}\cos\varphi\cos(\omega t))\\ \qquad +(-\omega_{ie}\sin\varphi\sin\phi_0\sin(\omega t)+\omega_{ie}\cos\varphi\cos(\omega t))\end{cases}\tag{4.3.27}$$

从式（4.3.27）可以得到$\sin(\omega t)$和$\cos(\omega t)$的形式（$\sin(\omega t)$的波形如图 4.10 所示），它在一个周期内积分仍为零，因此对式（4.3.27）积分可得

$$\begin{cases}\sum\dfrac{N^+_{gx1}}{K_x}=\omega T_r+\omega_{ie}\sin\varphi\cos\phi_0 T+\varepsilon_{x0}T\\ \sum\dfrac{N^+_{gy1}}{K_y}=E_{gxy}\omega T_r+E_{gxy}\omega_{ie}\sin\varphi\cos\phi_0 T+\varepsilon_{y0}T\\ \sum\dfrac{N^+_{gz1}}{K_z}=E_{gxz}\omega T_r+E_{gxz}\omega_{ie}\sin\varphi\cos\phi_0 T+\varepsilon_{z0}T\end{cases}\tag{4.3.28}$$

式中：T_r为一周中转动时间和；T为转停一周的总时间。

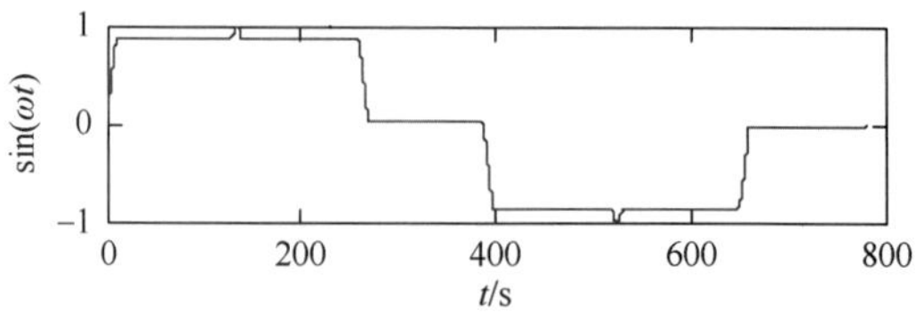

图 4.10　标定过程中的 $\sin(\omega t)$

同理可得反转时的陀螺积分输出为

$$\begin{cases}\sum \dfrac{N_{gx1}^{+}}{K_x} = -\omega T_{\mathrm{r}} + \omega_{\mathrm{ie}} \sin\varphi \cos\phi_0 T + \varepsilon_{x0} T \\ \sum \dfrac{N_{gy1}^{+}}{K_y} = -E_{gxy} \omega T_{\mathrm{r}} + E_{gxy} \omega_{\mathrm{ie}} \sin\varphi \cos\phi_0 T + \varepsilon_{y0} T \\ \sum \dfrac{N_{gz1}^{+}}{K_z} = -E_{gxz} \omega T_{\mathrm{r}} + E_{gxz} \omega_{\mathrm{ie}} \sin\varphi \cos\phi_0 T + \varepsilon_{z0} T \end{cases} \tag{4.3.29}$$

对式（4.3.28）和式（4.3.29）作差得

$$\begin{cases} N_{gx2} = 2K_x \omega T_{\mathrm{r}} \\ N_{gy2} = 2K_y E_{gxy} \omega T_{\mathrm{r}} \\ N_{gz2} = 2K_z E_{gxz} \omega T_{\mathrm{r}} \end{cases} \tag{4.3.30}$$

同理当转台绕 y 轴正反转一周，可得

$$\begin{cases} N_{gx2} = 2K_x E_{gyx} \omega T_{\mathrm{r}} \\ N_{gy2} = 2K_y \omega T_{\mathrm{r}} \\ N_{gz2} = 2K_z E_{gyz} \omega T_{\mathrm{r}} \end{cases} \tag{4.3.31}$$

联立式（4.3.23）、（4.3.24）、（4.3.30）、（4.3.31）可得到陀螺的 12 个误差系数项。

2）加速度计误差的标定

将步骤（2）停止的 6 位置按先后次序分别定义为位置 1～6，步骤（3）停止的 3 个位置按先后次序定义为 7～9。方案采取正反转方式，将正转和反转到该位置的输出平均作为该位置的 IMU 输出，以减小转台位置误差的影响。

按坐标系的相互关系，可知位置 1～6 的加速度为

$$\begin{bmatrix} A_x \\ A_y \\ A_z \end{bmatrix} = \begin{bmatrix} 1 & 0 & 0 \\ 0 & \cos\sigma_i & \sin\sigma_i \\ 0 & -\sin\sigma_i & \cos\sigma_i \end{bmatrix} \begin{bmatrix} 0 \\ 0 \\ g \end{bmatrix} \tag{4.3.32}$$

式中：$\sigma_i = 60° \times i \ (i = 0,1,2,\cdots,5)$。

同理，位置 6～9 的速度和加速度为

$$\begin{bmatrix} A_x \\ A_y \\ A_z \end{bmatrix} = \begin{bmatrix} \cos\sigma_i & 0 & \sin\sigma_i \\ 0 & 1 & 0 \\ -\sin\sigma_i & 0 & \cos\sigma_i \end{bmatrix} \begin{bmatrix} 0 \\ 0 \\ g \end{bmatrix} \tag{4.3.33}$$

式中：$\sigma_i = 120° \times i \ (i = 0,1,2,)$

将 9 位置的加速度输出写成统一表达式

$$\begin{cases} A(i) = (0, g\sin\sigma_i, g\cos\sigma_i)^{\mathrm{T}} \sigma_i = 60° \times i, & i = 0,1,2,\cdots,5 \\ A(i) = (g\sin\sigma_i, 0, g\cos\sigma_i)^{\mathrm{T}} \sigma_i = 120° \times (i-6), & i = 6,7,8 \end{cases} \tag{4.3.34}$$

将式（4.3.34）代入加速度计误差模型，以 x 轴向等式为例，写成矩阵形式

$$\boldsymbol{Z} = \boldsymbol{AX} + \boldsymbol{W} \tag{4.3.35}$$

式中：$\boldsymbol{A}$ 为加速度计输入构成的系数阵；$\boldsymbol{X}$ 为加速度计需标定的误差系数；$\boldsymbol{W}$ 为加速度计的量测噪声；$\boldsymbol{Z}$ 为加速度计在正、反转至各位置时停止间的输出平均。其表达式分别为

$$\boldsymbol{A}=\begin{bmatrix}1 & A_x(1) & A_y(1) & A_z(1) & A_x^2(1)\\ 1 & A_x(2) & A_y(2) & A_z(2) & A_x^2(2)\\ \vdots & \vdots & \vdots & \vdots & \vdots\\ 1 & A_x(9) & A_y(9) & A_z(9) & A_x^2(9)\end{bmatrix} \tag{4.3.36}$$

$$\boldsymbol{X}=(K_{0x},K_a,K_aE_{ayx},K_aE_{azx},K_{2x})^{\mathrm{T}} \tag{4.3.37}$$

$$\boldsymbol{W}=(w(1),w(2),w(3),w(4),w(5))^{\mathrm{T}} \tag{4.3.38}$$

$$\boldsymbol{Z}=(N_{ax}(1),N_{ax}(2),N_{ax}(3),\cdots,N_{ax}(9))^{\mathrm{T}} \tag{4.3.39}$$

将式（4.3.34）代入式（4.3.36）可知，其行列式不等于零，通过最小二乘可以求出 $\boldsymbol{X}$ 的各项系数。

3. 误差的反向修正算法

标定结束后，将上述误差系数代入陀螺和加速度计的误差模型，即可以得到IMU在给定输入下的输出。但由于测试、计算过程中不可避免地存在误差，各误差项系数不可能跟真实值完全一致。为此提出一种标定后安装误差的修正算法。

以步骤（1）为例，陀螺以角速度 ω 绕 z 轴旋转，此时 x 轴陀螺的实际输出为

$$\frac{N_{gx1}^{+}}{K_x}=\omega_{\mathrm{ie}}\cos\varphi\sin(\omega t+\phi_0)+E_{gyx}\omega_{\mathrm{ie}}\cos\varphi\cos(\omega t+\phi_0)+E_{gzx}(\omega+\omega_{\mathrm{ie}}\sin\varphi)+\varepsilon_{x0} \tag{4.3.40}$$

假设 x 陀螺的安装误差的标定不存在误差，则输出补偿后的残差为

$$\frac{\delta N_{gx1}^{+}}{K_x}=\omega_{\mathrm{ie}}\cos\varphi\sin(\omega t+\phi_0) \tag{4.3.41}$$

而在实际标定中，各项系数存在误差。设标定的误差系数为 $E_{gyx}+\delta E_{gyx}$、$E_{gzx}+\delta E_{gzx}$、$\varepsilon_{x0}+\delta\varepsilon_{x0}$，将其代入陀螺输出模型，与真实值作差得

$$\begin{aligned}\frac{\delta N_{gx1}^{+}}{K_x}&=\omega_{\mathrm{ie}}\cos\varphi\sin(\omega t+\phi_0)\\&\quad+\delta E_{gyx}\omega_{\mathrm{ie}}\cos\varphi\cos(\omega t+\phi_0)+\delta E_{gzx}(\omega+\omega_{\mathrm{ie}}\sin\varphi)+\delta\varepsilon_{x0}\end{aligned} \tag{4.3.42}$$

式（4.3.42）在一个周期内积分为 $[\delta E_{gzx}(\omega+\omega_{\mathrm{ie}}\sin\varphi)+\delta\varepsilon_{x0}]T$，是输入角速率 ω 的线性函数。记正、反转的陀螺输出进行标定补偿后残差积分为 ΔN_{gx}^{+} 和 ΔN_{gx}^{-}，因此有

$$\begin{cases}\Delta N_{gx}^{+}=[\delta E_{gzx}(\omega+\omega_{\mathrm{ie}}\sin\varphi)+\delta\varepsilon_{x0}]T\\ \Delta N_{gx}^{-}=[\delta E_{gzx}(-\omega+\omega_{\mathrm{ie}}\sin\varphi)+\delta\varepsilon_{x0}]T\end{cases} \tag{4.3.43}$$

由式（4.3.43）可得

$$\begin{cases}\delta E_{gzx}=\dfrac{\Delta N_{gx}^{+}-\Delta N_{gx}^{-}}{2\omega T}\\ \delta\varepsilon_{x0}=\dfrac{\Delta N_{gx}^{+}+\Delta N_{gx}^{-}}{2T}-\delta E_{gzx}\omega_{\mathrm{ie}}\sin\varphi\end{cases} \tag{4.3.44}$$

同理，对步骤（2）和步骤（3）中的数据进行类似处理，可对其他误差系数进行修正。

4. 标定试验及结论

采用上述的标定方案，在实验室条件下进行光纤陀螺 IMU 的标定试验。试验设备为双轴

高精度速率位置转台（图 4.11），利用构建的测试系统对标定过程中数据进行记录。

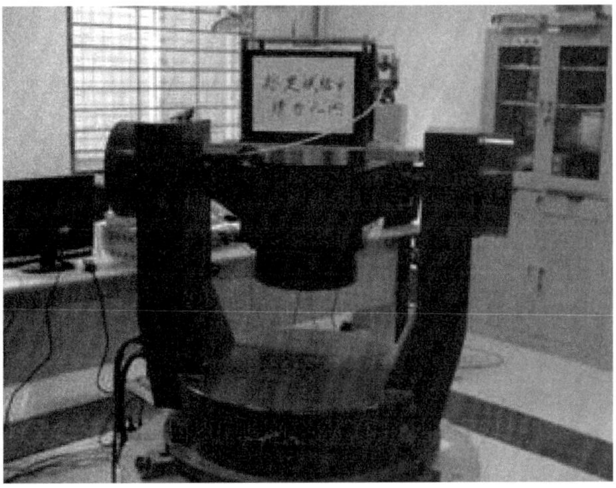

图 4.11　光纤陀螺 IMU 标定试验

表 4.2 和表 4.3 分别给出了基于双轴转台的无北向标定方法的陀螺组件和加速度计组件的标定结果，同时给出了标定后利用误差修正算法进行误差修正的结果。

表 4.2　陀螺组件标定结果

误差系数	标定结果（修正前）	标定结果（修正后）
$K_{gx}/(n/(^\circ/s))$	9 875.075 2	9 875.075 2
$K_{gy}/(n/(^\circ/s))$	9 994.820 3	9 994.820 3
$K_{gz}/(n/(^\circ/s))$	17 368.044 6	17 368.044 6
$\varepsilon_{x0}/(^\circ/h)$	4.54×10^{-2}	4.56×10^{-2}
$\varepsilon_{y0}/(^\circ/h)$	6.15×10^{-2}	6.03×10^{-2}
$\varepsilon_{z0}/(^\circ/h)$	2.24×10^{-2}	2.39×10^{-2}
E_{gyx} / rad	2.87×10^{-3}	3.11×10^{-3}
E_{gyx} / rad	-1.70×10^{-4}	-1.70×10^{-4}
E_{gxy} / rad	6.87×10^{-4}	6.51×10^{-4}
E_{gzy} / rad	-2.06×10^{-4}	-2.37×10^{-4}
E_{gxz} / rad	9.12×10^{-4}	1.12×10^{-3}
E_{gyz} / rad	1.89×10^{-4}	1.80×10^{-4}

表 4.3　加速度计组件标定结果

误差系数	标定结果（修正前）	标定结果（修正后）
K_{ax}(ps / s / g)	31 467.440 5	31 467.440 5
K_{ax}(ps / s / g)	30 623.493 6	30 623.493 6

续表

误差系数	标定结果（修正前）	标定结果（修正后）
$K_{ax}(\mathrm{ps/s/g})$	32 364.774 7	32 364.774 7
K_{0x}/g	9.04×10^{-4}	9.13×10^{-4}
K_{0y}/g	5.45×10^{-4}	5.56×10^{-4}
K_{0z}/g	1.25×10^{-4}	1.33×10^{-4}
$K_{2x}(\mathrm{ps/s/g^2})$	1.25×10^{-4}	7.22×10^{-5}
$K_{2y}(\mathrm{ps/s/g^2})$	7.25×10^{-5}	4.98×10^{-5}
$K_{2z}(\mathrm{ps/s/g^2})$	5.15×10^{-5}	5.77×10^{-5}
$E_{\mathrm{ayx}}/\mathrm{rad}$	5.74×10^{-5}	6.21×10^{-4}
$E_{\mathrm{ayx}}/\mathrm{rad}$	6.28×10^{-4}	5.43×10^{-4}
$E_{\mathrm{axy}}/\mathrm{rad}$	5.67×10^{-4}	-7.46×10^{-4}
$E_{\mathrm{azy}}/\mathrm{rad}$	-7.43×10^{-4}	-1.38×10^{-4}
$E_{\mathrm{axz}}/\mathrm{rad}$	3.85×10^{-3}	3.12×10^{-3}
$E_{\mathrm{ayz}}/\mathrm{rad}$	1.03×10^{-4}	9.96×10^{-5}

从表 4.2 可以看出，基于双轴转台的标定方法能够标定出包含陀螺零偏、刻度系数、安装误差，加速度计零偏、刻度系数，一阶、二阶非线性误差，安装误差在内的全部误差系数，而后利用误差修正算法对误差进行修正。该标定方法无需北向基准，正反转的位置数据处理可以减小转台的位置误差影响。标定流程简单，测试时间由传统的 4.5 h 缩短至 50 min。

利用上述标定结果可在系统导航解算中补偿由器件误差、安装误差等惯导系统传统的误差源给系统带来的影响。但旋转惯导系统因 IMU 的旋转会引入捷联惯导系统所没有的误差，从而影响系统精度。因此，需对旋转引入的误差进行分析，探讨对其进行补偿或抑制的方法。

第 5 章

系统旋转控制技术

第 4 章从理论上分析了由旋转控制引入的旋转性误差对于旋转惯导系统的影响。可见，快速、准确、平稳的电机旋转和换向控制是提高系统精度的重要因素。本章将立足于解决旋转电机控制过程中快速性和准确性的矛盾，通过建立旋转惯导系统旋转控制系统模型，研究常规 PID（proportion integral differential）控制，模糊控制器在进行旋转控制时的优势与缺陷；针对系统的实际工程应用需求，提出一种基于反向电压的混合 PID 控制算法，将主动控制的动态特性与 PID 控制的稳态特性相结合，为有效解决电机旋转和换向控制的工程化困难提供途径；同时，面向系统控制的适应性和鲁棒性需求，研究模糊自适应 PID 控制算法，算法根据控制误差进行模糊推理后在线调整 PID 控制器的控制参数，实现旋转电机的快速、高精度控制；最后，针对单轴旋转惯导系统的结构特点，分析旋转体在载体系匀速旋转条件下载体运动对于系统的“航向耦合效应”，提出从旋转控制算法上有效抑制系统航向耦合效应的思路。

5.1 旋转控制系统建模

旋转惯导系统通过周期性旋转惯 IMU，改变惯性器件的指向以调制其常值误差和慢变误差，从而提高系统精度[1]。按照 IMU 旋转轴数目不同，系统可分为单轴、双轴和三轴旋转惯导系统。采用不同旋转策略的惯导系统，其误差特性和传递规律也不相同[2-3]。

目前，针对旋转惯导系统的研究，大多数从旋转策略出发，分析各个误差源在不同旋转策略下的误差传播特性[1-6]。文献[4]集中分析了单轴、双轴旋转惯导系统对于器件误差和系统误差的调制效果，并指出由于双轴系统不能提供空间的三个自由度，载体运动会与器件误差耦合引起惯导系统误差。文献[5]～[6]提出了三轴旋转惯导系统方案，并指出如果能够使 IMU 不受载体角运动影响，相对于惯性空间做周期性旋转，可以进一步抑制载体角运动、地球自转与刻度系数误差的耦合。因此，隔离载体角运动的旋转策略研究受到广泛重视[7-8]。

隔离载体角运动，需构建三轴框架的旋转惯导系统，使得 IMU 相对于惯性空间有规律转动。载体存在角运动（横摇、纵摇和航向运动）时，三轴框架因隔离载体角运动使得框架轴系间角度关系实时变化，不同轴系间存在运动耦合。因此，针对隔离载体运动条件下的三轴框架进行旋转控制变得较为复杂。目前，针对三轴稳定平台控制建模一般将每个轴向回路作为单独控制系统进行分析[9-10]，没有建立统一的三轴控制系统的数学模型。针对不同轴向间的运动耦合仅以干扰力矩等效，未进行定性分析。文献[11]～[12]对三轴转台的运动耦合与解耦问题进行了研究，但分析还是基于单轴控制回路模型，仅仅将耦合运动看成是干扰力矩，通过自适应算法抑制干扰力矩影响。文献[13]关注了多轴旋转中的耦合关系，并对非线性解耦进行了分析，可为三轴转台的解耦提供思路参考。但耦合分析只基于给定的三轴转台的已知模型，未对一般三轴框架系统的旋转控制进行分析建模，且三轴转台应用场合一般为某一轴转动时其他两轴静止。三轴旋转惯导在隔离载体角运动时，三个轴向同时转动，轴系间的运动传递、动力方程更加复杂。

针对隔离载体运动条件下三轴旋转惯导系统，通过构建合理的坐标系，从理论上推导因载体角运动引起的框架运动在不同轴间的传递形式，得到陀螺输出、框架运动与电机驱动力矩之间的数学关系，建立三轴旋转惯导系统的旋转控制模型，为控制算法设计提供理论参考。

5.1.1　三轴旋转惯导系统的框架结构

按结构组成不同，可将惯导系统分为平台式和捷联式两种：捷联式惯导系统直接将 IMU 固连在载体上，直接量测载体的运动信息；平台式惯导系统为 IMU 提供一个稳定平台，平台能够有效隔离载体的角运动而跟踪某一坐标系，在该坐标系内对加速度信息进行提取从而得到速度和位置。20 世纪 80 年代以来，随着惯性技术及系统误差补偿技术的发展，逐渐形成了旋转惯导系统的结构形式。

1. 三轴框架结构

旋转惯导系统是一种不同于捷联式和平台式惯导系统的中间形式，其结构可理解为在捷联式基础上按照旋转轴的数目增加了由电机驱动的旋转机构，使原来固连的 IMU 可以绕一定规律旋转。而对于三轴旋转惯导系统，其框架结构与普通的平台式惯导类似，其示意图如图 5.1 所示。

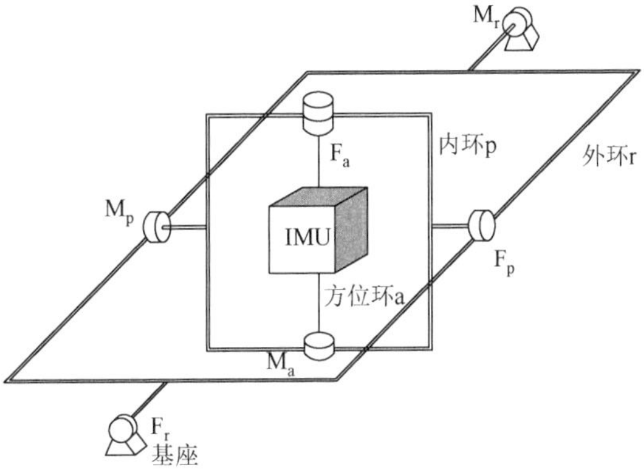

图 5.1　三轴框架结构示意图

图 5.1 中，IMU 利用三轴框架连接，由外向内分别为外环 r、内环 p、方位环 a，在每个环架转动轴的两个端面分别装有力矩电机 M_r、M_p、M_a 和角度传感器 F_r、F_p、F_a。方位环与 IMU 直接固连，其转轴称为方位轴，方位轴通过框架连接在内环上，内环通过内环轴连接在外环上，外环通过外环轴与基座连接。从上述结构可以看出，在力矩电机 M_r、M_p、M_a 的驱动下，外环可以绕外环轴相对于基座转动，内环可以绕内环轴相对于外环转动，IMU 可以绕方位轴相对于内环转动。

2. 框架坐标系的定义

为便于分析 IMU 在三轴框架下的运动，首先对坐标系进行如下定义。

（1）基座（载体）坐标系 $Ox_by_bz_b$（简称 b 系），与载体基座固连，其 x_b、y_b、z_b 三轴分别指向载体的右、前、上方向。

（2）IMU 坐标系 $Ox_py_pz_p$（简称 p 系），与 IMU 固连，z_p 轴沿方位轴向上，x_p 轴和 y_p 轴在与 z_p 垂直的一个平面上，构成右手直角坐标系。

（3）内环坐标系 $Ox_f y_f z_f$（简称 f 系），与内环固连，z_f 轴为 IMU 方位轴（同 z_p 轴），x_f 轴沿内环轴指向右侧，y_f 轴与 x_f 轴和 z_f 轴垂直构成右手直角坐标系。

（4）外环坐标系 $Ox_r y_r z_r$（简称 r 系），与外环固连，x_r 轴沿平台内环轴指向右（同 x_f 轴），y_r 轴沿平台外环轴指向前，z_r 轴与 x_r 轴和 y_r 轴垂直构成右手直角坐标系。由于外环平面与内环平面不一定垂直，z_r 轴与方位轴指向并不始终一致。

（5）电机坐标系 $Ox_m y_m z_m$（简称 m 系），因为沿方位轴 z_p、内环轴 x_f、外环轴 y_r 各装有一个力矩电机，所以 $Ox_f y_r z_p$ 组成了力矩电机坐标系，记为 $Ox_m y_m z_m$。需要注意的是，载体存在角运动时，方位轴、内环轴和外环轴不一定正交，因此电机坐标系不一定是正交坐标系。

此外，以 ω_{ibx}^{b} 为例对后文用到的符号进行统一说明：ω 为表示的物理量符号；上标 b 表示该矢量的投影坐标系；第一个下标 i 表示运动的参照坐标系；第二个下标 b 表示描述的运动坐标系；第三个下标 x 表示在对应投影坐标系下的 x 轴分量。因此，ω_{ibx}^{b} 表示载体坐标系相对于惯性坐标系的角速度在载体坐标系内的 x 轴投影分量。

下面根据上述坐标系和符号定义，分析载体角运动条件下 IMU 的绝对角运动。

5.1.2 IMU 的绝对角运动分析

分析三轴旋转惯导系统在隔离载体运动条件下的动力学模型，首先应建立载体和框架转动到 IMU 的运动关系。设在任一时刻载体相对于惯性系的绝对转动角速度为 $\boldsymbol{\omega}_{ib}^{b}=(\omega_{ibx}^{b},\omega_{iby}^{b},\omega_{ibz}^{b})^{T}$，基座转动会引起三轴框架和 IMU 的转动，设在此时框架为隔离载体运动使外环相对于基座的转角为 Q，内环相对于外环的转角为 P，方位轴相对于内环的转角为 A。

下面分析在载体转动传递到框架和 IMU 的过程。设初始时刻，b 系的 y 轴与 r 系 y 轴同向，同时 r 系的 x 轴和 z 轴与 b 系的 x 轴和 z 轴重合。由于 b 系 y 轴与外环轴重合，当基座存在转动 ω_{ib}^{b} 时，如不考虑外环轴上的摩擦，基座转动的 y 轴分量被外环轴隔离，不会传递到外环。设此时基座沿外环转过角度 Q，外环相对于基座的转动角速度为 $-\dot{Q}$，则 r 系 y 轴相对于惯性空间的绝对角速度为

$$\omega_{iry}^{r}=-\dot{Q}+\omega_{iby}^{b} \tag{5.1.1}$$

而基座转动的 x 轴和 z 轴与外环属于刚性约束，因此基座转动的 x 轴和 z 轴分量刚性传递到外环。由于外环相对于载体系转过角度 Q，基座转动传递到外环坐标的分量为

$$\begin{cases}\omega_{irx}^{r}=\cos Q\omega_{ibx}^{b}-\sin Q\omega_{ibz}^{b}\\ \omega_{irz}^{r}=\sin Q\omega_{ibx}^{b}+\sin Q\omega_{ibz}^{b}\end{cases} \tag{5.1.2}$$

将上述关系写成矩阵形式有

$$\begin{bmatrix}\omega_{irx}^{r}\\ \omega_{iry}^{r}\\ \omega_{irz}^{r}\end{bmatrix}=\begin{bmatrix}0\\ -\dot{Q}\\ 0\end{bmatrix}+\begin{bmatrix}0\\ \omega_{iby}^{b}\\ 0\end{bmatrix}+\begin{bmatrix}\cos Q & 0 & -\sin Q\\ 0 & 0 & 0\\ \sin Q & 0 & \cos Q\end{bmatrix}\begin{bmatrix}\omega_{ibx}^{b}\\ \omega_{iby}^{b}\\ \omega_{ibz}^{b}\end{bmatrix} \tag{5.1.3}$$

由此得到了外环轴相对于惯性系转动的绝对角速度。同时，外环转动会传递到内环上。由于 r 系的 x 轴与内环轴重合，当外环存在转动角速率 ω_{ir}^{r} 时，如不考虑内环轴上的摩擦，外环转动的 x 轴分量被内环轴隔离，不会传递到内环。设此时内环沿 r 系 x 轴转过角度 P，内环相对于外环 x 轴的转动角速度为 $-\dot{P}$，则 f 系 x 轴相对于惯性空间的绝对角速度为

$$\omega_{\mathrm{if}x}^{\mathrm{f}}=-\dot{P}+\omega_{\mathrm{ir}x}^{\mathrm{r}}=-\dot{P}+\cos Q\omega_{\mathrm{ib}x}^{\mathrm{b}}-\sin Q\omega_{\mathrm{ib}z}^{\mathrm{b}} \tag{5.1.4}$$

同理，外环转动的 y 轴和 z 轴与内环属于刚性约束，因此外环转动的 y 轴和 z 轴分量刚性传递到内环。由于内环相对于 r 系 x 轴转过角度 P，外环转动传递到 f 系的分量为

$$\begin{cases}\omega_{\mathrm{if}y}^{\mathrm{f}}=\cos P\omega_{\mathrm{ir}y}^{\mathrm{r}}+\sin P\omega_{\mathrm{ir}z}^{\mathrm{r}}\\ \omega_{\mathrm{if}z}^{\mathrm{f}}=-\sin P\omega_{\mathrm{ir}y}^{\mathrm{r}}+\cos P\omega_{\mathrm{ir}z}^{\mathrm{r}}\end{cases} \tag{5.1.5}$$

将上述关系写成矩阵形式有

$$\begin{bmatrix}\omega_{\mathrm{if}x}^{\mathrm{f}}\\ \omega_{\mathrm{if}y}^{\mathrm{f}}\\ \omega_{\mathrm{if}z}^{\mathrm{f}}\end{bmatrix}=\begin{bmatrix}-\dot{P}\\ 0\\ 0\end{bmatrix}+\begin{bmatrix}\omega_{\mathrm{ir}x}^{\mathrm{r}}\\ 0\\ 0\end{bmatrix}+\begin{bmatrix}0&0&0\\ 0&\cos P&\sin P\\ 0&-\sin P&\cos P\end{bmatrix}\begin{bmatrix}\omega_{\mathrm{ir}x}^{\mathrm{r}}\\ \omega_{\mathrm{ir}y}^{\mathrm{r}}\\ \omega_{\mathrm{ir}z}^{\mathrm{r}}\end{bmatrix} \tag{5.1.6}$$

由此得到了内环相对于惯性系转动的绝对角速度。同时，内环转动会传递到方位轴上，即 IMU 上。由于方位轴与 f 系 z 轴重合，f 系转动的 z 轴分量被隔离，此时方位环转过了角度 A。类似以上分析，内环转动传递到 IMU 上可以写成矩阵形式有

$$\begin{bmatrix}\omega_{\mathrm{ip}x}^{\mathrm{p}}\\ \omega_{\mathrm{ip}y}^{\mathrm{p}}\\ \omega_{\mathrm{ip}z}^{\mathrm{p}}\end{bmatrix}=\begin{bmatrix}0\\ 0\\ -\dot{A}\end{bmatrix}+\begin{bmatrix}0\\ 0\\ \omega_{\mathrm{if}z}^{\mathrm{f}}\end{bmatrix}+\begin{bmatrix}\cos A&\sin A&0\\ -\sin A&\cos A&0\\ 0&0&0\end{bmatrix}\begin{bmatrix}\omega_{\mathrm{if}x}^{\mathrm{f}}\\ \omega_{\mathrm{if}y}^{\mathrm{f}}\\ \omega_{\mathrm{if}z}^{\mathrm{f}}\end{bmatrix} \tag{5.1.7}$$

IMU 的方位轴为 z 轴，因此得到其绝对角速率为

$$\omega_{\mathrm{ip}z}^{\mathrm{p}}=-\dot{A}+\dot{Q}\sin P-\omega_{\mathrm{ib}y}^{\mathrm{b}}\sin P+\cos P\sin Q\omega_{\mathrm{ib}x}^{\mathrm{b}}+\cos P\cos Q\omega_{\mathrm{ib}z}^{\mathrm{b}} \tag{5.1.8}$$

依次将式（5.1.3）和式（5.1.6）代入式（5.1.8），得到载体转动传递到 IMU 上的矩阵形式为

$$\begin{bmatrix}\omega_{\mathrm{ip}x}^{\mathrm{p}}\\ \omega_{\mathrm{ip}y}^{\mathrm{p}}\\ \omega_{\mathrm{ip}z}^{\mathrm{p}}\end{bmatrix}=\begin{bmatrix}\cos A&0&\sin A\cos P\\ -\sin A&0&\cos A\cos P\\ 0&0&1\end{bmatrix}\begin{bmatrix}\omega_{\mathrm{ir}x}^{\mathrm{r}}-\dot{P}\\ \omega_{\mathrm{ib}y}^{\mathrm{b}}-\dot{Q}\\ \omega_{\mathrm{if}z}^{\mathrm{f}}-\dot{A}\end{bmatrix}+\begin{bmatrix}\sin A\sin P\sin Q&0&\sin A\sin P\cos Q\\ \cos A\sin P\sin Q&0&\cos A\sin P\cos Q\\ 0&0&0\end{bmatrix}\begin{bmatrix}\omega_{\mathrm{ib}x}^{\mathrm{b}}\\ \omega_{\mathrm{ib}y}^{\mathrm{b}}\\ \omega_{\mathrm{ib}z}^{\mathrm{b}}\end{bmatrix} \tag{5.1.9}$$

式（5.1.9）表示了 IMU 相对于惯性系的绝对角速度。从式（5.1.9）可以看出：第一个系数矩阵表示 p 系的转动到 m 系的传递矩阵；而第二个系数矩阵表示载体运动通过刚性约束传递到 m 系的传递矩阵。

为后续分析，记

$$\boldsymbol{C}_{\mathrm{m}}^{\mathrm{p}}=\begin{bmatrix}\cos A&0&\sin A\cos P\\ -\sin A&0&\cos A\cos P\\ 0&0&1\end{bmatrix} \tag{5.1.10}$$

$\boldsymbol{C}_{\mathrm{m}}^{\mathrm{p}}$ 为 m 系到 p 系的转换矩阵，表示 m 系与 p 系的关系。在电机输出力矩驱动框架转动时，该转动通过 $\boldsymbol{C}_{\mathrm{m}}^{\mathrm{p}}$ 传递到 IMU 中，被陀螺仪敏感。下面分析三轴框架的力矩方程，确定在电机驱动下驱动力矩与三轴框架的转动角速度。

5.1.3 三轴力矩方程

根据欧拉（Euler）动力学方程，IMU 的转动是绕坐标原点的定点转运，其电机力矩方程可以表示为[14]

$$T_{k+1,k}^{k}=\dot{H}_{k}^{k}+(\omega_{ik}^{k}\times)H_{k}^{k}+C_{k-1}^{k}T_{k,k-1}^{k-1} \tag{5.1.11}$$

式中：ω_{ik}^{k}为第$k\,(k=b,p,f,r,m)$框架的绝对角速度；H_{k}^{k}为k框架在k系中的动量矩；$T_{k+1,k}^{k}$为$k+1$框架对k框架的作用力矩；$C_{k-1}^{k}T_{k,k-1}^{k-1}$为$k-1$框架对$k$框架的反作用力矩。

三轴框架具有对称结构和静平衡，且框架坐标轴与转动轴一致。设k框架在三个轴向上的转动惯量分别为J_{kx}^{k}、J_{ky}^{k}、J_{kz}^{k}，均为常值，则k框架的动量矩可以表示为

$$\boldsymbol{H}_{k}^{k}=\boldsymbol{J}_{k}^{k}\boldsymbol{\omega}_{ik}^{k}=\begin{bmatrix}J_{kx}^{k}&0&0\\0&J_{ky}^{k}&0\\0&0&J_{kz}^{k}\end{bmatrix}\begin{bmatrix}\omega_{kx}^{k}\\\omega_{ky}^{k}\\\omega_{kz}^{k}\end{bmatrix} \tag{5.1.12}$$

对上式求导后代入式（5.1.11）得

$$\begin{bmatrix}T_{kx}^{k}\\T_{ky}^{k}\\T_{kz}^{k}\end{bmatrix}=\begin{bmatrix}J_{kx}^{k}\dot{\omega}_{kx}^{k}\\J_{ky}^{k}\dot{\omega}_{ky}^{k}\\J_{kz}^{k}\dot{\omega}_{kz}^{k}\end{bmatrix}+\begin{bmatrix}(J_{kz}^{k}-J_{ky}^{k})\dot{\omega}_{kz}^{k}\dot{\omega}_{ky}^{k}\\(J_{kx}^{k}-J_{kz}^{k})\dot{\omega}_{kx}^{k}\dot{\omega}_{kz}^{k}\\(J_{ky}^{k}-J_{kx}^{k})\dot{\omega}_{ky}^{k}\dot{\omega}_{kx}^{k}\end{bmatrix}+C_{k-1}^{k}\begin{bmatrix}T_{k-1x}^{k-1}\\T_{k-1y}^{k-1}\\T_{k-1z}^{k-1}\end{bmatrix} \tag{5.1.13}$$

在确定台体（方位环）的绝对角速度后，根据式（5.1.13）可得作用在台体上的力矩。需要注意，对于台体只有与其紧邻的内框架对其具有反作用力矩，同时内框架只有外框架对其有反作用力矩。由内向外，可以依次求得各框架上的作用力矩。

1. IMU 的力矩方程

设 IMU 绕 p 系三个轴向的转动惯量分别为J_{px}、J_{py}、J_{pz}，由于 IMU 为最内层框架，不存在反作用力矩，根据欧拉动力学方程，可得

$$\boldsymbol{T}_{fp}^{p}=\dot{\boldsymbol{H}}_{p}^{p}+(\boldsymbol{\omega}_{ip}^{p}\times)\boldsymbol{H}_{p}^{p}=\begin{bmatrix}J_{px}\dot{\omega}_{ipx}^{p}\\J_{py}\dot{\omega}_{ipy}^{p}\\J_{pz}\dot{\omega}_{ipz}^{p}\end{bmatrix}+\begin{bmatrix}(J_{px}-J_{py})\omega_{ipz}^{p}\omega_{ipy}^{p}\\(J_{px}-J_{pz})\omega_{ipx}^{p}\omega_{ipz}^{p}\\(J_{py}-J_{px})\omega_{ipy}^{p}\omega_{ipx}^{p}\end{bmatrix} \tag{5.1.14}$$

IMU 的转动轴与z轴重合，假设其摩擦力矩为$\boldsymbol{D}_{p}$，在惯导系统处于伺服控制中，其转动角速度$\boldsymbol{\omega}_{ip}^{p}$一般较小，则可忽略角速度的乘积项，得绕方位轴的力矩方程为

$$\boldsymbol{T}_{fp}^{p}+\boldsymbol{D}_{p}=\boldsymbol{J}_{pz}\dot{\boldsymbol{\omega}}_{ipz}^{p} \tag{5.1.15}$$

2. IMU 与内环组合体

IMU 绕方位轴转动，同时 IMU 与内环框架一起绕内环轴转动。设 IMU 与内环组合体在 f 系三个轴向上的转动惯量分别为J_{fx}、J_{fy}、J_{fz}，根据欧拉动力学方程可得内环框架上的动力学方程为

$$\boldsymbol{T}_{rf}^{f}=\begin{bmatrix}J_{fx}\dot{\omega}_{ifx}^{f}\\J_{fy}\dot{\omega}_{ify}^{f}\\J_{fz}\dot{\omega}_{ifz}^{f}\end{bmatrix}+\begin{bmatrix}(J_{fz}-J_{fy})\omega_{ifz}^{f}\omega_{ipy}^{f}\\(J_{fx}-J_{fz})\omega_{ifx}^{f}\omega_{ifz}^{f}\\(J_{fy}-J_{fx})\omega_{ify}^{f}\omega_{ifx}^{f}\end{bmatrix}+\begin{bmatrix}\cos A&-\sin A&0\\\sin A&\cos A&0\\0&0&1\end{bmatrix}\begin{bmatrix}J_{px}\dot{\omega}_{ipx}^{p}\\J_{py}\dot{\omega}_{ipy}^{p}\\J_{pz}\dot{\omega}_{ipz}^{p}\end{bmatrix} \tag{5.1.16}$$

由于 IMU 与内环组合体绕内环坐标系x轴转动，设其摩擦力矩为$\boldsymbol{D}_{f}$，则可忽略角速度乘积项，得内环轴上的力矩方程为

$$\boldsymbol{T}_{rf}^{f}+\boldsymbol{D}_{f}=\boldsymbol{J}_{fx}\dot{\boldsymbol{\omega}}_{ifx}^{f}+\cos A\boldsymbol{J}_{px}\dot{\boldsymbol{\omega}}_{ipx}^{p}-\sin A\boldsymbol{J}_{py}\dot{\boldsymbol{\omega}}_{ipy}^{p} \tag{5.1.17}$$

将式（5.1.9）代入式（5.1.17），忽略角速度乘积项得

$$\begin{aligned}\boldsymbol{T}_{\mathrm{rf}}^{\mathrm{f}}+\boldsymbol{D}_{\mathrm{f}}=&(\boldsymbol{J}_{\mathrm{fx}}+\cos^2 A\boldsymbol{J}_{\mathrm{px}}+\sin^2 A\boldsymbol{J}_{\mathrm{py}})\dot{\omega}_{\mathrm{ifx}}^{\mathrm{f}}+\cos A\sin A(\boldsymbol{J}_{\mathrm{px}}-\boldsymbol{J}_{\mathrm{py}})\cos P\dot{\omega}_{\mathrm{iry}}^{\mathrm{r}}\\&+\cos A\sin A(\boldsymbol{J}_{\mathrm{px}}-\boldsymbol{J}_{\mathrm{py}})\sin P(\sin Q\dot{\omega}_{\mathrm{ibx}}^{\mathrm{b}}+\cos Q\dot{\omega}_{\mathrm{ibz}}^{\mathrm{b}})\end{aligned}\tag{5.1.18}$$

3. 外环、内环与 IMU 组合体

外环、内环与 IMU 的组合体绕外环轴转动。设该组合体在 r 系三个轴向上的转动惯量分别为 J_{rx}、J_{ry}、J_{rz}，根据欧拉动力学方程可得内环框架上的动力学方程为

$$\boldsymbol{T}_{\mathrm{br}}^{\mathrm{r}}=\begin{bmatrix}J_{\mathrm{rx}}\dot{\omega}_{\mathrm{irx}}^{\mathrm{r}}\\J_{\mathrm{ry}}\dot{\omega}_{\mathrm{iry}}^{\mathrm{r}}\\J_{\mathrm{rz}}\dot{\omega}_{\mathrm{irz}}^{\mathrm{r}}\end{bmatrix}+\begin{bmatrix}(J_{\mathrm{rz}}-J_{\mathrm{ry}})\omega_{\mathrm{irz}}^{\mathrm{r}}\omega_{\mathrm{iry}}^{\mathrm{r}}\\(J_{\mathrm{rx}}-J_{\mathrm{rz}})\omega_{\mathrm{irx}}^{\mathrm{r}}\omega_{\mathrm{irz}}^{\mathrm{r}}\\(J_{\mathrm{ry}}-J_{\mathrm{rx}})\omega_{\mathrm{iry}}^{\mathrm{r}}\omega_{\mathrm{irx}}^{\mathrm{r}}\end{bmatrix}+\begin{bmatrix}1&0&0\\0&\cos P&-\sin P\\0&\sin P&\cos P\end{bmatrix}\begin{bmatrix}J_{\mathrm{fx}}\dot{\omega}_{\mathrm{ifx}}^{\mathrm{f}}+\cos AJ_{\mathrm{px}}\dot{\omega}_{\mathrm{ipx}}^{\mathrm{p}}-\sin AJ_{\mathrm{py}}\dot{\omega}_{\mathrm{ipy}}^{\mathrm{p}}\\J_{\mathrm{fy}}\dot{\omega}_{\mathrm{ify}}^{\mathrm{f}}+\sin AJ_{\mathrm{px}}\dot{\omega}_{\mathrm{ipx}}^{\mathrm{p}}+\cos AJ_{\mathrm{py}}\dot{\omega}_{\mathrm{ipy}}^{\mathrm{p}}\\J_{\mathrm{fz}}\dot{\omega}_{\mathrm{ifz}}^{\mathrm{f}}+J_{\mathrm{pz}}\dot{\omega}_{ipz}^{p}\end{bmatrix}\tag{5.1.19}$$

由于外环、内环与 IMU 的组合体绕 r 系 y 轴转动，设其摩擦力矩为 $\boldsymbol{D}_{\mathrm{r}}$，则可忽略角速度乘积项，得外环轴上的力矩方程为

$$\begin{aligned}T_{\mathrm{br}}^{\mathrm{r}}+D_{\mathrm{r}}=&(J_{\mathrm{ry}}+J_{\mathrm{fy}}\cos^2 P+J_{\mathrm{px}}\sin^2 A\cos^2 P+J_{\mathrm{py}}\cos^2 A\cos^2 P+J_{\mathrm{fz}}\sin^2 P)\dot{\omega}_{\mathrm{iry}}^{\mathrm{r}}\\&+(J_{\mathrm{px}}-J_{\mathrm{py}})\cos P\cos A\sin A\dot{\omega}_{\mathrm{ifx}}^{\mathrm{f}}-J_{\mathrm{pz}}\sin P\dot{\omega}_{\mathrm{ipz}}^{\mathrm{p}}\\&+(J_{\mathrm{fy}}+J_{\mathrm{px}}\sin^2 A+J_{\mathrm{py}}\cos^2 A-J_{\mathrm{fz}})\sin P\cos P(\sin Q\dot{\omega}_{\mathrm{ibx}}^{\mathrm{b}}+\cos Q\dot{\omega}_{\mathrm{ibz}}^{\mathrm{b}})\end{aligned}\tag{5.1.20}$$

联合式（5.1.15）、（5.1.18）、（5.1.20）可得三轴旋转惯导系统的三轴框架的力矩方程。显然，方位轴上的力矩方程相对独立，只与该轴向上的角速度和角加速度有关。内环轴与外环轴会因为方位角 A 和俯仰角 P 而产生耦合。

假设台体在 IMU 的水平方向上对称，即 $J_{\mathrm{px}}=J_{\mathrm{py}}=J_{\mathrm{pz}}=J_{\mathrm{p0}}$，则三轴框架的力矩方程可简化为

$$\begin{cases}T_{\mathrm{fp}}^{\mathrm{p}}+D_{\mathrm{p}}=J_{\mathrm{pz}}\dot{\omega}_{\mathrm{ipz}}^{\mathrm{p}}\\T_{\mathrm{rf}}^{\mathrm{f}}+D_{\mathrm{f}}=(J_{\mathrm{fx}}+J_{\mathrm{p0}})\dot{\omega}_{\mathrm{ifx}}^{\mathrm{f}}\\T_{\mathrm{br}}^{\mathrm{r}}+D_{\mathrm{r}}=(J_{\mathrm{ry}}+J_{\mathrm{fy}}\cos^2 P+J_{\mathrm{p0}}\cos^2 P+J_{\mathrm{fz}}\sin^2 P)\dot{\omega}_{\mathrm{iry}}^{\mathrm{r}}-J_{\mathrm{pz}}\sin P\dot{\omega}_{\mathrm{ipz}}^{\mathrm{p}}\\\qquad+(J_{\mathrm{fy}}+J_{\mathrm{p0}}-J_{\mathrm{fz}})\sin P\cos P(\sin Q\dot{\omega}_{\mathrm{ibx}}^{\mathrm{b}}+\cos Q\dot{\omega}_{\mathrm{ibz}}^{\mathrm{b}})\end{cases}\tag{5.1.21}$$

力矩方程组（5.1.21）表示在三轴框架的力矩与每个轴向上的转动角速度的关系。而在三轴旋转惯导系统的控制过程中，力矩电机利用陀螺仪输出数据进行控制，使得 IMU 能够隔离载体运动，同时在固定坐标系内按规律旋转。从第三个力矩方程可知，当载体存在角运动时，其外环轴上的转动惯量随转动角速率 P 变化，这对系统控制算法提出了更高要求。

5.1.4　系统控制建模与分析

上述分析建立了电机驱动力矩与转动轴转动角速率的关系，该转动会通过三轴框架系统传递到 IMU 上。下面将分析电机驱动框架轴的转动到 IMU 的传递过程，前述分析已知 m 系的转动到 p 系的传递矩阵 $\boldsymbol{C}_{\mathrm{m}}^{\mathrm{p}}$。因此，当三轴旋转惯导系统的框架在电机驱动下的框架角速度为 $(\omega_{\mathrm{ifx}}^{\mathrm{f}},\omega_{\mathrm{iry}}^{\mathrm{r}},\omega_{\mathrm{ipz}}^{\mathrm{p}})^{\mathrm{T}}$，此转动引起的 IMU 的转动 $\boldsymbol{\omega}_{\mathrm{ip}}^{\mathrm{p}}$ 可以表示为

$$\boldsymbol{\omega}_{\rm ip}^{\rm p}=\begin{bmatrix}\cos A & 0 & \sin A\cos P\\ -\sin A & 0 & \cos A\cos P\\ 0 & 0 & 1\end{bmatrix}\begin{bmatrix}\omega_{\rm ifx}^{\rm f}\\ \omega_{\rm iry}^{\rm r}\\ \omega_{\rm ipz}^{\rm p}\end{bmatrix} \tag{5.1.22}$$

综上所述，式（5.1.1）、（5.1.4）、（5.1.8）表示三轴旋转惯导系统的三轴框架在力矩电机作用下产生的角运动。该角运动通过式（5.1.22）传递到 IMU 上，从而被陀螺仪敏感而输出角运动信息。三轴旋转惯导系统的控制模块根据陀螺仪输出的电压信息 $U_{\rm g}$ ，经过相应的电压电流转换为电流信号，转换系数为 $k_{\rm a}$ ，因此有控制电流 $i_{\rm a}$ 的关系式

$$i_{\rm a}=k_{\rm a}U_{\rm g} \tag{5.1.23}$$

采用合适的控制算法（一般为 PID 控制）控制框架电机的驱动力矩。三轴旋转惯导系统一般采用直流力矩电机，三轴框架系统在驱动力矩作用下转动，电机输出力矩与电枢电流 $i_{\rm a}$ 成比例关系，即

$$T_{\rm m}=k_{\rm m}i_{\rm a} \tag{5.1.24}$$

综合式（5.1.23）和式（5.1.24）可得陀螺控制信息与电机输出力矩的关系为

$$T_{\rm m}=k_{\rm m}k_{\rm a}U_{\rm g}=K_{\rm m}U_{\rm g} \tag{5.1.25}$$

在电机力矩 $T_{\rm m}$ 作用下框架轴开始转动，转动被传递到 IMU 上，从而形成闭环反馈形式，由此构建出三轴旋转惯导系统的控制模型。

根据上述控制流程，由式（5.1.21）、（5.1.22）、（5.1.25）可得三轴旋转惯导系统的控制框图如图 5.2 所示。

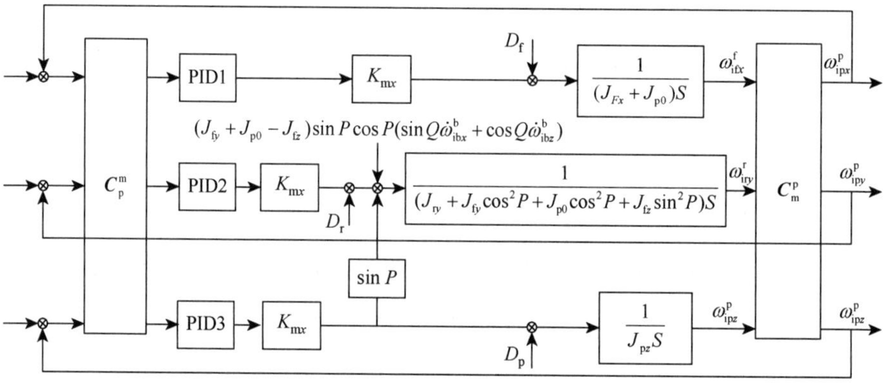

图 5.2 三轴旋转惯导的控制框图

从图 5.2 可以看出，由于传递矩阵 $\boldsymbol{C}_{\rm m}^{\rm p}$ 使得三轴框架之间角速度相互耦合。根据式（5.1.22）可知，由于 IMU 直接与框架的方位轴相连，方位轴的轴转动角速度即为 IMU 的 z 轴角速度。为此，将式（5.1.22）转化成如下形式：

$$\begin{bmatrix}\omega_{\rm ipx}^{\rm p}\\ \omega_{\rm ipy}^{\rm p}\end{bmatrix}=\begin{bmatrix}\cos A & \sin A\cos P\\ -\sin A & \cos A\cos P\end{bmatrix}\begin{bmatrix}\omega_{\rm ifx}^{\rm f}\\ \omega_{\rm iry}^{\rm r}\end{bmatrix} \tag{5.1.26}$$

$$\omega_{\rm ipz}^{\rm p}=\omega_{\rm ipz}^{\rm p}$$

记 $\boldsymbol{D}_{\rm m}^{\rm p}=\begin{bmatrix}\cos A & \sin A\cos P\\ -\sin A & \cos A\cos P\end{bmatrix}$ 为坐标变换矩阵，由此可将上述控制框图化为图 5.3 所示。

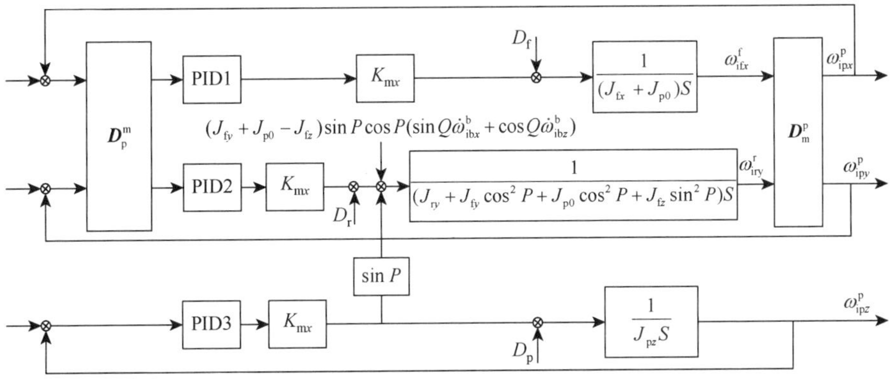

图 5.3　三轴旋转惯导的解耦控制框图

由图 5.3 可知，三轴旋转惯导系统的 z 轴构成单独的控制系统，直接通过 z 轴陀螺输出利用控制算法驱动电机转动。由于三轴框架的 y 轴方向直接与载体相连，载体运动角速度的 y 轴分量被隔离，而载体运动角速度的 x 轴和 z 轴分量以扰动力矩 $(J_{fy}+J_{p0}-J_{fz})\sin P\cos P(\sin Q\dot{\omega}_{ibx}^b+\cos Q\dot{\omega}_{ibz}^b)$ 的形式通过 y 轴刚性连接进入框架中。

三轴旋转惯导系统的两个水平回路相互耦合，因此在控制系统中应利用 $\boldsymbol{D}_p^m$ 对两个水平陀螺信号进行实时解耦后再通过合理的控制算法进行控制。同时需要注意的是，由于 y 轴控制回路在载体运动条件下框架会产生运动，从而影响其内环和 IMU 组合体的转动惯量发生改变，主要表现为 y 轴转动惯量 $J_{ry}+J_{fy}\cos^2P+J_{p0}\cos^2P+J_{fz}\sin^2P$ 与转角 P 有关。因此，在进行控制算法设计中，应充分考虑角运动条件下控制系统转动惯量的变化，设计科学、合理的控制算法[14, 97]实现高精度的旋转控制。

5.1.5　仿真与实验

下面进行三轴旋转惯导系统的旋转控制仿真，三轴系统的仿真物理参数参照实验室实际双轴稳定平台设定。设 IMU、内环、外环及其组合体在空间内具有对称结构，IMU 三个轴向的转动惯量 $J_{px}=J_{py}=J_{pz}=1.5\ \mathrm{kg\cdot m^2}$，IMU 与内环框架在三个轴向的转动惯量 $J_{fx}=J_{fy}=J_{fz}=1.8\ \mathrm{kg\cdot m^2}$，同时，IMU 与内环、外环的组合体在三个轴向的转动惯量 $J_{rx}=J_{ry}=J_{rz}=2.2\ \mathrm{kg\cdot m^2}$，三个轴向电机的力矩系数 $K_{mx}=K_{my}=K_{mz}=3.95\ \mathrm{N\cdot m/V}$。

设载体横摇、纵摇、航向的运动规律为

$$\begin{cases}\theta=\theta_0\sin(\omega_1 t+\phi_1)\\ \gamma=\gamma_0\sin(\omega_2 t+\phi_2)\\ \varphi=\varphi_0\sin(\omega_3 t+\phi_3)\end{cases} \tag{5.1.27}$$

根据舰船在海上的运动情况，设横摇、纵摇、航向的幅值 $\theta_0=12°$，$\gamma_0=5°$，$\varphi_0=4°$，周期分别为 10 s、8 s、12 s，初始相位分别为 $\phi_1=10°$，$\phi_2=20°$，$\phi_3=30°$。

为隔离其他误差源对控制效果的影响，仿真中不考虑器件误差、外界扰动等其他误差，利用单回路整定理想的 PID 参数进行三轴惯导旋转控制仿真。

根据控制系统各参数，分别对方位环、内环和外环进行单回路控制系统仿真。为有效观测载体运动周期内控制误差的变化，仿真时间设为 24 s。利用临界比例度法整定每个通道的

PID 参数，然后利用整定的 PID 参数，进行上述角运动下方位环、内环和外环的单回路控制仿真，其控制误差如图 5.4 所示。由图 5.4 可知，整定的 PID 参数对单个回路取得了满意的控制效果。

在此基础上，利用单回路整定的 PID 参数，进行三轴旋转惯导系统的控制。控制误差如图 5.5 所示。从图 5.5 可以看出，航向轴（方位轴）误差与单通道回路相同，不受耦合影响。而纵摇和横摇轴误差与单回路控制相比显著增加，且呈现出周期性的波动。通过改变载体运动周期和误差频率分析可知其周期性与载体运动相关，由此验证了理论分析。

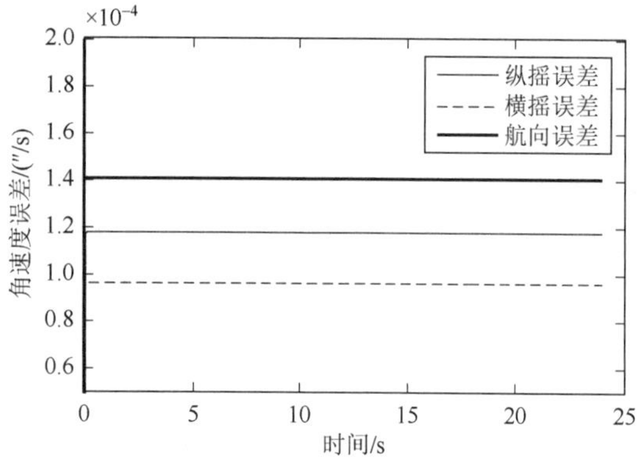

图 5.4 单通道旋转控制误差

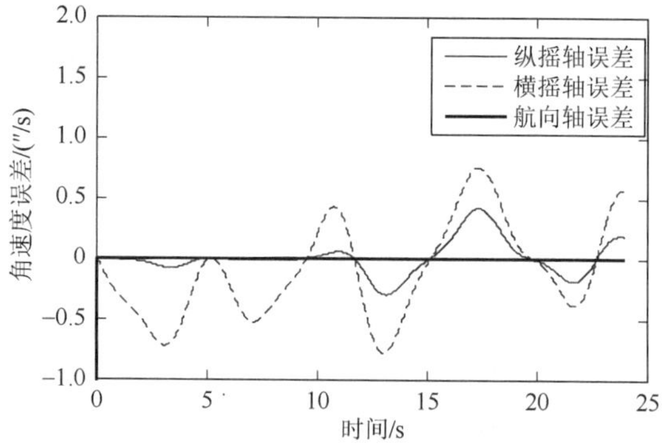

图 5.5 三轴旋转控制误差

为进一步验证控制系统建模的准确性，进行双轴稳定平台（两个水平轴可以旋转，方位轴固定）的控制系统试验。如图 5.6 所示，将双轴稳定平台安置在摇摆台上，由摇摆台模拟载体运动，运动周期 10 s。利用整定的 PID 参数分别进行单通道的控制实验，控制误差如图 5.7 所示（图中数据的阶跃变化是由于角速度传感器的分辨率所致），可见系统控制平稳。在利用整定的 PID 参数进行双轴控制系统实验，由于两个回路的耦合产生了与摇摆同周期的控制误差，如图 5.8 所示，进一步验证了的理论分析。

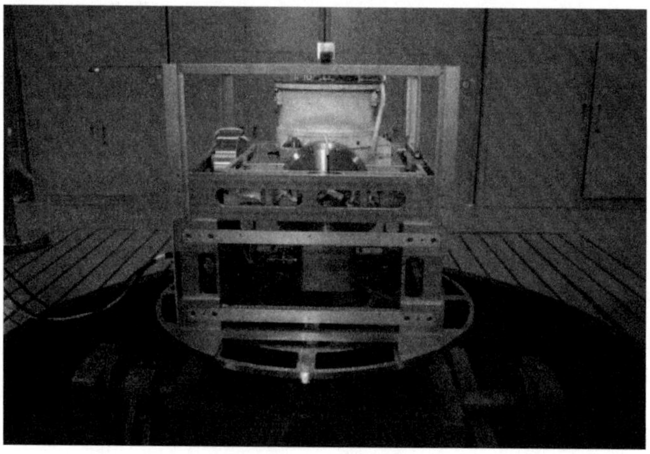

图 5.6 双轴稳定平台在摇摆台上的控制

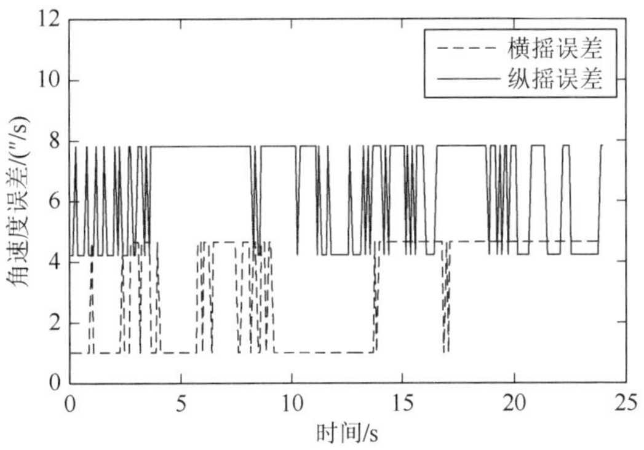

图 5.7 单通道控制误差

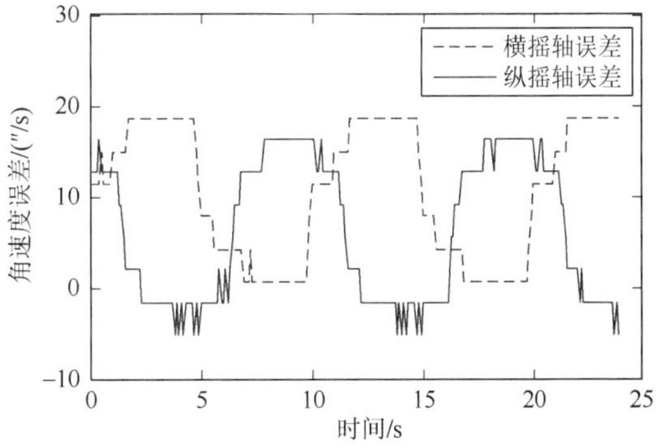

图 5.8 双轴控制误差

为最大程度上减小载体运动和地球转动对旋转惯导误差的抑制效果，使 IMU 绕惯性系而非载体系旋转的方案受到广泛重视。在多轴旋转条件下，隔离载体角运动使得各轴之间的运动相互耦合和影响，系统运动和控制模型更加复杂。在建立三轴框架坐标系的基础上，分析载体运动到 IMU 的传递过程及形式，建立了各框架运动的数学解析关系。根据欧拉动力学方程，推导了在隔离载体运动条件下陀螺输出、驱动力矩和三轴框架转动角速度之间的动力学方程。在此基础上，建立了三轴旋转惯导系统的三轴控制模型与方框图。通过控制模型可知，除 IMU 坐标系的方位轴可以独立控制外，内外环的框架运动相互耦合，且外环轴上的转动惯量随载体俯仰角变化而实时变化。仿真与实际实验验证了的理论分析。后续研究应根据建立的三轴旋转惯导系统的三轴控制模型，设计科学、合理的旋转控制算法以提高载体角运动条件下的控制精度。

下面以单轴旋转惯导系统的控制实现为例，阐述旋转控制技术的主要过程和实现方式，比较不同旋转控制算法的优势与局限。

5.2 常规 PID 控制算法及其实现

一个常规 PID 控制系统原理如图 5.9 所示，PID 控制器由比例 p、积分 i 和微分 d 三部分组成[152]。

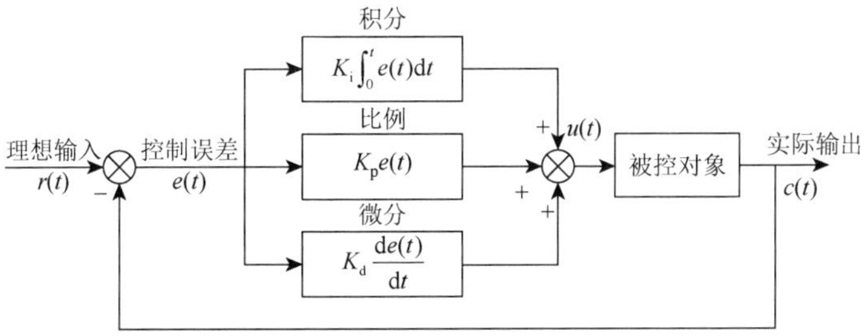

图 5.9 PID 控制结构图

PID 控制器根据给定的理想输入与实际输出值计算控制偏差 $e(t)$，将偏差按比例、积分、和微分通过线性组合构成控制量 $u(t)$，控制被控对象。控制器的输入输出关系可以描述为

$$u(t)=K_{\mathrm{p}}\left[e(t)+\frac{1}{T_{\mathrm{i}}}\int_0^t e(t)\mathrm{d}t+T_{\mathrm{d}}\frac{\mathrm{d}e(t)}{\mathrm{d}t_i}\right] \tag{5.2.1}$$

式中：K_{p} 为比例系数；$K_{\mathrm{i}}=K_{\mathrm{p}}/T_{\mathrm{i}}$ 为积分环节系数；T_{i} 为积分时间常数；$K_{\mathrm{i}}=K_{\mathrm{p}}T_{\mathrm{d}}$ 为微分环节系数；T_{d} 为微分系数。

被控对象的数学模型是进行 PID 控制算法设计和参数整定的基础，现从旋转惯导系统旋转控制的原理出发建立系统模型。

图 5.10　旋转控制系统组成

以单轴旋转光纤惯导系统为例，阐述旋转控制系统建模的基本过程。单轴旋转光纤惯导系统的旋转控制系统如图 5.10 所示，其工作原理为：控制计算机利用安装在电机一端的光栅实时反馈电机的旋转角度得到控制误差，根据控制算法以 PWM 波形式调制该误差下的控制电压，控制电机按理想的转动规律驱动 IMU 转动。

根据控制系统的工作原理，对其进行控制系统建模。力矩电机在输入的控制电压作用下输出转动力矩，旋转体在此力矩作用下克服摩擦力矩开始转动，其转动角速度和角加速度符合动力学模型。同时，安装在电机另一端的光栅实时反馈电机的旋转角度，计算控制误差以改变控制电压。

1. 电机模型[153]

根据力矩电机的物理模型，其电枢绕组的电感较小，因此其输入电压和输出力矩的模型可等效为

$$M=\frac{C_{\mathrm{m}}}{R}U \tag{5.2.2}$$

式中：C_{m} 为电机的力矩系数；R 为电枢绕组的电阻。由此可见力矩电机可等效为比例环节。控制系统用电机其电枢电阻 $R=20.69\ \Omega$，力矩系数 $C_{\mathrm{m}}=1.048\ \mathrm{N\cdot m/A}$。

2. 旋转体建模[154]

根据动力学知识，旋转体在输入转矩 M 下的输出转速 ω 模型为

$$M-M_f=J\frac{\mathrm{d}\omega}{\mathrm{d}t} \tag{5.2.3}$$

式中：J 为旋转体的转动惯量；M_f 为摩擦力矩，将其简化为库仑（Coulomb）摩擦，可以表示为

$$M_f=\begin{cases}B\omega+M_0, & \omega>0\\ B\omega-M_0, & \omega<0\end{cases} \tag{5.2.4}$$

式中：M_0 为电机静摩擦力矩；B 为黏性摩擦系数。M_0、B、J 为未知量，因此通过给电机不同的输入阶跃电压激励，利用光栅测得在该电压激励下的转速响应曲线，利用最小二乘求得旋转体的转动惯量 $J=0.043\ \mathrm{kg\cdot m^2}$，黏性摩擦系数 $B=0.041$，电机静摩擦力矩 $M_0=0.024\ \mathrm{N\cdot m}$。

按系统工作原理建立控制系统模型如图 5.11 所示，模型参数如上所述。图 5.11 中：θ_{i} 为输入理想角度信息，其值由控制计算机根据旋转方案预设，控制计算机将其与光栅反馈的角度信息作差得到控制误差；设计的控制器通过控制误差计算控制电压，力矩电机在此控制电压作

用下输出电磁转矩 M，用于克服电机与 IMU 的摩擦并驱动电机转动，M_d 为电机转动过程中的外部扰动力矩；IMU 的摩擦力矩主要包括电机轴的库仑摩擦和黏性摩擦；J 为 IMU 的转动惯量；θ 为 IMU 的输出转角[155-157]。

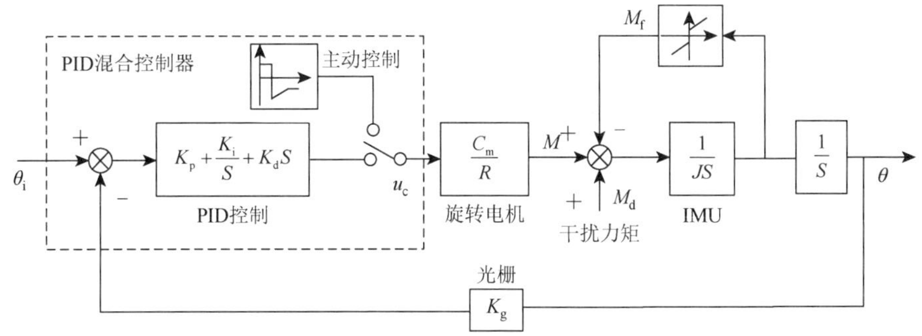

图 5.11　旋转控制系统模型

5.2.1　PID 参数整定

由于比例、微分、积分环节对于控制系统的作用不同，在实际控制中，PID 参数的选择将面临系统的稳定性与动态性能的矛盾。根据控制对象和系统需求选择合适的 PID 参数成为 PID 控制器设计的核心和关键，即 PID 参数的整定。

文献[158]综述了 PID 整定方法的研究现状，并将其分为基于模型的 PID 参数整定、基于规则推理的 PID 参数整定和在线模式识别的 PID 参数整定三类。文献[159]详细分析了基于模型的常规 PID 参数整定方法并进行了仿真。基于模型的 PID 参数整定方法计算简单，适宜工程应用。基于规则推理和在线识别的参数整定方法因其算法复杂，可靠性低而限制了其工程应用。

目前常用的常规 PID 整定法有 ZN 经验法、ZN 临界比例度法、特征面积法、继电器自整定法等，其中 ZN 临界比例度法应用最为广泛[160-162]。

ZN 临界比例度法是在闭环的情况下，系统在比例环节作用下给系统加入一个小扰动。若系统的响应是衰减，则增大控制器的比例增益；反之则减小其增益，直至闭环系统做临界等幅周期振荡，此时的比例增益称为临界增益，其振荡周期称为临界振荡周期。根据经验公式，其系统的 PID 参数可以临界增益和临界振荡周期确定，有

$$\begin{cases} K_p = 0.6K_e \\ T_i = 0.5T_e \\ T_d = 0.125T_e \end{cases} \tag{5.2.5}$$

由图 5.3 所示的控制系统模型，令 $K_i = 0$，$K_d = 0$，给系统输入单位阶跃激励，逐渐增大增益直至系统出现等幅振荡，得到系统的临界增益 K_e，根据式（5.2.5）确定系统的 PID 参数。

5.2.2　仿真与实验

利用确定的 PID 参数进行旋转惯导系统控制电机的旋转控制仿真。设控制频率 2 000 Hz，电机的旋转角速度为1.5 °/s，电机进行整周正反旋转，在 240 s 时电机换向反转。

图 5.12（a）和（b）分别给出了旋转电机在匀速旋转阶段和换向阶段的误差曲线。从图中可以看出，在匀速旋转旋转阶段，采用传统 PID 控制系统的稳态误差很小，能够达到控制系统要求；而在换向阶段，超调误差达到 40″。

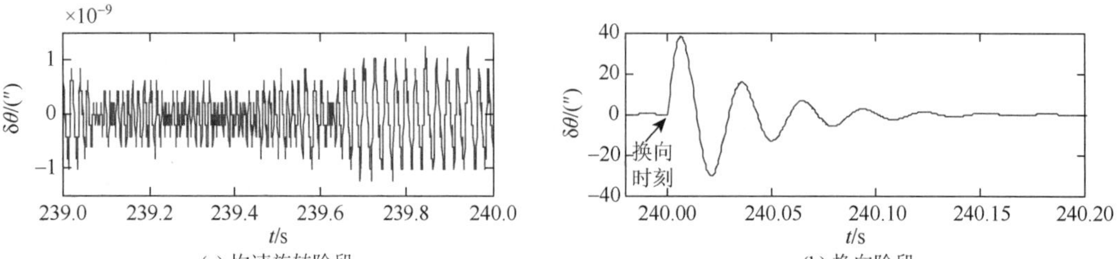

(a) 均速旋转阶段　(b) 换向阶段

图 5.12　PID 控制算法误差

同时，在实验室条件下对构建的单轴旋转惯导系统进行 PID 控制实验，控制误差曲线将在下节给出，5 次控制实验结果表明，传统 PID 算法的换向超调量达到 59.8″。

根据 3.5 节误差分析，对于单轴旋转惯导系统，换向超调将导致系统在非旋转轴向上存在剩余陀螺漂移。因此，旋转控制时应尽量减小系统换向的超调量和调节时间。传统 PID 控制虽然可以满足电机匀速旋转要求，但是不能满足电机的快速、准确换向要求。

5.3　基于反向电压的混合 PID 控制算法

针对常规 PID 算法难以解决控制过程中快速性和准确性的矛盾，因此结合系统旋转控制特点和工程化应用需求，本节将提出一种基于反向电压的工程化混合 PID 控制算法。

5.3.1　控制算法的设计与实现

根据旋转惯导系统的控制方案，其换向时刻准确已知，文献[163]提出了采用 PID 与主动控制相结合的控制算法。即当电机处于匀速旋转时，在电机接近换向时刻前，给系统加一短时间的反向阶跃电压给系统提供反向力矩，以提高系统的响应时间，但电机完成换向后重新转入 PID 控制，其换向前后的控制力矩如图 5.13 所示。与传统的 PID 控制相比，该算法将主动控制的动态特性和 PID 算法的稳态性结合，在保证系统稳态精度的前提下有效地提高了系统的响应速度，减小了换向时间。但是，由于系统在一段时间内受到反向阶跃电压作用，实质为对电机施加以固定力矩，系统超调难以抑制。

为此在此基础上改变方向电压的输入形式，改变电机接近换向时刻前给电机施加反向电压的形式。该反向电压不再为阶跃电压，其幅值随时间线性衰减，即给电机施加逐渐减小的反向力矩，如图 5.14 所示，在加速电机快速换向的同时，减小因为反向力矩带入的超调，实现由主动控制到匀速旋转阶段 PID 控制的平稳过渡。

在工程实现中，算法只需在常规 PID 算法基础上增加一反向控制电压，控制电压以 PWM 波的形式输入电机功放，从而驱动电机旋转，无需复杂的数据处理和计算。算法结构简单，易于工程实现。

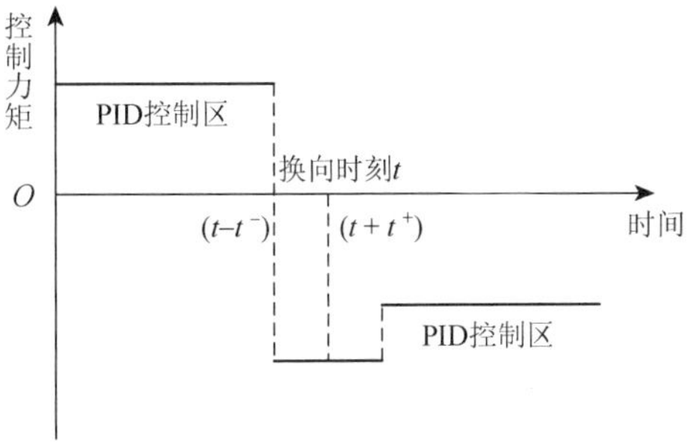

图 5.13　阶跃电压控制的力矩图

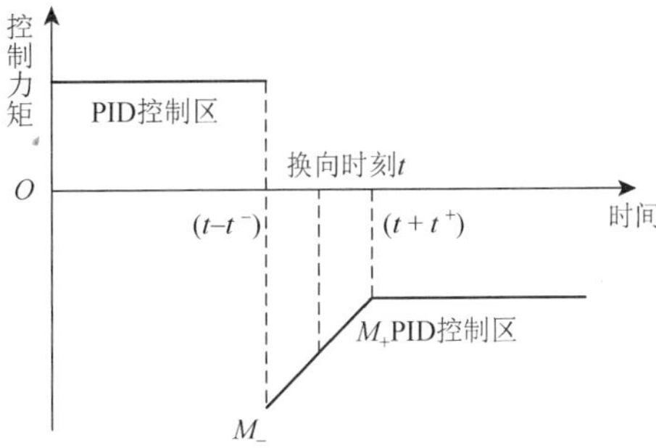

图 5.14　递减电压控制的力矩

5.3.2　控制参数设计

按上述控制方案，确定控制过程中反向电压的形式及 PID 控制器参数。

设电机的换向时刻为t_0，由 PID 转入主动控制的时刻为t_0-t^-，由主动控制重新转入 PID 控制的时刻为t_0+t^+，电机匀速旋转的角速度为ω_r，在$t_0-t^-\sim t_0+t^+$内电机由ω_r变为$-\omega_r$，根据动力学原理可得

$$\int_{t-t^-}^{t+t^+} M(t)\mathrm{d}t = 2J\omega_r \tag{5.3.1}$$

由图 5.14 知

$$M(t)-M_+ = \frac{M_+-M_-}{t^-+t^+}(t-t_0-t^+) \tag{5.3.2}$$

匀速旋转时刻的控制力矩M_+已知，将其代入式（5.3.1）积分可得

$$M_- = \frac{4J\omega_r}{t^-+t^+}-M_+ \tag{5.3.3}$$

式（5.3.3）确定了主动控制时间与初始控制力矩M_-的关系。根据力矩电机模型可得初始控制电压

$$U_c = \frac{RM_-}{C} = \frac{R}{C}\left(\frac{4J\omega_r}{t^-+t^+}-M_+\right) \tag{5.3.4}$$

由于匀速旋转时的控制力矩M_-已知，式（5.3.4）确定了由 PID 控制转为主动控制时初始电压与主动控制时间之间的关系。

PID 控制器的积分器具有记忆功能，因此在由主动控制转 PID 控制时，为了保持过渡平稳性应给积分器赋初值。PID 控制时电机处于匀速旋转阶段，此时比例和微分几乎不起作用，控制器主要由积分器输出抵消摩擦力矩，此时积分器的输出I_0为

$$I_0 = \frac{R}{C}M_f \tag{5.3.5}$$

在由主动控制转 PID 控制时，积分器的初值由式（5.3.5）确定。

在推导了由 PID 转入主动控制时施加的主动控制力矩的表达式及其与主动控制时间的关系，确定了由主动控制转入 PID 控制时的积分器初值后，即完成了旋转电机由主动控制向 PID 控制的过渡。随后，电机进入 PID 控制阶段，其控制参数与 5.3.1 小节 PID 参数相同。

5.3.3 仿真与实验

根据系统模型和控制算法设计，分别进行传统 PID 控制算法（算法一），基于反向阶跃电压控制算法（算法二）以及控制算法（算法三）的仿真。系统控制频率为 2 000 Hz，主动控制时间为 10 ms，其中换向前时间 4 ms，换向后时间 6 ms，根据式（5.2.4）确定初始主动控制电压为 8.41 V，基于反向阶跃电压控制算法的控制电压为 5.04 V。旋转方案采取整周正反旋转，角速度 $\omega_r = 1.5\ ^\circ/s$。在电机匀速旋转阶段为传统 PID 控制，其控制算法的误差曲线已在图 5.12 中给出。图 5.15 为换向阶段各控制算法输出的角度，为清楚显示，将其控制误差曲线绘于图 5.16。由图 5.16 可知，采用 PID 控制换向时最大控制误差为 39.87″，调节时间为 200 ms，基于反向阶跃电压控制算法的控制误差为 15″，调节时间为 150 ms，而采用控制算法的最大控制误差为 5″，调节时间为 50 ms。

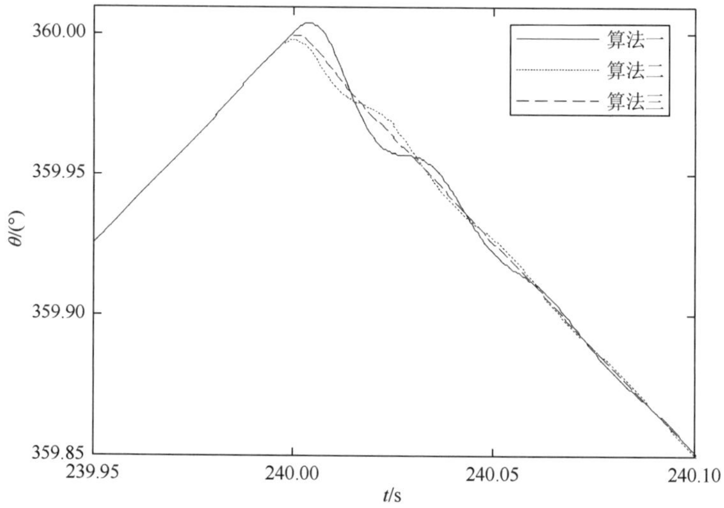

图 5.15 不同算法的换向控制曲线

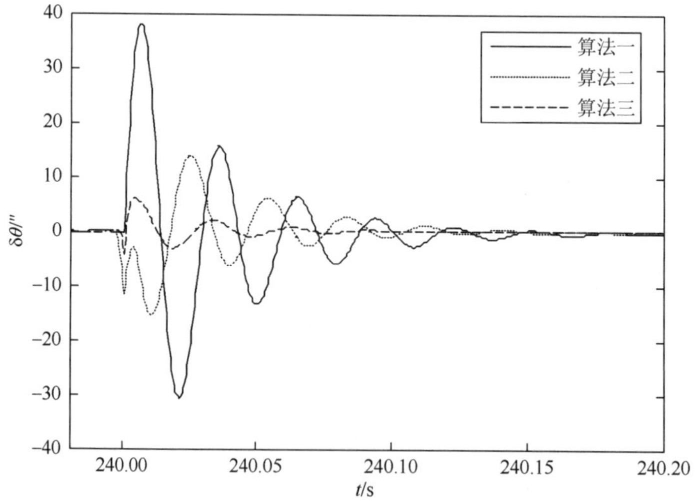

图 5.16 不同算法的实际换向控制误差（1）

为验证算法的实际控制效果，分别利用上述三种算法在实验室条件下对构建的单轴旋转惯导系统进行 5 次实际控制实验，图 5.17 为一次实验中三种控制算法在换向时的控制误差曲线。需要指出，实际控制中由于电机受摩擦力影响外，还受到风阻等其他阻力矩作用，将方向控制电压适当增大，算法二的反向电压选为 6 V，算法三的反向初始电压选为 10 V。

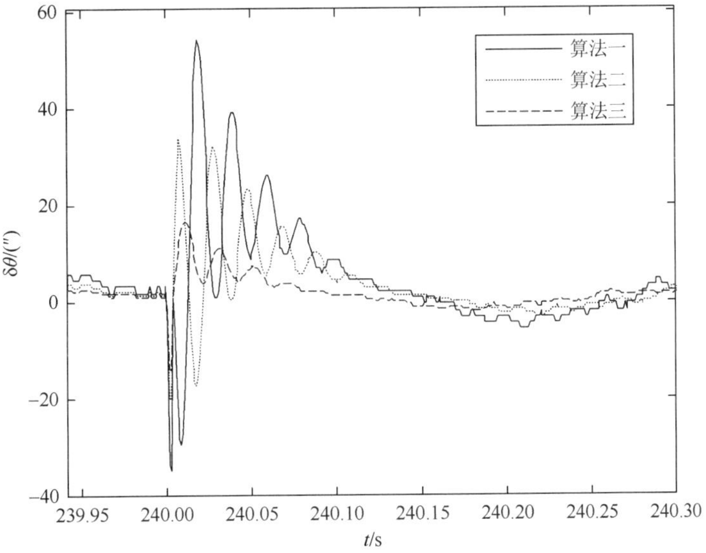

图 5.17　不同算法的实际换向控制误差（2）

5 次控制实验的超调量和调节时间列于表 5.1 和表 5.2，结果表明，本小节算法的换向超调量由常规 PID 算法的 59.8″减小至 13.7″。

表 5.1　不同算法的超调量

算法	次数					均值
	1	2	3	4	5	
算法一/(″)	58.5	62.1	65.7	57.4	55.5	59.8
算法二/(″)	40.8	42.3	39.5	37.2	36.5	39.3
算法三/(″)	12.5	14.7	14.1	13.4	13.6	13.7

表 5.2　不同算法的调节时间

算法	次数					均值
	1	2	3	4	5	
算法一/ms	215	223	230	198	182	209.6
算法二/ms	164	172	153	140	120	149.8
算法三/ms	52	68	50	42	55	53.4

仿真和实际控制实验的结果均表明，基于反向递减电压的混合 PID 控制算法相对于常规 PID 算法和基于反向阶跃电压的混合控制算法具有更高的控制精度和更短的调节时间。

5.4 模糊控制算法的设计与实现

本质上，任意一种 PID 参数整定或者寻优都是对比例、积分、微分三种控制环节折中，以及抑制干扰与快速准确跟踪的平衡，因此其参数并不是最优的。同时，对于不同的控制对象和干扰因素下，PID 控制器具有不同的 PID 参数，常规 PID 控制算法不能根据对象调整参数，抗干扰能力差。

模糊理论是 1965 年美国 Zadeh[164]教授提出了一种处理模糊性现象的工具。1974 年，英国 Mamdani[165]教授首先将模糊控制应用于锅炉和汽轮机的运行控制，并在实验室中获得了成功。模糊控制是一种不依赖于被控制对象的数学模型，通过定性的、不精确的控制规则来推理控制量的一种语言控制。模糊算法设计简单，易于实现，能够直接从操作者的经验归纳，优化而得，具有较强的适应能力和抗干扰能力，鲁棒性好。但也有自身的不足，其控制作用只能根据语言和思维分档，控制精度不高，存在稳态误差。

5.4.1 模糊控制器的原理

模糊控制器是模糊控制系统的核心，也是区别于通常的数字控制系统的显著标志。模糊控制器的组成如图 5.18 所示[166-167]。

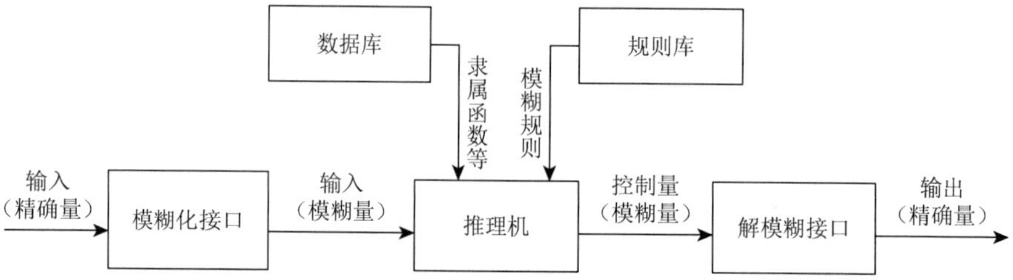

图 5.18 模糊控制器的组成

模糊控制器通过输入接口获取被控对象的数字信号量，通过模糊化接口将其模糊化为语言变量后输入推理机，推理机根据规则库的模糊规则以及数据库中的有关数据和函数完成对控制量的推理，将得到的模糊控制量输出，通过解模糊接口将其转化为模拟信号，送给执行机构，实现对被控对象的控制。

模糊控制算法的设计包含如下内容。

（1）根据控制系统构成和采集的相应信息，确定控制器的输入和输出变量。

（2）将输入量的精确值转化为模糊量。

（3）根据输入变量（模糊量）和设计的模糊控制规则，按模糊推理合成模糊控制规则计算出控制量（模糊量）。

（4）利用得到的控制量（模糊量）计算出精确的控制量。

其中，（3）是设计模糊控制器的关键，主要包括三部分设计内容：确定输入和输出变量的模糊状态，确定模糊变量的隶属函数，以及建立模糊控制器的控制规则。确定输入和输出变量的模糊状态就是根据输入输出变量的大小选定合适的描述语言，以便后续根据模糊规则对相应的输入进行模糊推理。确定模糊变量的隶属函数，模糊控制控制规则是模糊控制器的核心，规则是否合理直接影响控制器的控制效果。模糊控制器的控制规则基于操作者的学习、试验及实践经验。操作者通过对被控对象（过程）的观测，再根据已有的经验和知识，进行综合分析给出控制决策，调整加到被控对象的控制作用，使系统达到预期的目标。这种控制决策同自动控制系统中的控制器的作用是基本相同的。利用模糊集合理论和语言变量的概念，可以把利用语言归纳的手动控制策略转化为数值运算，利用计算机完成规则推理和手动控制决策，实现模糊自动控制。

5.4.2 模糊控制器结构设计

基于 5.1 节系统旋转控制系统模型，结合模糊控制器的原理，设计旋转控制系统的模糊控制器结构如图 5.19 所示。利用旋转方案设计的角度与测角传感器测得的实际角度得到其控制误差，对控制误差微分即得到误差变化率。将控制误差 e 和误差变化率 e_c 作为模糊控制器的输入，对其进行模糊化后，根据设计的模糊规则和隶属度函数进行模糊推理得到旋转电机控制量的模糊量，对其进行解模糊后得到控制电压的精确值，利用该控制电压控制电机及旋转体旋转，其旋转角度通过测角光栅反馈至控制系统输入端，完成对旋转控制系统的模糊控制。

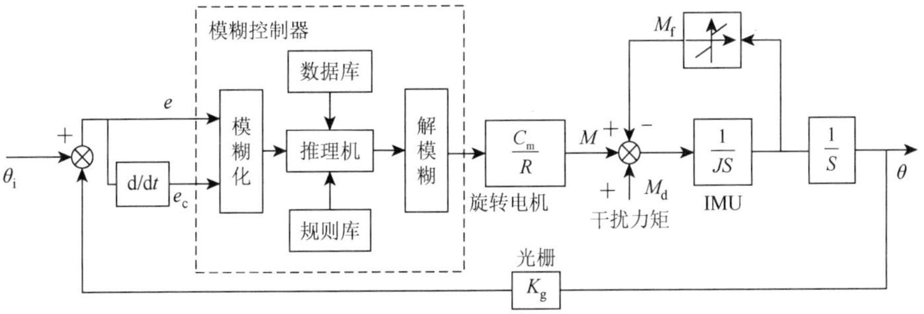

图 5.19 旋转控制系统的模糊控制器结构

由图 5.19 可知，模糊控制器与 PID 控制的主要区别在于：PID 控制通过预先整定的优化 PID 参数对误差及其误差的微分和积分进行计算，给出系统控制量，其 PID 参数确定后不能因为系统干扰或者外界环境变化而改变，系统适应性较差。模糊控制根据系统的误差及变化率，利用知识经验对控制量进行模糊推理，得到系统的控制量，系统的干扰和变化情况可以通过误差及变化率表现，从而通过设计的模糊规则对相应的控制量做出调整，系统适应性强，鲁棒性好。但对于模糊控制器，其设计的语言变量有限（一般为 5 个或 7 个），因此其控制精度不高，一般存在稳态误差。若采用更多的语言变量，则控制器计算复杂度显著增加。

5.4.3 模糊控制算法的实现

1. 隶属度函数的确定

将输入量和输出控制量的模糊状态论域分为 7 个模糊子集，语言变量值分别定义为 NB（负大）、NM（负中）、NS（负小）、ZO（零）、PS（正小）、PM（正中）、PB（正大）。设定输入输出变量的离散论域均为[−3, −2, −1, 0, 1, 2, 3]。通过实际测得系统的旋转角度误差变化范围为[−0.015, 0.015]，角度误差变化率的范围为[−1.2, 1.2]，输出的控制电压的变化范围为[−27, 27]。根据其定义可得误差及其变化率的量化因子分别为 200 和 2.6，输出量的比例因子为 0.11。

输入输出量的语言变量隶属函数选取常见的三角形隶属函数表示。在偏差较大时，隶属函数曲线斜率较大，为了促进其误差尽快收敛，超调较小，在偏差较小时，隶属函数曲线斜率较小，为减小因斜率过大带来的稳态误差振荡。因此，误差及其变化率的隶属函数曲线如图 5.20 和图 5.21 所示，其输出控制量的隶属度函数如图 5.22 所示。

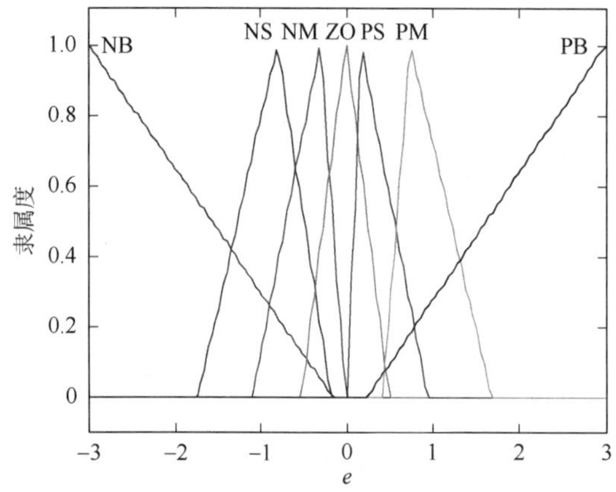

图 5.20 误差的隶属度函数

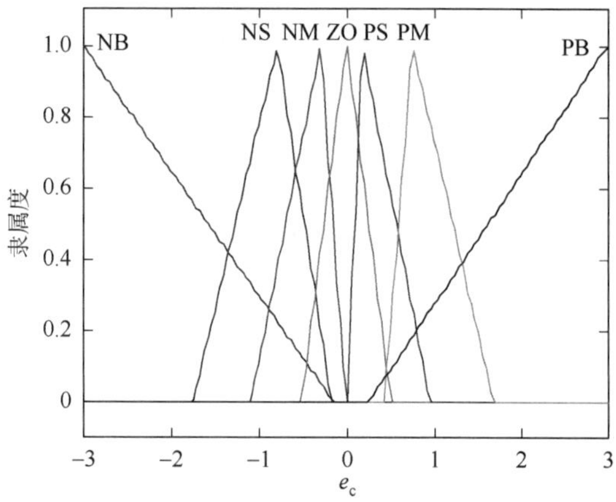

图 5.21 误差变化率的隶属度函数

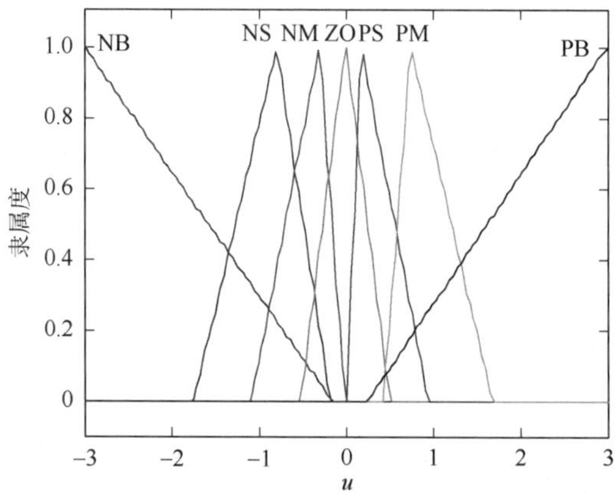

图 5.22 输出的隶属度函数

2. 模糊规则的确定

模糊控制规则是模糊控制器的核心，输入变量转化为语言变量后利用模糊规则推理，得到控制量的语言变量。模糊控制规则通常为实践过程中的经验，相应的知识基础等加以概括总结而得到的若干条模糊条件语句的集合。

通过相应的控制理论和实验确定进行旋转电机控制的模糊规则。

（1）当电机的角度误差为负大时：若误差变化率也为负，误差有进一步向负大的方向变化，误差有增大趋势，为尽快抑制并消除负大误差，控制量的变化应取负大；若误差变化率为正大或正中，误差由减小的趋势，为尽快消除误差而不超调，应取较小的控制量。

（2）当电机的角度误差为负中时：若误差变化率也为负，为尽快抑制并消除负大误差，控制量的变化应取负大；若误差变化率为正大或正中，误差有减小的趋势，为抑制超调可减小控制量。

（3）当电机的角度误差为负小时：若误差变化率也为负，控制量的变化应取正大；若误差变化率较小，其控制量应取负中；若误差变化率也为正大或正中，误差有减小的趋势，控制量可取负小或零等级。

（4）当电机的角度误差为零等级时：其控制量可根据误差变化率相应取值。

电机角度误差为正的情况与上述分析类似，只是改变相应控制量的正负即可，由此得到控制量的模糊控制规则如表 5.3 所示。根据表中的模糊规则，利用输入输出进行模糊推理得其控制电压的模糊推理视图如图 5.23 所示。

表 5.3 模糊控制规则

e	e_c						
	NB	NM	NS	ZO	PS	PM	PB
NB	NB	NB	NB	NB	NB	NB	NM
NM	NB	NB	NB	NB	NB	NM	NS
NS	NB	NB	NB	NM	NM	NS	ZO
ZO	NB	NM	NM	NS	NS	ZO	PS
PS	NM	NS	NS	ZO	ZO	PS	PM
PM	NS	ZO	ZO	PS	PS	PM	PB
PB	ZO	PS	PS	PM	PM	PB	PB

3. 仿真及结果

按上述模糊控制器结构设计，对旋转惯导系统的电机控制模型进行模糊控制算法仿真。仿真条件为：电机以1.5 °/s 的角速度正反整周旋转，控制频率 2 000 Hz，仿真步长为 0.005 s，仿真时间为 1 个正反旋转周期。图 5.24 为换向前后理想角度变化曲线和模糊控制系统的角度曲线。

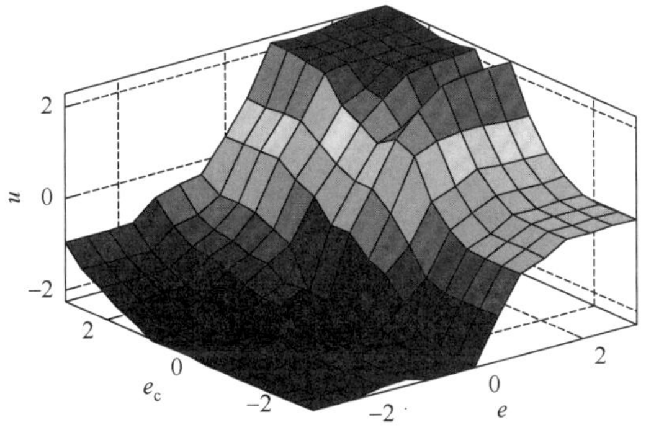

图 5.23 控制电压的模糊规则视图

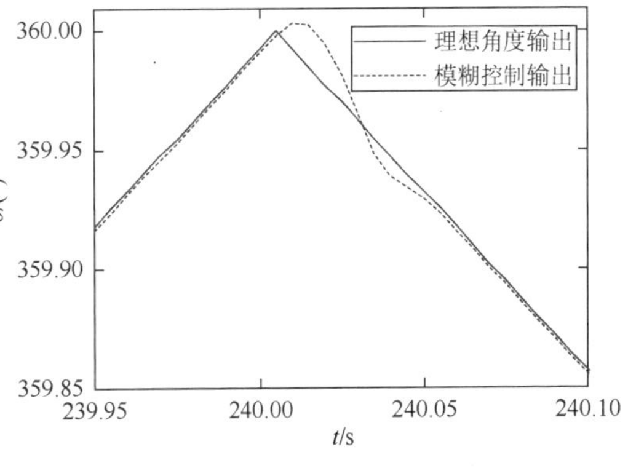

图 5.24 模糊控制算法的角度输出

为清楚显示其误差，取第一个换向时刻的误差曲线与 5.1 节中常规 PID 算法的误差曲线同绘于图 5.25，可见在电机换向时，模糊控制的超调误差为 35.72″，与 PID 控制具有相当的超调量，而模糊控制的调节时间为 110 ms，比 PID 控制算法相对较短。但是，模糊控制存在 0.409 1″的稳态误差。

为验证模糊控制系统的适应性，在电机旋转过程中加入一大小为 0.1 Nm 持续时间为 0.1 s 的干扰力矩，图 5.26 为干扰前后传统 PID 算法与模糊控制算法的控制误差。可以看出，模糊控制系统受到干扰后的超调误差较小，调节时间较短，因此模糊系统具有较好的抗干扰性。

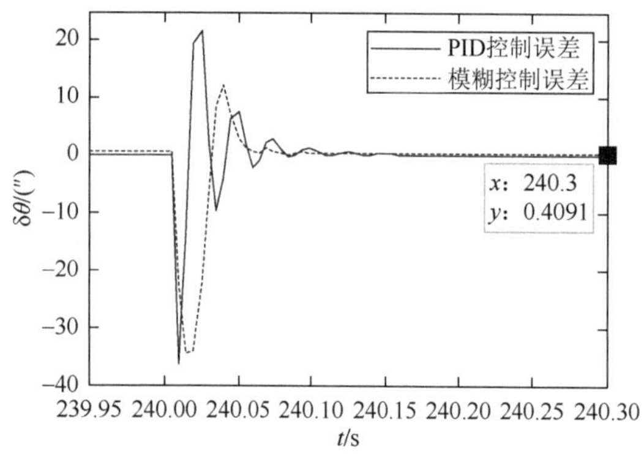

图 5.25　不同算法的控制误差

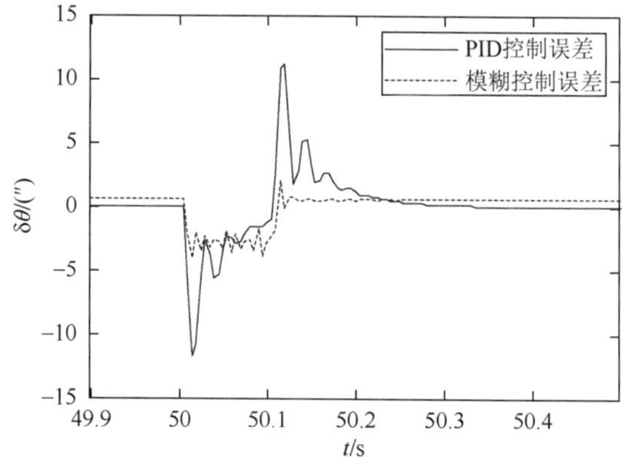

图 5.26　干扰前后不同算法的控制误差

比较 PID 控制与模糊控制的仿真结果可知，模糊控制具有与 PID 控制相当的超调量，而其调节时间较短，抗干扰性强。但是，模糊控制算法根据输入误差和变化率进行模糊推理后直接对控制量进行分档，因分档有限使其控制精度较低。模糊控制本质上利用的信息为误差及其变化率，而没有利用引入误差的积分项，因此其控制存在稳态误差。根据 3.5 节分析可知，这种稳态误差将对旋转惯导系统精度产生影响。

5.5　模糊自适应 PID 控制算法

为了解决 PID 控制过程中的参数最优化问题，同时消除模糊控制带来的稳态误差，基于模糊理论和传统 PID 控制的混合控制算法得到广泛重视[168]。将模糊控制的思想应用到 PID 控制算法中，通过控制误差的模糊推理在线调整 PID 参数，一方面提高系统的灵活性和适应性，另一方面优化的 PID 参数能够给系统带来更高的控制精度。文献[169]详细分析了模糊控制器、混合式模糊 PID 控制器、开关式模糊 PID 控制器、自整定模糊 PID 控制器的结构和特点，并利用 MATLAB 对以一个简单的二阶传递函数为对象进行了仿真，验证了模糊理论和传统 PID 控制算法相结合在控制效果上的优势。文献上模糊控制与 PID 的结合方式有多种多样，如引入积分因子的模糊 PID 控制器；模糊与 PID 的混合控制；设定值迁移模糊 PID 控制器等[169-171]。

针对旋转惯导系统电机控制模型，本节将模糊理论和 PID 控制相结合的思想应用于旋转系统控制中，研究一种利用模糊控制在线调整 PID 参数的模糊自适应 PID 控制算法。算法由 PID 控制器与模糊控制器组成，初始时刻给系统初始的 PID 参数，模糊控制器根据控制误差进行模糊推理后确定 PID 参数的变化量进行参数的实时调整。

5.5.1　算法结构设计

旋转控制系统的模糊自适应 PID 控制算法结构如图 5.27 所示。

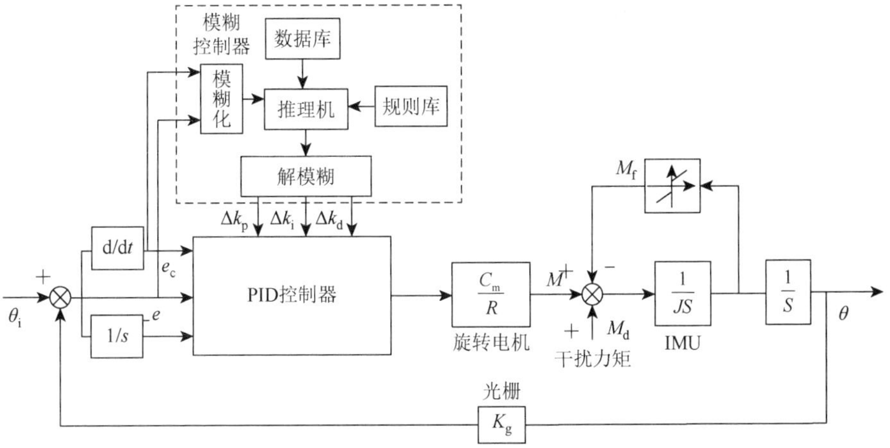

图 5.27　模糊自适应 PID 控制器

旋转电机的模糊自适应 PID 控制系统由一个常规 PID 控制器和一个模糊控制器构成。给定 PID 控制器的初始参数后，利用光栅测得的实际角度与理想角度之差得控制误差、误差变化率和误差积分进行 PID 控制计算。模糊控制器以误差和误差变化率为输入变量，根据设计的隶属函数和模糊规则进行模糊推理确定 PID 参数的变化，将该变化量输入值 PID 控制器，实现 PID 参数的自适应调整。控制误差通过 PID 控制器后输出控制电压，控制旋转体旋转，实现电机的旋转控制。控制过程中，系统能够根据干扰、环境变化等因素引起的控制误差对 PID 参数进行调整。相对于常规 PID 控制，模糊自适应 PID 算法能够为系统提供实时、优化的 PID 参数，提高了系统控制精度。

5.5.2　隶属度函数设计

与 5.4 节类似，将输入量和输出控制量的模糊状态论域分为 7 个模糊子集，语言变量值分别定义为 NB（负大）、NM（负中）、NS（负小）、ZO（零）、PS（正小）、PM（正中）、PB（正大）。设定输入输出变量的离散论域为[−3, −2, −1, 0, 1, 2, 3]，输入输出的量化因子和比例因子与 5.4 节模糊控制相同。

输入输出变量的隶属函数选取常见的三角形隶属函数表示，函数曲线如图 5.28 和图 5.29 所示。

5.5.3　模糊规则设计

根据控制系统需求，结合 5.1 节所述的 PID 参数对系统性能的影响，可确定进行 PID 控制器参数 K_p、K_i、K_d 调整的几条原则和要求。

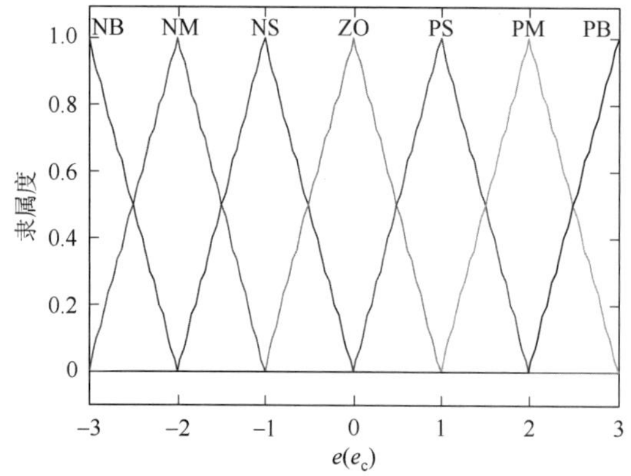

图 5.28　输入隶属度函数图

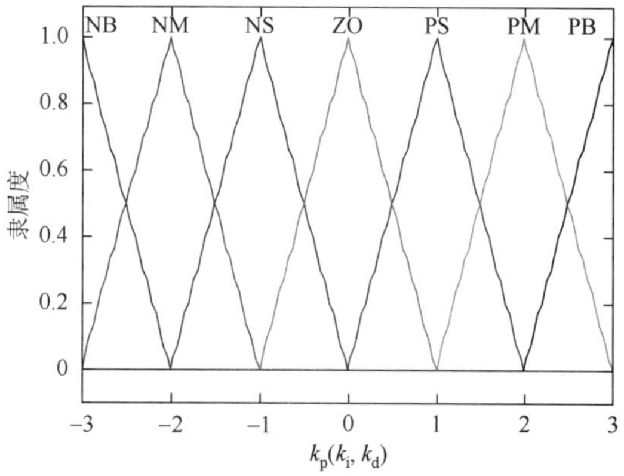

图 5.29　输出隶属度函数

（1）当误差e较大时，应加大比例环节作用以加快系统的响应速度；为避免由于误差e的瞬间变大可能出现的微分饱和，应取较小的微分系统K_d；同时为了防止产生积分饱和，较小系统的响应超调，通常取积分系数$K_i = 0$。

（2）当误差e处于中等大小时，为减小系统响应超调，K_p适当减小；同时，K_i的取值应适当。此时K_d的取值对系统影响较大，取值应适中，以保证系统的响应速度。

（3）当误差e较小时，为保证系统的稳定性同时减小稳态误差，应加大K_p和K_i的取值；同时为避免在系统的设定值附近出现振荡，应增强系统的抗干扰性能。当误差变化率e_c较小时，K_d的取值可稍大增加动态性能；当e_c较大时，K_d的取值稍小。

根据上述调整原则和 PID 参数对系统性能的影响，确定模糊控制规则如表 5.4～5.6 所示。

表 5.4　K_p模糊控制规则

e	e_c						
	NB	NM	NS	ZO	PS	PM	PB
NB	NB	NB	NB	NB	NB	NB	NM
NM	NB	NB	NB	NB	NB	NM	NS
NS	NB	NB	NB	NM	NM	NS	ZO
ZO	NB	NM	NM	NS	NS	ZO	PS
PS	NM	NS	NS	ZO	ZO	PS	PM
PM	NS	ZO	ZO	PS	PS	PM	PB
PB	ZO	PS	PS	PM	PM	PB	PB

表 5.5　K_i模糊控制规则

e	e_c						
	NB	NM	NS	ZO	PS	PM	PB
NB	NB	NB	NB	NB	NB	NB	NM
NM	NB	NB	NB	NB	NB	NM	NS
NS	NB	NB	NB	NM	NM	NS	ZO
ZO	NB	NM	NM	NS	NS	ZO	PS
PS	NM	NS	NS	ZO	ZO	PS	PM
PM	NS	ZO	ZO	PS	PS	PM	PB
PB	ZO	PS	PS	PM	PM	PB	PB

表 5.6　K_d 模糊控制规则

e	e_c						
	NB	NM	NS	ZO	PS	PM	PB
NB	NB	NB	NB	NB	NB	NB	NM
NM	NB	NB	NB	NB	NB	NM	NS
NS	NB	NB	NB	NM	NM	NS	ZO
ZO	NB	NM	NM	NS	NS	ZO	PS
PS	NM	NS	NS	ZO	ZO	PS	PM
PM	NS	ZO	ZO	PS	PS	PM	PB
PB	ZO	PS	PS	PM	PM	PB	PB

根据表 5.4～5.6 中的模糊规则，利用输入输出进行模糊推理得其 PID 参数的模糊推理视图如图 5.30～5.32 所示。

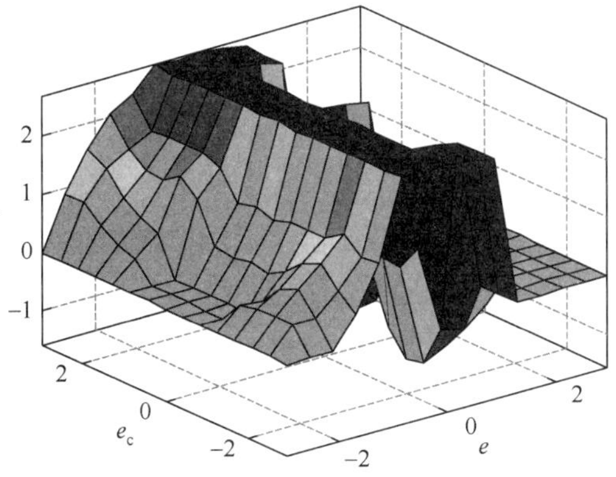

图 5.30　K_p 的模糊规则视图

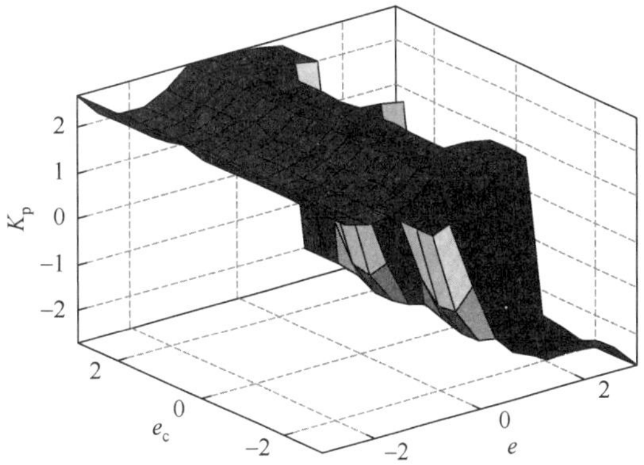

图 5.31　K_i 的模糊规则视图

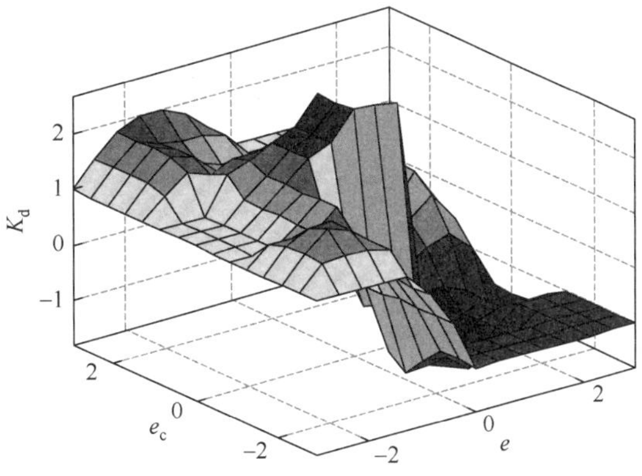

图 5.32　K_d 的模糊规则视图

5.5.4　算法仿真及结果

按 5.5.3 小节设计方案进行惯导系统旋转电机的模糊自适应 PID 控制算法仿真。仿真条件同 5.2.5 小节。初始 PID 参数设为：$K_p=10$，$K_i=1$，$K_d=1$。图 5.33 所示为系统电机换向前后，理想角度曲线和模糊自适应 PID 控制系统的角度曲线。

为清楚显示，取换向时刻前后模糊自适应 PID 控制算法的误差曲线与常规 PID 算法、模糊控制算法的误差曲线同绘于图 5.34。

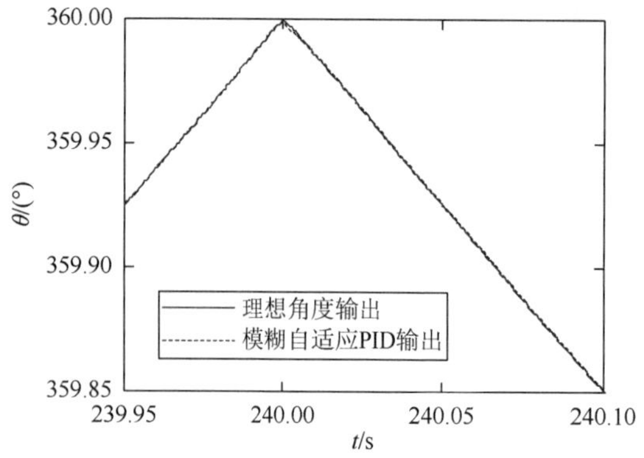

图 5.33 模糊自适应 PID 算法的输出角度

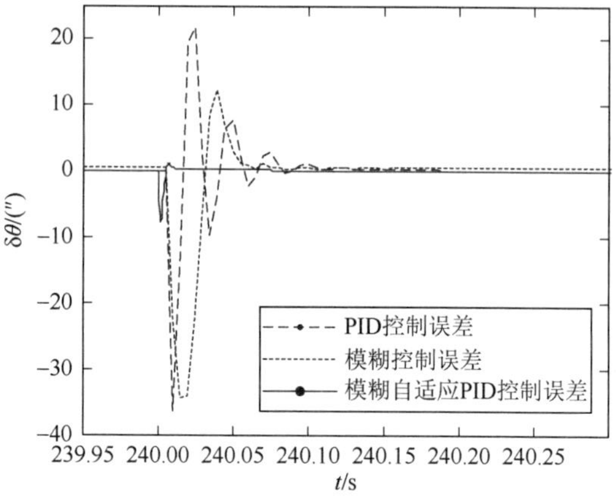

图 5.34 不同算法的角度控制误差

从图 5.34 可以看出，模糊控制算法超调误差为 7.67″，调节时间为 15 ms。可见模糊 PID 控制算法不仅提高了控制精度，且减小了调节时间。

图 5.35 所示为换向前后，PID 参数的变化曲线，图 5.36 所示为其局部放大图，可以看出在电机进行换向后，系统根据旋转换向迅速调整了 PID 参数，并较短时间内收敛至稳定值。

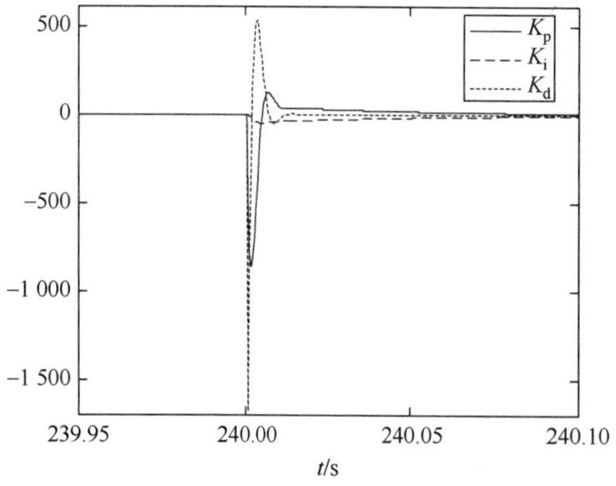

图 5.35 换向前后的 PID 参数变化

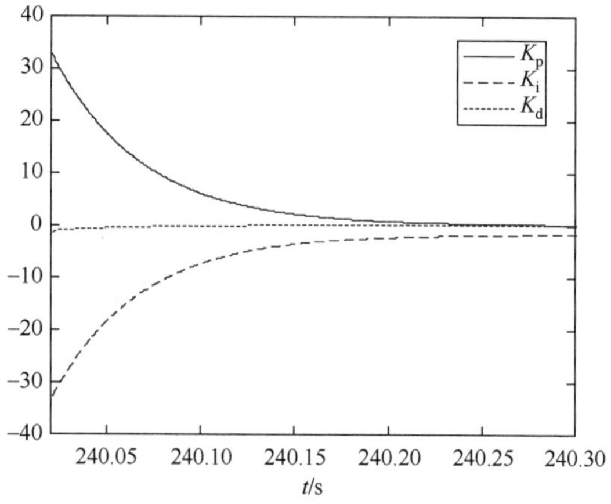

图 5.36 换向前后的 PID 参数变化（局部放大）

同时，为验证算法的适应性，同样在电机旋转过程中加入一大小为 0.1 N·m、持续时间为 0.1 s 的干扰力矩，图 5.37 所示为干扰前后传统 PID 算法、模糊控制算法、模糊自适应 PID 控制算法的控制误差。图 5.38 所示为干扰前后 PID 参数的变化曲线，系统受到干扰后迅速调整了 PID 参数，并较短时间内收敛至稳定值。从图 3.38 可以看出，模糊自适应 PID 控制算法在系统受到干扰后的超调误差较小，仅为 0.872″，调节时间仅为 5 ms。结果表明，模糊自适应 PID 控制算法在系统受到干扰后具有较好的鲁棒性。

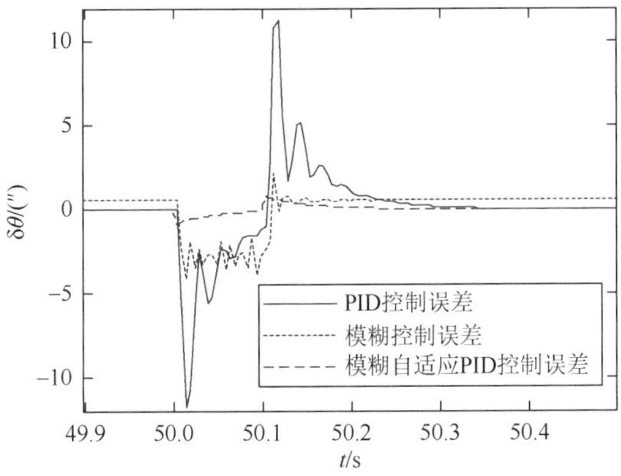

图 5.37　干扰前后不同算法的角度控制误差

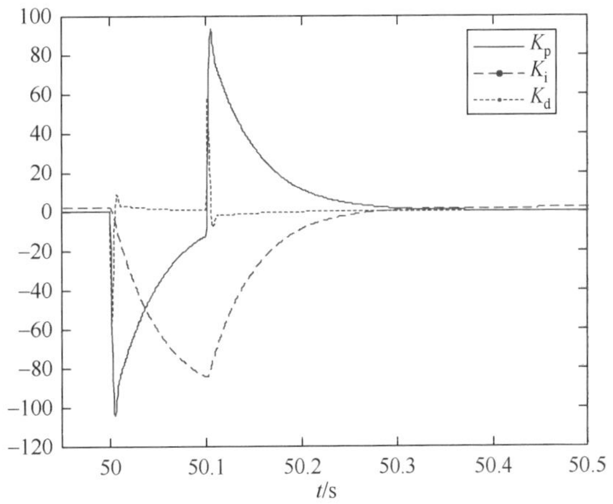

图 5.38　干扰前后 PID 参数的变化

为显示模糊自适应 PID 控制算法在控制精度和鲁棒性上的优势，将各种算法下系统旋转电机换向后的最大超调、稳态误差、调节时间列入表 5.7。

表 5.7　不同算法的超调量

指标	PID 控制	模糊控制	模糊自适应 PID 控制
超调量/(″)	39.87	35.72	7.67
调节时间/ms	200	110	15
稳态误差/(″)	10^{-9}	0.409 1	10^{-10}

5.6　航向耦合效应抑制算法

3.4.1 小节指出，载体角运动会影响单轴旋转惯导系统的误差调制效果。对于绕载体 z 轴旋转的单轴旋转惯导系统，载体的航向运动将会与 IMU 旋转运动耦合，改变系统的误差调制特性，称之为航向耦合效应。本节将从旋转惯导系统的误差方程出发，首先分析单轴旋转系统的航向耦合效应产生的机理及其对系统调制特性的影响，在此基础上通过改变旋转电机的指令角速度，隔离载体航向运动，抑制系统因航向变化引起的航向耦合效应。

5.6.1　航向耦合效应的产生及影响分析

以陀螺组件的误差为例分析航向耦合效应产生机理，根据式（3.4.1）知，忽略旋转性误差 $\delta\boldsymbol{\omega}_{\mathrm{pb}}^{\mathrm{p}}$，陀螺组件误差在导航系以 $\delta\hat{\boldsymbol{\omega}}_{\mathrm{ib}}^{\mathrm{n}}$ 的形式传递，经 IMU 旋转后 $\delta\hat{\boldsymbol{\omega}}_{\mathrm{ib}}^{\mathrm{n}}$ 调制为

$$\delta\hat{\boldsymbol{\omega}}_{\mathrm{ib}}^{\mathrm{n}}=\boldsymbol{C}_{\mathrm{b}}^{\mathrm{n}}\boldsymbol{C}_{\mathrm{p}}^{\mathrm{b}}\delta\boldsymbol{\omega}_{\mathrm{ip}}^{\mathrm{p}}=\boldsymbol{C}_{\mathrm{p}}^{\mathrm{n}}\delta\boldsymbol{\omega}_{\mathrm{ip}}^{\mathrm{p}} \tag{5.6.1}$$

当 IMU 绕载体系匀速旋转，在载体不存在角运动时 $\boldsymbol{C}_{\mathrm{b}}^{\mathrm{n}}$ 为常值，$\delta\hat{\boldsymbol{\omega}}_{\mathrm{ib}}^{\mathrm{n}}$ 中包含陀螺常值漂移和安装误差等项的 $\delta\boldsymbol{\omega}_{\mathrm{ip}}^{\mathrm{p}}$ 被坐标变换矩阵 $\boldsymbol{C}_{\mathrm{p}}^{\mathrm{b}}$ 调制成周期性形式。若载体存在角运动，$\boldsymbol{C}_{\mathrm{b}}^{\mathrm{n}}$ 不再为常值，此时 $\boldsymbol{C}_{\mathrm{p}}^{\mathrm{n}}=\boldsymbol{C}_{\mathrm{b}}^{\mathrm{n}}\boldsymbol{C}_{\mathrm{p}}^{\mathrm{b}}$ 的各元素不再具有严格的周期形式，$\delta\boldsymbol{\omega}_{\mathrm{ip}}^{\mathrm{p}}$ 项不能被完全调制。

以 $\delta\boldsymbol{\omega}_{\mathrm{ip}}^{\mathrm{p}}$ 项中的陀螺常值漂移为例进行分析。假设系统采用绕载体 z 轴单轴正反连续旋转的方案，而载体在姿态为零的情况下，存在一与 IMU 的旋转角速度大小相等，方向相反的航向运动，根据坐标关系陀螺常值漂移经旋转调制后在导航系内的传播形式为

$$\boldsymbol{\varepsilon}^{\mathrm{n}}=\begin{bmatrix}\cos(\omega t) & \sin(\omega t) & 0\\ -\sin(\omega t) & \cos(\omega t) & 0\\ 0 & 0 & 1\end{bmatrix}\begin{bmatrix}\cos(\omega t) & -\sin(\omega t) & 0\\ \sin(\omega t) & \cos(\omega t) & 0\\ 0 & 0 & 1\end{bmatrix}\boldsymbol{\varepsilon}^{\mathrm{p}}=\begin{bmatrix}\varepsilon_x^{\mathrm{p}}\\ \varepsilon_z^{\mathrm{p}}\\ \varepsilon_z^{\mathrm{p}}\end{bmatrix} \tag{5.6.2}$$

相反，若系统采用捷联式惯导系统构建，即 p 系与 b 系固连，$\boldsymbol{C}_{\mathrm{p}}^{\mathrm{b}}$ 为单位阵，此时的陀螺常值漂移在上述航向运动条件下在导航系内的传播形式为

$$\boldsymbol{\varepsilon}^{\mathrm{n}}=\begin{bmatrix}\cos(\omega t) & \sin(\omega t) & 0\\ -\sin(\omega t) & \cos(\omega t) & 0\\ 0 & 0 & 1\end{bmatrix}\begin{bmatrix}1 & 0 & 0\\ 0 & 1 & 0\\ 0 & 0 & 1\end{bmatrix}\boldsymbol{\varepsilon}^{\mathrm{p}}=\begin{bmatrix}\cos(\omega t)\varepsilon_x^{\mathrm{p}}+\sin(\omega t)\varepsilon_y^{\mathrm{p}}\\ -\sin(\omega t)\varepsilon_x^{\mathrm{p}}+\cos(\omega t)\varepsilon_y^{\mathrm{p}}\\ \varepsilon_z^{\mathrm{p}}\end{bmatrix} \tag{5.6.3}$$

由此可见，在此航向运动下，旋转系内的陀螺常值漂移经过旋转调制后，在导航系内仍然以原来的形式传递，没有受到任何调制作用。反之，当系统没有采用旋转时，载体自身的航向运动对系统误差进行了调制，系统精度高于采用单轴旋转的惯导系统，这即为单轴旋转系统的航向耦合效应。

下面进行载体在静止和上述航向运动条件下的捷联惯导系统和单轴连续正反旋转系统的仿真验证上述分析。仿真条件为：三个陀螺常值漂移设为 0.01 °/h，随机噪声为 0.005 °/$\sqrt{\mathrm{h}}$，三个加速度计零偏为 50 μg，随机噪声为 5 μg，陀螺和加速度计的安装误差均为5″，其刻度系数均为 50 ppm。单轴连续旋转系统的旋转角速度为1.5 °/s，整周正反旋转。载体的姿态为零，航向运动角速率与旋转角速率相反。仿真时间 24 h，仿真步长 0.01 s。图 5.39 和图 5.40 所示为上述误差条件下捷联式惯导系统和单轴连续正反旋转系统静止时的位置误差。图 5.41 和图 5.42 所示为同样误差条件下捷联式惯导系统和单轴正反连续旋转系统在假定航向运动下的位置误差。

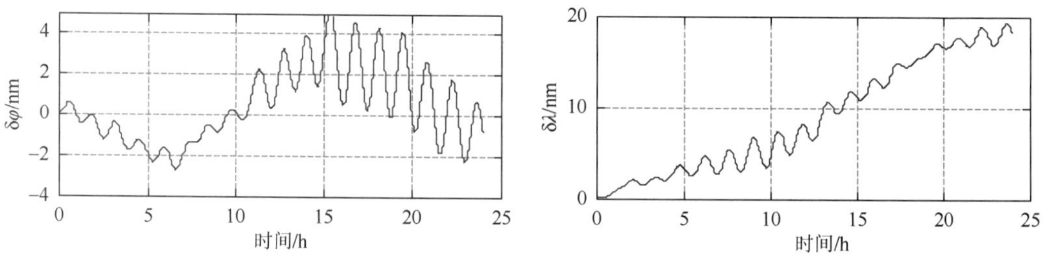

图 5.39 静止时捷联式惯导系统位置误差图

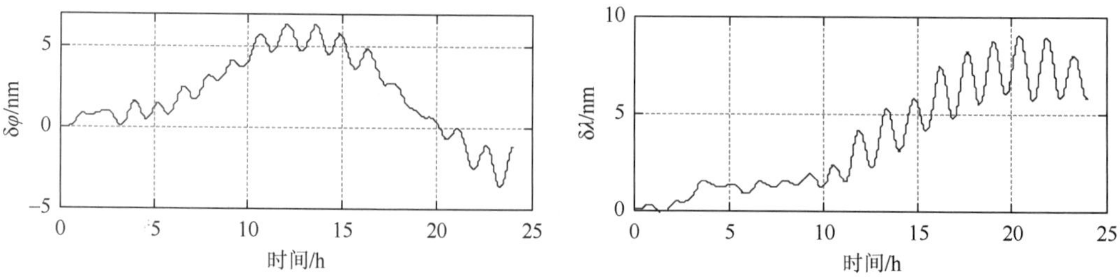

图 5.40 静止时旋转惯导系统位置误差

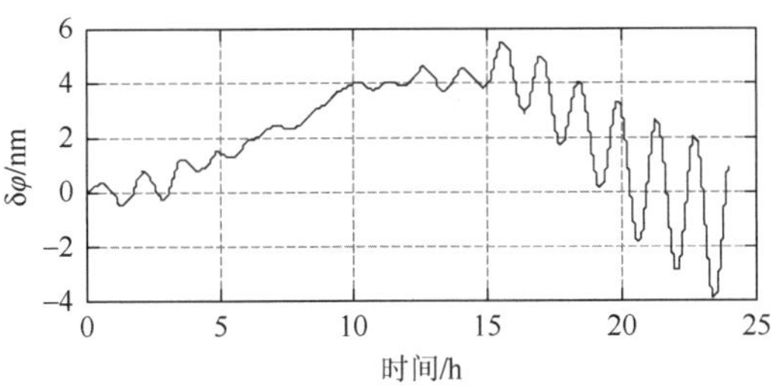

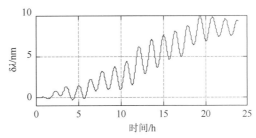

图 5.41　运动时的捷联式惯导系统位置误差

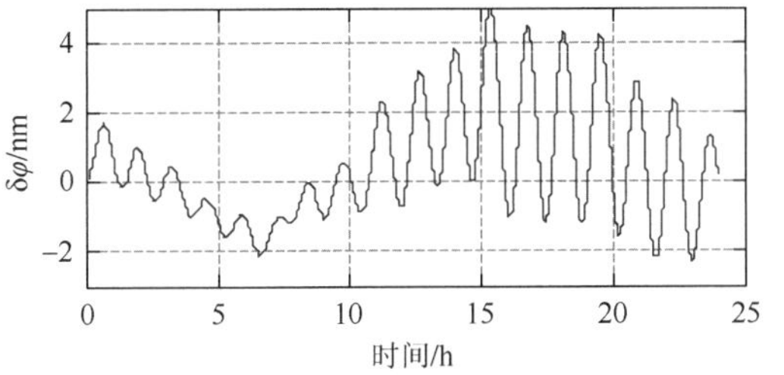

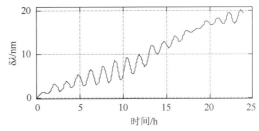

图 5.42　运动时的旋转惯导系统位置误差

由图 5.39 和图 5.40 可知，在静止条件下单轴旋转惯导系统精度明显优于捷联式惯导系统。由图 5.41 和图 5.42 可见，在假定航向运动条件下，捷联式惯导系统误差受到航向运动调制，单轴旋转惯导系统受航向耦合效应影响，精度反而低于捷联式惯导系统。

虽然系统在实际应用中，载体不可能做上述的连续频繁转航向运动，但其航向和姿态必定随时间变化，这将导致系统误差经旋转调制后会存在不同程度的剩余误差，该误差仍会制约系统精度。下面通过某次海试验采集的姿态和航向数据对载体的航向耦合效应进行验证。

2009 年 10 月～2010 年 1 月，在某海域进行了某新型高精度惯导系统的海试实验，采集了舰艇在各种海况下位置、姿态和航向信息。利用一次典型航次的姿态和航向数据验证其对旋转调制的影响。该航次的舰艇的位置、姿态数据如图 5.43 和图 5.44 所示，其航行状态为从 2009 年 12 月 25 日上午 8 时从东海某锚地出发，航行近 8 h 后停靠在基地码头，在系泊状态下继续采集 16 h 舰艇的姿态、航向和位置数据，数据采样率为 1 Hz。

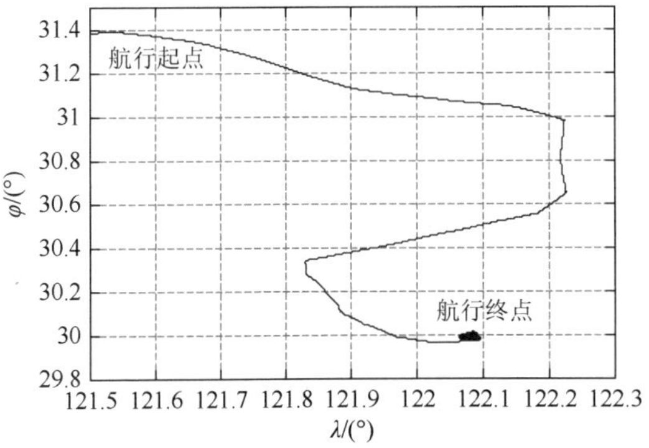

图 5.43　载体的航行轨迹

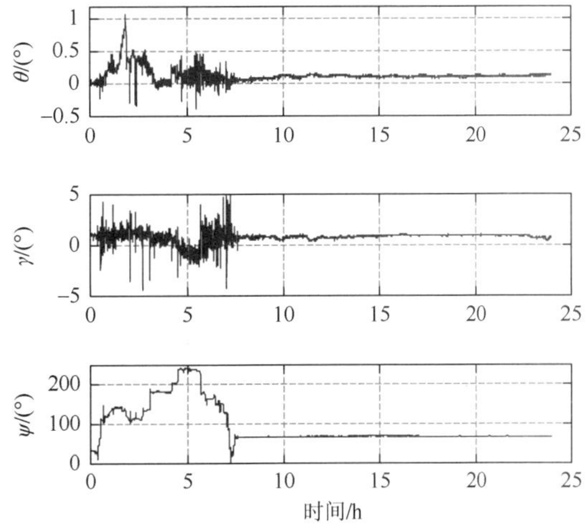

图 5.44　载体航行的姿态和航向

根据旋转惯导系统的误差模型，进行在上述实际载体运动条件下系统的误差仿真。系统误差等仿真条件同上。航向运动分别设为匀速直航状态和海上试验时的实际航向运动，以验证系统在同一误差水平和仿真条件下，匀速直航状态与实际航向运动状态下的系统精度。为与实际采集的航向数据时标一致，仿真步长设为 1 s。图 5.45（a）所示为静止时单轴旋转惯导系统的经纬度误差；图 5.45（b）所示为实际航向运动状态下单轴旋转惯导系统的经纬度误差。由图 5.45 可见，载体的航向运动使得系统的误差调制效果受到影响，因此在进行旋转控制算法设计中应考虑其影响，最大程度地提高系统精度。

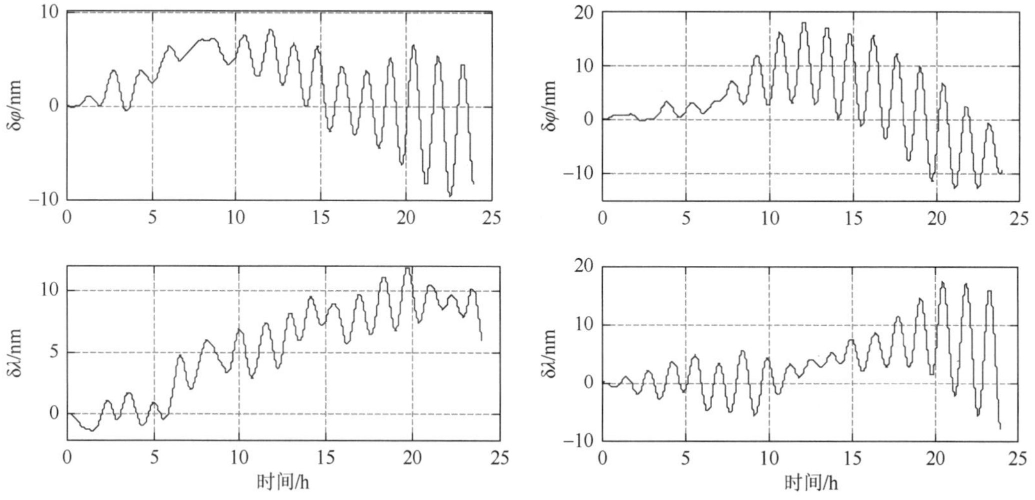

图 5.45　不同航向运动下旋转惯导系统位置误差

5.6.2　航向耦合效应抑制算法的实现

当 IMU 绕载体系匀速旋转时，载体的角运动会导致坐标变换矩阵 $\boldsymbol{C}_{\mathrm{b}}^{\mathrm{n}}$ 不再为常值矩阵，因此即使旋转系相对于载体系的变换矩阵 $\boldsymbol{C}_{\mathrm{p}}^{\mathrm{b}}$ 具有周期形式，但旋转系到导航系的变换矩阵 $\boldsymbol{C}_{\mathrm{p}}^{\mathrm{n}}=\boldsymbol{C}_{\mathrm{b}}^{\mathrm{n}}\boldsymbol{C}_{\mathrm{p}}^{\mathrm{b}}$ 的各元素不具有严格的周期形式，从而影响了旋转调制的效果。

为减小载体角运动对误差调制的影响，考虑改变旋转电机的控制指令，使其驱动 IMU 绕 n 系而非 b 系匀速旋转，即保证 $\boldsymbol{\omega}_{\mathrm{np}}^{\mathrm{n}}$ 为常值矩阵。对于讨论的绕天向轴旋转的单轴旋转惯导系统，即保证

$$\boldsymbol{\omega}_{\mathrm{np}}^{\mathrm{n}}=(0,0,\omega)^{\mathrm{T}} \tag{5.6.4}$$

式中：ω 为角速率，取值根据相应的旋转方案确定。根据坐标系的关系有

$$\boldsymbol{\omega}_{\mathrm{np}}^{\mathrm{n}}=\boldsymbol{\omega}_{\mathrm{nb}}^{\mathrm{n}}+\boldsymbol{\omega}_{\mathrm{bp}}^{\mathrm{n}}=\boldsymbol{\omega}_{\mathrm{nb}}^{\mathrm{n}}+\boldsymbol{C}_{\mathrm{b}}^{\mathrm{n}}\boldsymbol{\omega}_{\mathrm{bp}}^{\mathrm{b}} \tag{5.6.5}$$

式中：$\boldsymbol{\omega}_{\mathrm{nb}}^{\mathrm{n}}$ 为 b 系相对导航系的旋转角速率，也称为姿态角速率。设 θ 、γ 、ψ 分别为载体的纵摇、横摇和航向角，其变化率为 $\dot{\theta}$ ，$\dot{\gamma}$ ，$\dot{\psi}$ 。根据姿态角的欧拉角关系有

$$\boldsymbol{\omega}_{\mathrm{nb}}^{\mathrm{b}}=\begin{bmatrix}\cos\theta\sin\gamma & \cos\gamma & 0\\ -\sin\theta & 0 & 1\\ -\cos\theta\cos\gamma & \sin\gamma & 0\end{bmatrix}\begin{bmatrix}\dot{\psi}\\ \dot{\theta}\\ \dot{\gamma}\end{bmatrix} \tag{5.6.6}$$

$\boldsymbol{\omega}_{\mathrm{bp}}^{\mathrm{b}}$ 为 IMU 旋转系相对于载体系的旋转角速率，因为旋转电机和测角反馈器件均安装在载体系内，利用该角速率作为电机旋转控制时理想指令角速率，得到系统的理想角度输出。在不隔离

载体运动条件下，IMU 绕 b 系 z 轴匀速旋转只需保证其转动角速度 $\boldsymbol{\omega}_{bp}^{b}=(0,0,\omega)^{T}$。若考虑隔离载体运动，使 IMU 绕导航系 z 轴匀速旋转，根据式（5.6.5），$\boldsymbol{\omega}_{bp}^{b}$ 应满足

$$\boldsymbol{\omega}_{bp}^{b}=\boldsymbol{C}_{n}^{b}\boldsymbol{\omega}_{np}^{n}-\boldsymbol{\omega}_{nb}^{b} \tag{5.6.7}$$

将式（5.6.4）和式（5.6.6）代入式（5.6.7），得

$$\boldsymbol{\omega}_{bp}^{b}=\begin{bmatrix}-\omega\cos\theta\sin\gamma-\dot{\psi}\cos\theta\sin\gamma-\dot{\theta}\cos\gamma\\ \omega\sin\theta+\dot{\psi}\sin\theta-\dot{\gamma}\\ \omega\cos\gamma\cos\theta+\dot{\psi}\cos\theta\cos\gamma-\dot{\theta}\sin\gamma\end{bmatrix} \tag{5.6.8}$$

式（5.6.8）确定了在载体存在角运动条件下，为保证 IMU 绕导航系 z 轴匀速旋转而应在载体系各轴向上施加的控制指令角速率。

对于构建的系统为单轴旋转系统，只能控制 IMU 绕 z 轴旋转，在载体的 x 轴和 y 轴不能提供控制角速率，因此只能通过改变绕 z 轴的控制角速率在一定程度上隔离载体的航向运动，不能隔离载体的纵横摇运动。

根据式（5.6.8），旋转电机的控制角速率为 $\omega\cos\gamma\cos\theta+\dot{\psi}\cos\theta\cos\gamma-\dot{\theta}\sin\gamma$（$\gamma$、$\theta$、$\psi$ 为姿态角，$\dot{\theta}$ 为纵摇变化率，可以通过系统导航解算得到），而不再是常值 ω。$\dot{\psi}$ 为航向变化率，对于第 4 章构建的单轴旋转系统，其 z 轴陀螺固连于载体系，因此可直接利用其陀螺输出进行 $\dot{\psi}$ 计算。需要指出，在载体不存在纵横摇运动条件下，该控制方案可以保证 IMU 绕导航系旋转。若载体存在纵横摇运动，由于不能给 IMU 的 x 轴和 y 轴提供控制角速率，因此 IMU 并不能精确绕导航系旋转，在此条件下并不能完全补偿载体的航向耦合效应。

5.6.3　实测姿态数据验证

根据 5.6.2 小节的航向运动的隔离方案，改变电机控制指令角速率。利用 5.6.1 小节航向和姿态数据进行了系统误差仿真，仿真条件同上。图 5.46（a）所示为采用航向耦合效应抑制算法后，系统在纵横摇为零，仅实测航向运动下的经纬度误差；图 5.46（b）所示为采用航向耦合效应抑制算法后，系统在实测的纵横摇和航向运动时下的经纬度误差。

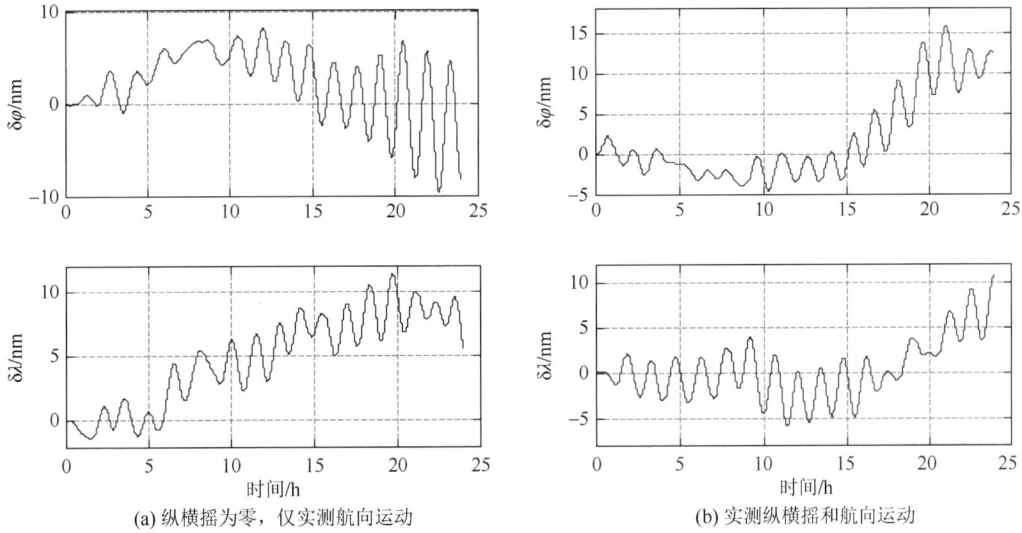

(a) 纵横摇为零，仅实测航向运动　　(b) 实测纵横摇和航向运动

图 5.46　不同姿态运动条件下的系统位置误差

由图 5.46 可知，当载体的纵横摇姿态为零时，在实测的航向状态下，采用本节提出的航向耦合效应抑制旋转控制算法的旋转惯导系统的经纬度误差与静止状态下的误差相当。这表明在载体姿态为零的前提下，航向耦合效应抑制旋转控制算法能够完全隔离载体航向变化引起的航向耦合效应；当载体存在纵横摇运动时，采用该算法可以有效减小航向的影响，但并不能达到完全消除航向耦合效应的影响。上述结果验证了 5.6.1 小节的理论分析。

第 6 章

系统阻尼校正技术

针对惯导系统在误差源作用下误差呈现出周期振荡的特点，本章将研究在无外速度等信息源条件下，系统振荡性误差的阻尼及校正方法；基于单通道水平回路的模型，分析系统稳定性及阻尼问题的实质，研究阻尼校正网络对于系统的影响；针对系统进行阻尼状态直接切换时的误差超调问题，从改变切换方式出发，在不改变传统阻尼网络方式的基础上，通过渐进改变网络参数，有效抑制回路状态突变引起的超调误差。仿真和实测数据试验验证了算法有效性。同时，针对传统阻尼校正网络结构复杂，参数固定的特点，从简化网络结构出发，设计一种基于比例环节的阻尼校正算法，算法在系统回路中增加一条前向通道，利用载体的加速度输出对姿态角速率进行校正，改变系统的特征根。仿真和实测数据的离线试验验证了算法的有效性，且算法结构简单，易于调整参数，为后续根据载体机动进行模糊自适应阻尼校正技术研究提供了重要的技术途径。

6.1 阻尼校正技术的实质及影响

由惯导系统的基本方程和误差方差可知，惯导系统实质为一临界稳定系统，系统在各误差源的激励下会产生周期性振荡[172]。不同的误差源对系统的影响各异，常值误差引起系统误差（经度误差除外）呈现出特定周期的振荡，而随机性误差源引起的系统误差均方根随时间增长。对于工作时间较长的惯导系统，如舰船或者潜艇等载体上的惯导系统，其工作时间一般为几天甚至几十天，由随机性误差引起的系统误差会随时间积累，从而严重制约系统精度。

根据控制理论可知，减小临界稳定系统振荡响应的有效方法就是在系统中加入一校正环节，改变系统的特征根，使系统成为渐进稳定系统。加入校正环节以后，系统回路具有阻尼特性，系统输出在各误差源激励下的振荡性误差响应逐渐衰减。

将阻尼环节加入不同的回路，对系统误差的抑制效果也有所不同。若在水平回路中加入阻尼校正环节，可以抑制舒拉周期振荡误差，这种阻尼方式称为水平阻尼。若在方位回路中加入阻尼，可以抑制地球周期振荡误差，这种方式称为方位阻尼。方位阻尼是在水平阻尼的基础上进行，同时进行方位阻尼和水平阻尼又称为全阻尼。在回路加入阻尼环节，并不引入外部信息源的阻尼方式称为内阻尼。内阻尼可分为内水平阻尼和内全阻尼。相对地，如果在系统中引入外测信息进行阻尼校正则称为外阻尼。外阻尼同样可分为外水平阻尼和外全阻尼。

外阻尼需要连续的外部信息源，实际应用中，系统在特殊应用环境下外速度等信息源不易获得。即使当系统能够获得外信息源时，基于最优估计等信息融合校正相对于传统外阻尼校正更具优势。基于此，本章主要研究无外信息源条件下的系统内阻尼技术。

6.1.1 阻尼校正技术的实质

忽略系统水平回路的相互影响，根据捷联式惯导系统的导航解算原理，系统的东向回路的解算过程为：系统的北向加速度计敏感到载体比力中包含加速度计器件误差和姿态误差引起的加速度，经积分后得到载体的北向运动速度，从而得到了载体因北向运动引起的东向旋转角速率。通过与理想的运动角速率做差得到角速率误差，同时叠加上陀螺本身的器件误差得到量测的角速率误差，该误差经积分后得到了载体东向的姿态误差角。根据上述原理建立单通道系统的水平回路模型如图 6.1 所示。

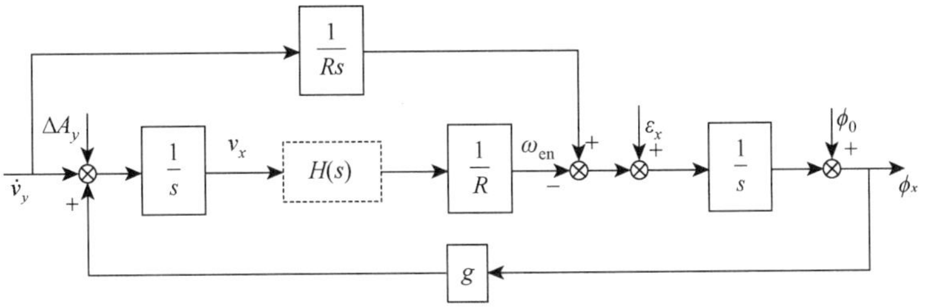

图 6.1　惯导系统东向误差回路

从图 6.1 易得陀螺漂移到误差角的传递函数为

$$\phi_x(s)=\frac{s}{s^2+\dfrac{g}{R}}\varepsilon_x(s)=\frac{s}{s^2+\omega_s^2}\varepsilon_x(s) \tag{6.1.1}$$

式中，$\omega_s=\sqrt{g/R}$，为舒拉频率。

根据控制理论可知，式（6.1.1）的传递函数，当 ε_x 为常值时，系统的误差角呈现等幅振荡，当 ε_x 为随机噪声时，其误差均方根随时间平方根增长。

若在图 6.1 的回路中加入阻尼环节可以改变系统的特征根，从而改变系统在不同误差源作用下的传递规律。设在回路中加入一简单的校正环节 $H(s)=1+kRs$，则陀螺漂移到误差角的传递函数为

$$\phi_x(s)=\frac{s}{s^2+ks+\omega_s^2}\varepsilon_x(s)=\frac{s}{s^2+2\xi\omega_s s+\omega_s^2}\varepsilon_x(s) \tag{6.1.2}$$

从式（6.1.2）可以看出加入阻尼环节后系统特征根发生变化，可以通过阻尼系数 ξ 来选择合适的系数 k。

陀螺漂移 ε_x 为常值时的系统响应为

$$\phi_x(t)=\frac{1}{\omega_s\sqrt{1-\xi^2}}\mathrm{e}^{-\xi\omega_s t}\sin(\omega_s\sqrt{1-\xi^2}t) \tag{6.1.3}$$

由此可见，误差角在常值漂移作用下的输出随时间逐渐衰减。

若陀螺漂移 ε_x 为零均值的白噪声，根据其相关函数，对式进行拉普拉斯（Laplace）反变换可得

$$\phi_x(t)=-\int_0^t\varepsilon_x(t-\tau)\frac{1}{\sqrt{1-\xi^2}}\mathrm{e}^{-\xi\omega_s t}\sin\left(\omega_s\sqrt{1-\xi^2}\tau-\arctan\frac{\sqrt{1-\xi^2}}{\xi}\right)\mathrm{d}\tau \tag{6.1.4}$$

ε_x 和 $\phi_x(t)$ 均为随机过程，同理 $\phi_x(t)$ 的均方根的稳态值为

$$\phi_x(t)==\sqrt{E[\phi_x^2]}=\frac{\sigma_{gx}}{2\sqrt{\omega_s\xi}} \tag{6.1.5}$$

因此，加入阻尼网络后，其误差角的均方根为与阻尼系数平方根成反比的常值，系统误差得到有效抑制。阻尼系数越大，其误差的均方根越小，阻尼效果越好。

通过简单仿真验证上述分析。

1. 仿真一

设陀螺分别存在 $\varepsilon_x=0.01\,°/\mathrm{h}$ 的常值漂移，以及强度为 $0.005\,°/\sqrt{\mathrm{h}}$ 的白噪声加相关时间为

4 h 的一阶马尔可夫过程的随机漂移，仿真 36 h 内回路的误差角。图 6.2 所示为东向回路未加入阻尼环节前在该漂移作用下的误差角曲线。系统在常值误差源的作用下误差呈周期性振荡，在随机误差源作用下误差随时间发散。

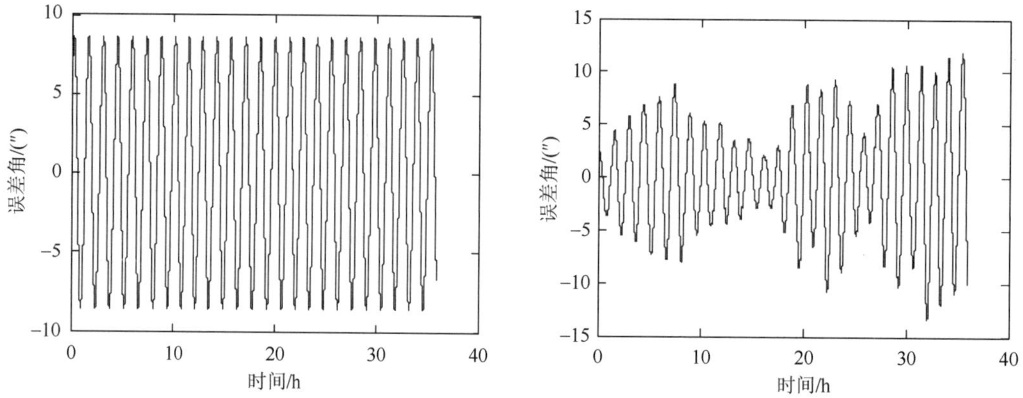

(a) 常值误差　　(b) 随机误差

图 6.2　不同误差源作用下无阻尼东向回路误差角输出

2. 仿真二

陀螺漂移同仿真一，分别在回路中加入阻尼比为 0.1、0.3、0.5、0.7 的阻尼环节。图 6.3 所示为阻尼比为 0.5 时，常值漂移和随机漂移作用下的误差角曲线。由此可见，由于在水平回路中加入了阻尼环节，系统舒拉振荡误差得到抑制。

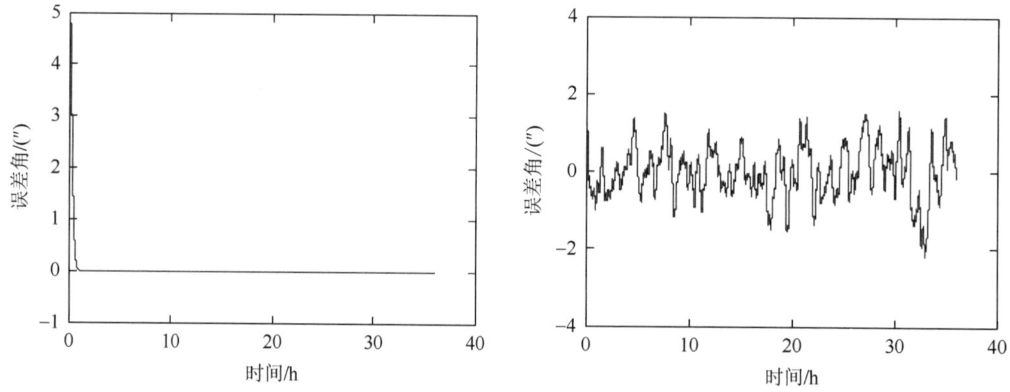

(a) 常值误差　　(b) 随机误差

图 6.3　不同误差源作用下东向回路误差角输出（阻尼）

图 6.4 所示为随机误差作用下不同阻尼比的阻尼环节作用下的误差角的均方根曲线（前 10 h）。由图 6.4 可知，加入阻尼校正后，系统误差角的均方根误差逐渐衰减为一常值，且其稳态误差与阻尼比呈反比，仿真结果与上述理论分析一致。

综上所述，惯导系统阻尼校正的实质就是给系统回路中增加一校正环节以改变系统的特征根，使系统转化为渐进稳定系统，从而抑制系统在一定误差源的作用下的振荡性误差。

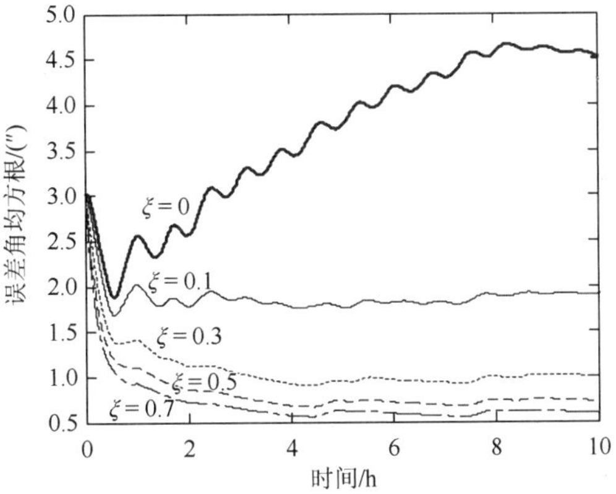

图 6.4 不同阻尼比作用下的误差均方根

6.1.2 阻尼校正技术的影响

惯导系统的阻尼校正可以抑制系统由常值引起的等幅振荡和随机误差引起的随时间的积累的误差。但向回路中加入阻尼环节改变系统特征根，使得系统结构和平衡状态遭到破坏，这势必会对系统带来新的影响。

仍以系统东向回路为例分析加入阻尼校正环节对系统的影响。从图 6.1 可以看出，阻尼环节的加入改变了由载体加速度到水平误差角的前向通道的传递函数，因此分析阻尼校正前后，载体加速度对于系统水平误差角的影响。

从图 6.1 可知，加入阻尼网络 $H(s)$ 后，姿态误差角与载体加速度之间的关系可以表示为

$$\phi(s)=\frac{[1-H(s)]}{R[s^2+H(s)\omega_s^2]}\dot{v}(s) \tag{6.1.6}$$

阻尼校正前，即 $H(s)=1$，姿态误差角与载体加速度之间的传递函数为零，系统满足加速度无干扰条件，载体的加速度不会影响系统的姿态角。加入阻尼校正后，回路平衡条件遭到破坏，在载体存在加速度时，系统会产生与载体加速度成正比的误差角。虽然这一误差角只出现在动态过程中，误差会随着阻尼作用在一两个舒拉周期内消失，但是一个舒拉周期长达 84.4 min，对于一般载体在这段时间内的机动时经常性的，因此由此产生的误差角可能随时间积累。上述分析可知，载体在加入阻尼网络后，其系统误差受载体加速度影响强烈，因此系统的阻尼状态只适合于载体机动较小时。

现仿真验证。设系统在 4 h 后由无阻尼转为阻尼比为 0.5 的阻尼状态，回路仅存在陀螺常值漂移为 0.01 °/h 的误差。图 6.5 所示为从上至下依次为载体加速度方差为 0、0.01 m/s、0.1 m/s 的白噪声条件下，36 h 的水平误差角输出。由此可见，当载体加速度较大时，阻尼使得系统的误差大于无阻尼的振荡误差。

同时，引入阻尼环节后破坏了原有回路状态，使得载体在由无阻尼向阻尼状态切换时，切换前时刻和切换后时刻回路状态发生突变，因此会引起误差超调。文献[81]分析了平台式惯导系统的误差超调的原因为系统状态切换前后时刻的陀螺仪控制角速度不相同，并指出导致控制角速度不同的主要原因是在无阻尼状态下很难保证在切换时刻解算速度为零，同时也很难保证外速度与解算速度之差为零。这种对于误差超调原因的分析过于苛刻，要保证状态切换前后回路状态平衡，只需外速度与解算速度之差为零即可，并不要求切换时刻的解算速度为零。当然，若切换时刻的解算速度为零，会进一步减小积分初值，使得状态切换的过渡过程更短。

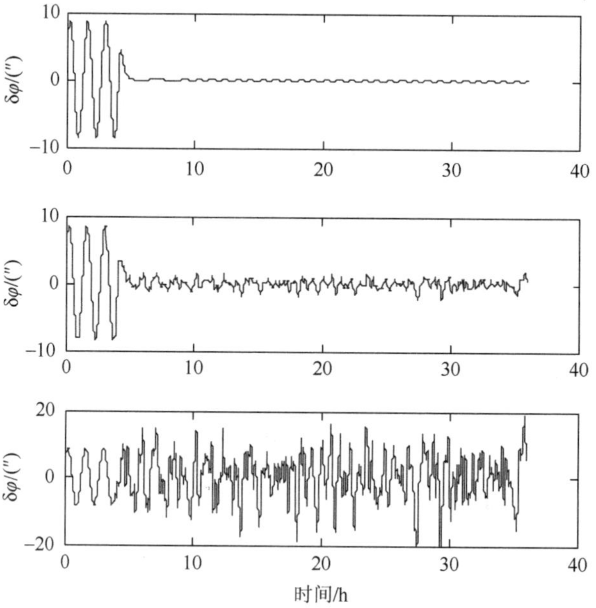

图 6.5　不同载体加速度下的误差角

旋转惯导系统采用捷联系统的编排和解算方式，系统中不存在物理平台和控制角速率，其导航参数通过导航程序的求解和计算。现以系统水平回路姿态角速率误差的节点状态进行分析，其节点如图 6.6 所示。

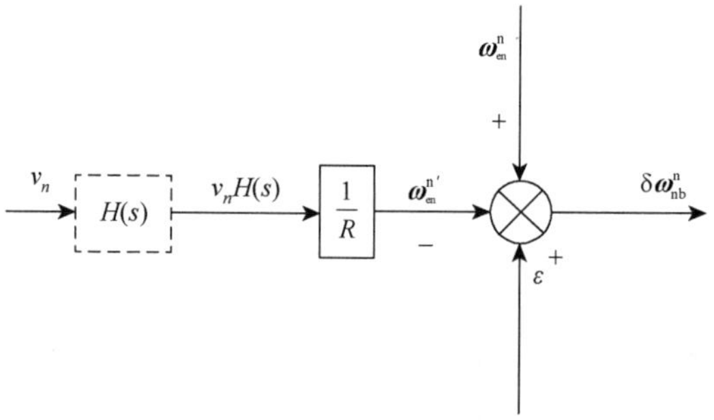

图 6.6　东向回路姿态角速率误差节点

对于数学解算平台，其姿态角速率误差来源于载体线运动引起的角速率误差和载体角运动引起的角速率误差。载体角运动引起的角速率误差由陀螺漂移引入，而由线运动引起的旋转角速度 $\boldsymbol{\omega}_{en}^{n'}$，$\boldsymbol{\omega}_{en}^{n}$ 为理想的线运动引起的角速度 $\boldsymbol{\omega}_{en}^{n}$，两者差值叠加上陀螺敏感的角运动速度误差即得到载体的姿态角速度误差，该误差积分后即为载体的姿态误差角。若在回路中加入阻尼环节，当系统切换到阻尼状态时，解算速度由 v_n 变为 $H(s)v_n$，相当于给系统加入了一激励，改变了回路原来的平衡状态，在其他输入不变的情况下会引起系统超调误差。同时阻尼环节的引入，使得该超调误差也会受到阻尼作用逐渐衰减，但在切换后的短时间内会影响系统误差，特别是系统速度误差。

图 6.7 所示为单通道惯导系统水平回路仅存在陀螺常值漂移为 0.01 °/h 的 10 h 内的速度误

差曲线。在第 4 h 向系统回路中加入了阻尼环节（阻尼比为 0.5）。由此可见，在进行“无阻尼—阻尼”状态切换后，系统速度误差出现了明显超调。

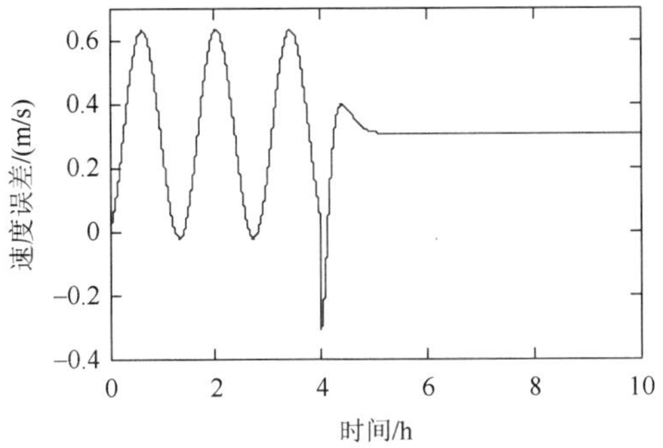

图 6.7　状态切换的速度误差曲线

综上分析，向回路中加入阻尼环节会给系统带来两方面的影响。首先，阻尼回路破坏了系统原有的舒拉平衡条件，使得系统误差受载体加速度影响强烈；其次，回路进行“阻尼—无阻尼”状态切换会引入超调误差。

水平阻尼网络主要抑制系统误差的舒拉周期，振荡误差在 1～2 h 得到抑制。对于舰船等载体保持几小时的较小机动状态较为常见。而方位阻尼网络主要抑制系统误差的地球周期，振荡误差在 1～2 个地球周期（24～48 h）内得到衰减。要保持舰船和舰艇等载体如此长时间的较小机动状态难以满足实际应用需求。为此，主要对系统的水平阻尼校正技术进行研究，有关方位阻尼的方法和思路类似。

上述分析可知，系统阻尼校正的实质是在系统解算回路中加入相应的阻尼校正环节，改变系统的特征根，使系统具有回路具有阻尼性质。针对单轴旋转惯导系统，一般通过测角光栅将旋转系内测量的陀螺和加速度计输出进行旋转分解到等效的固定载体系后，利用捷联式惯导系统的导航解算流程和算法对等效载体系内的陀螺和加速度计输出进行导航解算。相对于捷联式惯导系统，单轴旋转惯导系统只是在导航解算前对陀螺和加速度计输出增加了一次旋转分解，调制了系统的器件误差和系统误差，并不影响系统的解算流程和解算回路。因此，对旋转惯导系统的阻尼校正技术的研究基于系统导航解算的水平回路模型，这一点与捷联式惯导系统并无本质区别。因此，本章对旋转惯导系统阻尼校正的研究基于捷联式惯导系统的水平回路模型，将研究的阻尼网络和阻尼校正算法应用于单轴旋转惯导系统。通过仿真和实测数据试验，验证阻尼网络的有效性和适应性。

6.2　水平阻尼网络的设计与实现

阻尼校正网络直接影响阻尼后系统的误差特性，因此设计合理的校正网络成为传统阻尼校正研究的重要问题。振荡误差的衰减速度取决于系统阻尼比，从抑制系统误差方面出发，要求系统具有较大的阻尼比。同时，在回路中加入阻尼环节会影响回路的舒拉调谐条件，从而使得系统误差受到载体加速度的影响，因此应使阻尼网络尽量接近于 1，即系统具有的阻尼比越小越好。综合两方面考虑，一般选取系统的阻尼比为 0.5 左右为宜。文献[2]基于此原则研究了舰船平台式惯导系统的阻尼网络设计，利用试探法设计了惯导系统的水平阻尼和方位阻尼网络。但试探性的网络设计方法是通过不断改变网络参数以试探性获得网络的预期效果，网络设计建立在试探和经验判断的基础上，设计效率不高且不能预知网络的预期效果。

本节将从系统的单通道水平回路模型出发，研究一种基于对数幅频特性的解析式阻尼网络设计方法。该方法直接将期望的时域指标转化为频域参数，根据系统的频率特性计算网络参数，设计合适的阻尼校正网络。

6.2.1 阻尼网络的设计

1. 水平回路建模

根据 6.1 节的东向回路模型，可得无阻尼系统的开环传递函数，绘制系统开环传递函数的伯德（Bode）图如图 6.8 所示。

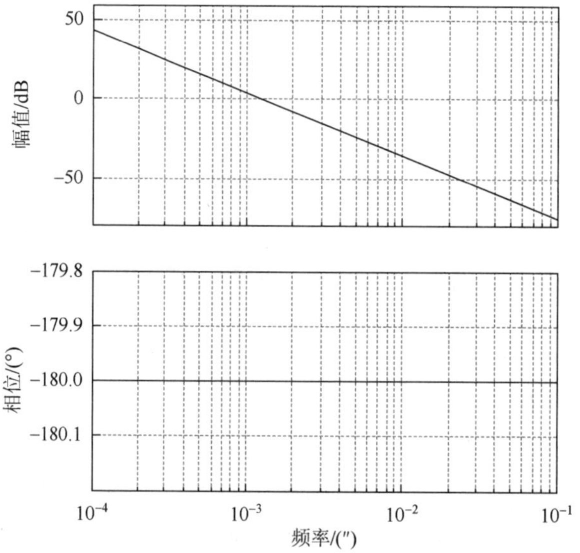

图 6.8 无阻尼水平回路的伯德图

从图 6.8 可以看出，系统的相频特性曲线为一条斜率为−40 dB 的直线，直线与零分贝线交于点 ω_s，该点为系统的截止频率。而系统的相频特性也是一条直线，具有−180°的相移，系统的相角裕度为 0°，系统处于临界稳定状态。

为了改变系统的状态，可以系统中加入阻尼环节（图 6.8 中的虚线部分）以改变系统的特征方程，使系统具有负实部的特征根，从而使得系统处于渐进稳定状态。这要求阻尼校正环节能够在截止频率附近提供正的相移，同时为了保证系统具有较高的稳定裕度，应使得系统的开环幅频特性在截止频率处的斜率为−20 dB。为得到系统期望的幅频特性曲线，从系统频率特性曲线的低、中、高三个频段进行阻尼校正网络设计。

2. 频段设计

1）截止频率

综合系统阻尼效果和加速度对系统影响两方面考虑，选取合适的阻尼比。这里选择阻尼比

0.5 为例阐述其设计过程。在实际进行网络设计时，可以根据舰船所处的状态确定更适合的阻尼比。例如，当舰船处于系泊状态时，载体加速度较小，因此可以适当加大系统的阻尼比以获得更好的动态特性。

根据二阶系统谐振峰值与阻尼比的关系有

$$M_{\mathrm{r}}=\frac{1}{2\xi\sqrt{1-\xi^{2}}} \tag{6.2.1}$$

当期望的阻尼网络具有 $\xi=0.5$ 阻尼比时，系统的谐振峰值 $M_{\mathrm{r}}=1.154\ 7$。系统在常值误差作用下产生舒拉周期的等幅振荡，响应的上升时间为 1/4 舒拉周期。为获得较好的动态性能，可设定系统的调节时间为 1/2 舒拉周期，即调节时间 $t_{s}=2\ 532\ \mathrm{s}$。根据高阶系统频域和时域指标的关系有

$$t_{s}=\frac{K\pi}{\omega_{\mathrm{c}}} \tag{6.2.2}$$

式中：$K=2+1.5(M_{\mathrm{r}}-1)+2.5(M_{\mathrm{r}}-1)^{2}$。

根据式（6.2.2）可以得到系统期望的截止频率为 $\omega_{\mathrm{c}}=0.002\ 8\ \mathrm{rad/s}$。

2）系统带宽确定

为了使系统具有更好的响应速度和动态特性，要求系统具有较大的带宽；然而，从抑制系统噪声的角度来看，又不希望系统的带宽过大。为了使系统在同样带宽条件下具有更好的稳定裕度，临界稳定系统经过校正后，中频段应具有以下形式的传递函数：

$$G(s)=\frac{\omega_{s}^{2}(1+s/\omega_{2})}{s^{2}(1+s/\omega_{3})} \tag{6.2.3}$$

式中：ω_{2} 为截止频率前的转折频率，使系统幅频特性增加 20 dB/dec 斜率；ω_{3} 为截止频率后的转折频率，合理选择 ω_{3} 可以确定系统带宽。

式（6.2.3）中传递函数的相角 $\gamma(\omega)$ 为

$$\gamma(\omega)=\arctan\frac{\omega}{\omega_{2}}-\arctan\frac{\omega}{\omega_{3}} \tag{6.2.4}$$

式（6.2.4）产生系统最大相角的角频率 ω_{m} 为

$$\omega_{\mathrm{m}}=\sqrt{\omega_{2}\omega_{3}} \tag{6.2.5}$$

将式（6.2.5）代入式（6.2.4）得

$$\sin\gamma(\omega)=\frac{\omega_{3}-\omega_{2}}{\omega_{3}+\omega_{2}} \tag{6.2.6}$$

根据带宽定义，中频带宽 $H=\omega_{2}/\omega_{3}$，将其代入式（6.2.6）得

$$\frac{1}{\sin\gamma(\omega_{\mathrm{m}})}=\frac{H+1}{H-1} \tag{6.2.7}$$

为使系统获得尽可能大的相角裕度，选择校正环节的最大相角裕度角频率接近系统的截止频率，即可认为 $\omega_{\mathrm{m}}\approx\omega_{\mathrm{c}}$，由式（6.2.7）可得

$$\frac{1}{\sin\gamma}=\frac{H+1}{H-1} \tag{6.2.8}$$

式（6.2.8）即为系统期望的相角裕度与中频带宽的关系式。

一个设计良好的实际运行系统的相角裕度应为 45°左右。过于低于此值，系统的动态性能差，过于高于此值，意味着对整个系统和组成部件要求较高，物理实现困难。设计的阻尼网络

通过计算机程序改变系统输入和输出关系实现，不存在物理结构，因此可以适当增大系统的相角裕度以提高系统的动态性能，但若相角裕度过高，使得系统的稳定程度太好，导致系统动态过程缓慢。综合以上考虑，设计系统的相角裕度$\gamma = 60°$。根据式（6.2.8）得到系统带宽$H = 13.928\ 2$。

确定了系统截止频率和系统带宽后，为满足系统在截止频率处获得最大的相角，合理选择校正环节的交接频率ω_2、ω_3。根据式（6.2.5）和式（6.2.8）得到两交接频率为$\omega_2 = 7.502\ 5\times10^{-4}\ \text{rad/s}$，$\omega_2 = 1.04\times10^{-2}\ \text{rad/s}$。

在确定了系统的截止频率和带宽后，完成了系统的中频段设计。为了使得系统具有良好的稳态性能和噪声抑制能力，进一步进行低、高频段及其衔接频段的设计。

3）衔接频段设计

无阻尼惯导系统水平回路控制系统在低频段具有的–40 dB/dec 斜率，这表征系统在阶跃输入和斜坡输入信号下的稳态误差为零，很好地满足了系统的稳态误差要求，因此校正后系统可以采用与无阻尼系统一致的低频段，在经过转折频率ω_2后进入中频段。同样，无阻尼系统幅频特性曲线在高频段具有–40 dB/dec 斜率，表明系统具有良好的高频噪声抑制能力，因此可以使得校正后系统与无阻尼系统具有相同的高频段特性。

而系统经过第二转折频率ω_3后斜率为–20 dB/dec，为了使得系统具有良好的噪声抑制能力，因此在期望系统在经过第二交接频率ω_3后，高频段增益迅速减小，因此在ω_3处设计二阶振荡环节使系统开环频率特性斜率减小为–60 dB/dec。同时，为使频率特性曲线在迅速接近无阻尼惯导系统的频率曲线后，与之具有相同斜率，应在高频处设计转折频率ω_4，在该处加入一阶微分环节提供 20 dB/dec 的斜率，从而完成了校正阻尼网络的设计。为简化计算，并保证系统在稳态时增益为 1，取$\omega_4 = H\times\omega_3 = 0.144\ 9$。

3. 网络阻尼效果

通过对系统水平回路单通道建模后，根据对数频率特性进行了各频段计算完成了网络设计，得到满足该对数频率特性的校正网络的传递函数为

$$G(s) = \frac{(1+s/\omega_2)(1+s/\omega_4)}{(1+s/\omega_3)^2} \tag{6.2.9}$$

将参数计算结果代入得

$$G(s) = \frac{(s+7.502\ 5\times10^{-4})(s+0.144\ 9)}{(s+1.04\times10^{-2})^2} \tag{6.2.10}$$

图 6.9 所示为该阻尼校正网络的对数幅频特性曲线，从图可以看出函数截止频率ω_c处为系统提供正相移，并具有较大相位，系统稳定。同时在高频和低频段增益迅速减小至零，保证系统具有较好的稳态性能和噪声抑制能力。

为了验证设计的阻尼校正网络对系统舒拉振荡误差的抑制作用，进行了单通道水平回路控制系统仿真。图 6.10 为东向陀螺存在$0.01\ °/\text{h}$的常值漂移时，无阻尼惯导系统，文献[2]经典网络的阻尼系统，阻尼网络阻尼惯导系统的水平误差角输出。从图 6.10 可以看出，加入阻尼网络的系统很好地抑制了系统的振荡误差，与文献[2]的经典网络相比，设计的网络具有更快的调节时间和更小的超调量。

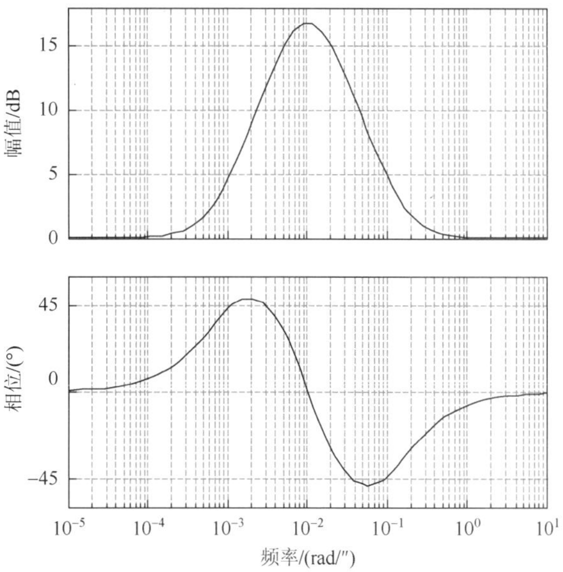

图 6.9　阻尼网络的伯德图

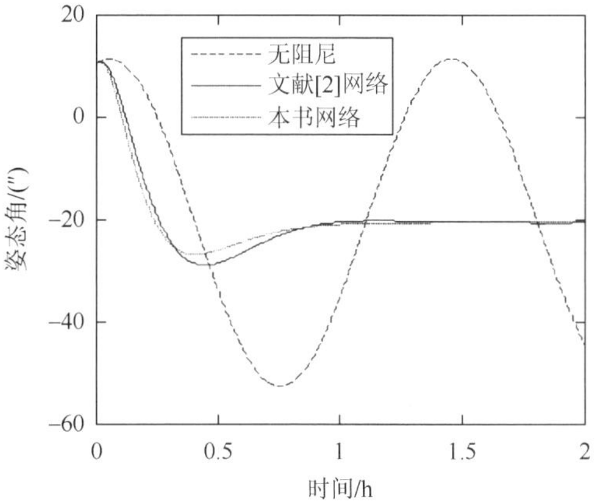

图 6.10　常值误差条件下单通道水平回路的姿态输出

6.2.2　阻尼网络的实现

本小节将讨论设计的二阶阻尼网络在实际的系统应用中的实现。实际中，阻尼网络是通过计算机里的程序运算实现。为不失一般性，将上小节设计的阻尼网络写成如下形式：

$$G(s)=\frac{(s+\omega_1)(s+\omega_2)}{(s+\omega_3)(s+\omega_4)} \tag{6.2.11}$$

式中：ω_1、ω_2、ω_3、ω_4 为设计的网络参数。

设加入阻尼网络前的系统速度为 v，经过阻尼网络后速度为 v_d，在式 6.2.11 所示的阻尼网络作用下，v 与 v_d 存在二阶微分的关系，为计算机计算和处理方便，引入中间变量 v_i 将其化为两个一阶微分方程，将其等效变换后变为比例环节和惯性环节之和的形式，其分解过程如图 6.11 所示。

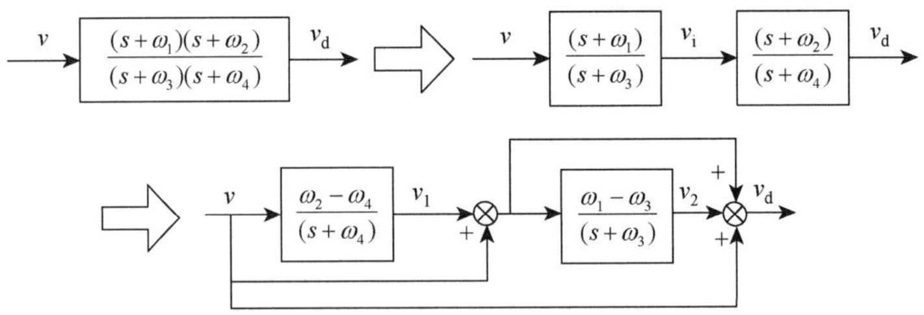

图 6.11 阻尼网络简化分解

根据阻尼网络有

$$v_{\mathrm{d}}=\frac{(s+\omega_1)(s+\omega_2)}{(s+\omega_3)(s+\omega_4)}v \tag{6.2.12}$$

变形得

$$v_{\mathrm{d}}=\frac{s+\omega_1}{s+\omega_3}\left(1+\frac{\omega_2-\omega_4}{s+\omega_4}\right)v \tag{6.2.13}$$

令 $v_1=\frac{\omega_2-\omega_4}{s+\omega_4}v$，式（6.2.13）可化为

$$v_{\mathrm{d}}=\frac{s+\omega_1}{s+\omega_3}(v+v_1) \tag{6.2.14}$$

变形得

$$v_{\mathrm{d}}=\left(1+\frac{\omega_1-\omega_3}{s+\omega_3}\right)(v+v_1) \tag{6.2.15}$$

令 $v_2=\frac{\omega_1-\omega_3}{s+\omega_3}(v+v_1)$，则

$$v_{\mathrm{d}}=v+v_1+v_2 \tag{6.2.16}$$

将中间变量与式（6.2.16）联立得

$$\begin{cases} v_{\mathrm{d}}=v+v_1+v_2 \\ v_1=\dfrac{\omega_2-\omega_4}{s+\omega_4}v \\ v_2=\dfrac{\omega_1-\omega_3}{s+\omega_3}(v+v_1) \end{cases} \tag{6.2.17}$$

式（6.2.17）表明，通过利用中间变量将 v 和 v_{d} 的二阶关系转化为一阶微分方程组，利用拉普拉斯反变换将其化为时域内形式：

$$\begin{cases} v_{\mathrm{d}}=v+v_1+v_2 \\ \dot{v}_1=(\omega_2-\omega_4)v-\omega_4 v_1 \\ \dot{v}_2=(\omega_1-\omega_3)(v+v_1)+\omega_3 v_2 \end{cases} \tag{6.2.18}$$

式中，ω_1、ω_2、ω_3、ω_4 为设计的网络参数，为已知量。对于 v_1 和 v_2 的微分方程，通过惯导系统导航计算机利用龙格-库塔法进行求解，从而得到阻尼后的速度 v_{d}，实现系统的阻尼环节。

6.2.3　仿真与实验

1. 仿真

需要指出，6.2.1 小节的阻尼网络设计方法针对捷联式惯导系统单通道水平回路的控制系统模型，而实际系统具有两条相互耦合的水平回路和一条方位回路。为验证设计的阻尼网络在旋转惯导系统两条水平回路中的有效性，将阻尼校正网络分别加入两条水平回路，进行单轴旋转惯导系统的阻尼仿真。

仿真对象：单轴连续正反旋转系统，采用整周换向，旋转角速率 $\omega=3°/\text{s}$ 。

仿真条件：陀螺常值漂移为 $0.01\,°/\text{h}$ ，随机漂移为方差 $0.000\,1\,°/\sqrt{\text{h}}$ 的白噪声，加速度计零偏为 $10^{-5}\ \text{g}$ ，随机零偏为方差 $10^{-6}\ \text{g}$ 的白噪声，陀螺和加速度计的安装误差均为 $10''$ ，陀螺和加速度计的对称性刻度系数误差均为 10 ppm，初始对准误差为 $(10'',10'',30'')$ ，载体的初始北向速度为 5 m/s，初始东向速度为 3 m/s，初始速度误差为 0.1 m/s 。仿真时间为 36 h，步长为 0.01 s。图 6.12（a）、（b）、（c）所示分别为系统的速度、姿态和位置误差曲线，其中细线为无阻尼系

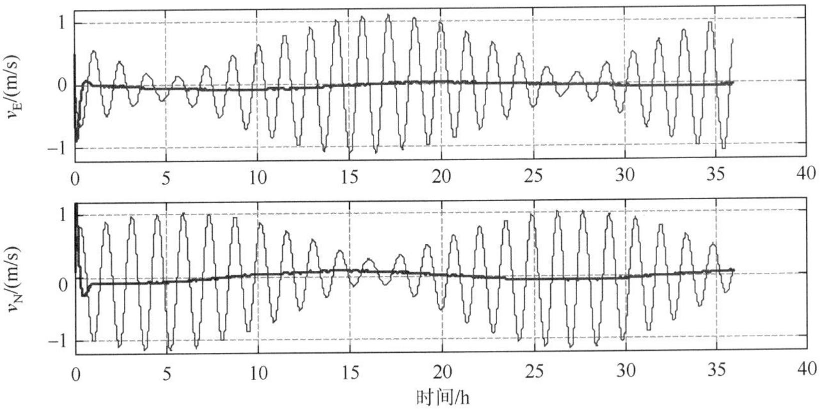

(a) 速度误差曲线

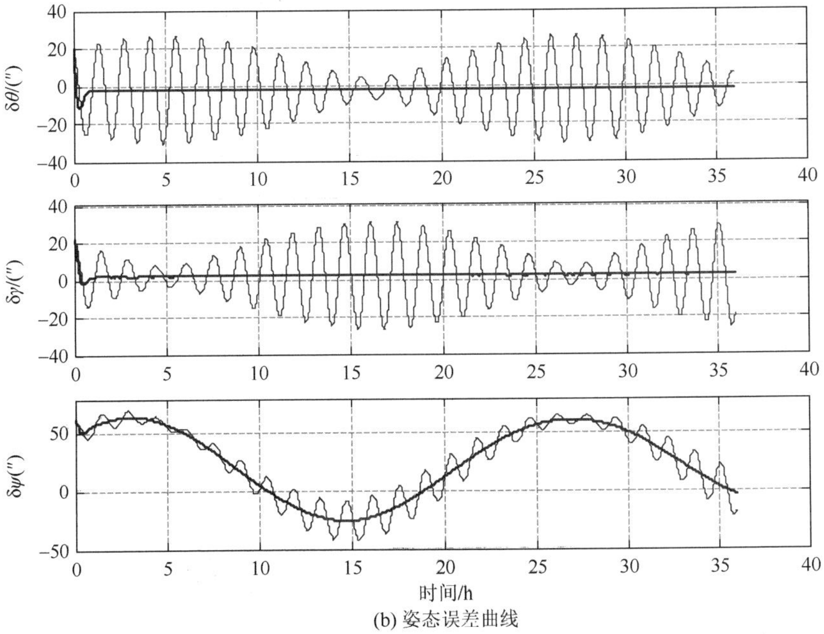

(b) 姿态误差曲线

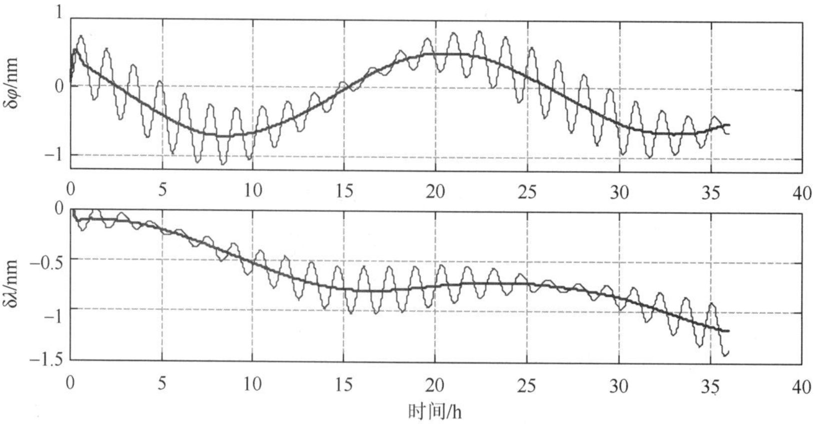

(c) 位置误差曲线

图 6.12 无阻尼和阻尼系统的误差曲线

统的误差曲线，粗线为加入阻尼网络后的误差曲线。由图 6.12 可知，在惯导系统的两条水平回路加入阻尼网络后，系统的舒拉振动误差得到明显抑制。

2. 实测数据实验

为进一步检验阻尼校正网络在实际系统中的应用效果，利用海上试验采集的陀螺和加速度计的原始数据进行离线验证［由于研制进展所限，进行海试试验的系统未采用构建的单轴旋转光纤惯导系统，而是利用课题组前期与中国航空工业集团有限公司飞行自动控制研究所（618所）合作研究的高精度光纤陀螺旋转惯导系统。由于阻尼校正算法主要抑制系统导航输出振荡性误差，不涉及器件误差，因此不影响算法验证的有效性］。试验系统搭载在某舰船上，试验为期 3 个月，期间共出航 13 航次，系统经历了平稳、适度和大风浪等各种海洋状态。利用课题组开发的惯导系统数据采集软件，采集了系统在各种海洋环境和航行状态下的陀螺和加速度计原始数据，惯导系统输出的速度、姿态和位置数据。同时利用 GPS 接收设备系统采集了位置、速度数据作为基准信息。实验情况如图 6.13 和图 6.14 所示。

图 6.13 某激光陀螺旋转惯导系统海上试验照片

图 6.14 GPS 接收设备及天线安装

利用一组载体较小机动条件下的陀螺和加速度计的原始数据进行阻尼效果验证。根据前面设计的网络参数和实现算法分别进行无阻尼和阻尼系统的导航解算。以 GPS 的速度和位置为基准，将其速度误差和位置误差曲线绘于图 6.15 和图 6.16，其中细实线为无阻尼系统的各误差曲线，粗实线为加入阻尼校正后的误差曲线（由于各误差参数涉及系统技术指标，所以对实际试验数据曲线的幅值进行了适当比例的放大处理，但不影响阻尼效果的对比验证）。从图 6.15 和图 6.16 可以看出，加入了水平阻尼网络后，系统的横摇和纵摇的舒拉振荡性误差得到了抑制。

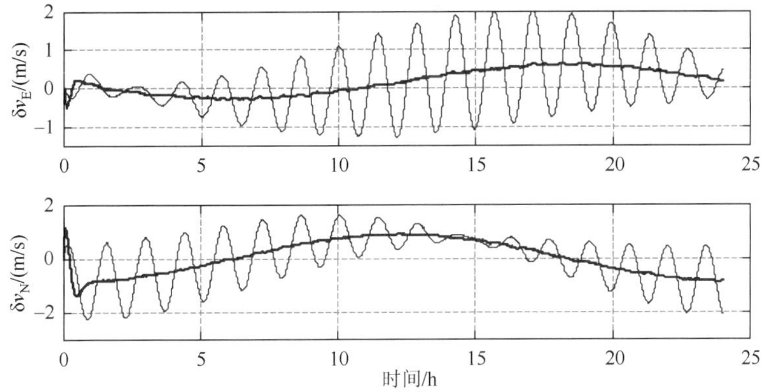

图 6.15 无阻尼和阻尼系统的速度误差曲线

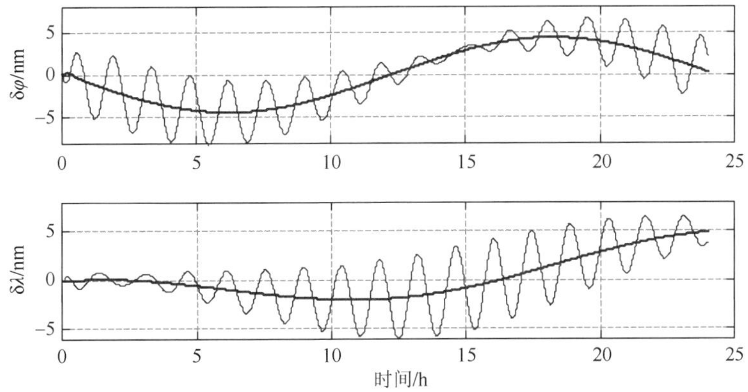

图 6.16 无阻尼和阻尼系统的位置误差曲线

由于无姿态基准，所以直接将系统无阻尼和阻尼的姿态输出绘于图 6.17 和图 6.18。

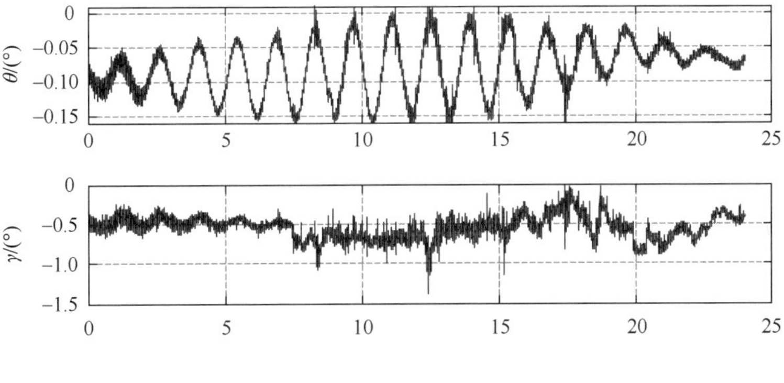

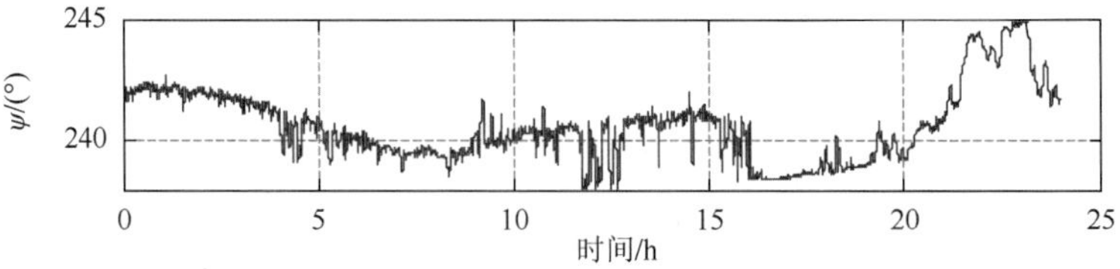

图 6.17　无阻尼系统的姿态输出

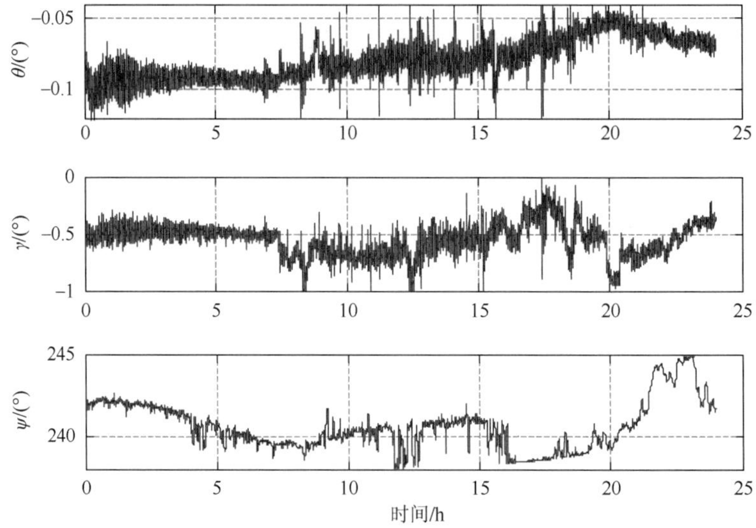

图 6.18　阻尼系统的姿态输出

载体纵摇幅值及变化较小，从图可以看出其振荡误差得到抑制。横摇和航向幅值及变化较大，输出难以看出其误差成分。为验证阻尼网络对系统实际姿态的阻尼效果，将无阻尼的姿态输出与阻尼后的姿态输出作差后绘于图 6.19。从图 6.19 可以看出，姿态差值表现为舒拉周期振荡形式，这正是阻尼网络抑制的姿态振荡误差成分。

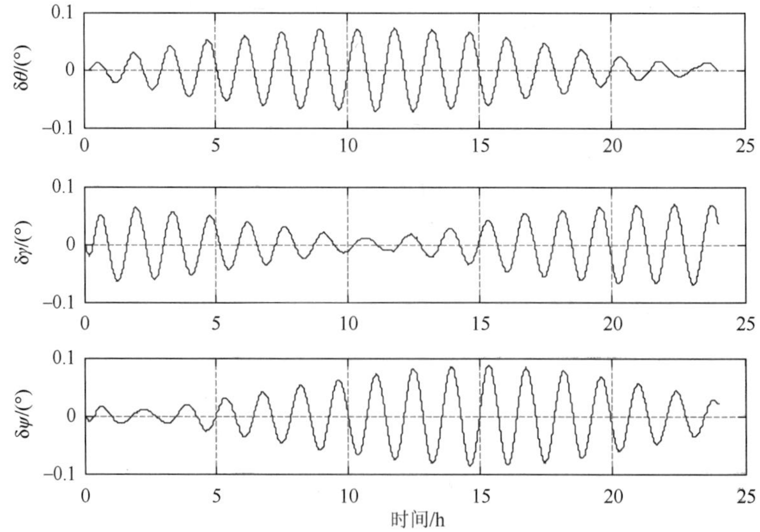

图 6.19　无阻尼系统与阻尼系统的姿态差

6.3 阻尼状态超调误差抑制算法

6.1 节中指出，在利用传统阻尼网络进行校正时，阻尼网络的加入改变了系统回路状态，使系统出现超调误差。本节在不改变网络形式的技术上，从改变切换方式出发对传统阻尼网络校正切换过程中的超调误差抑制进行研究。

6.3.1 误差抑制机理

文献[81]研究了平台式惯导系统的误差补偿技术，并提出利用外速度信息进行超调误差补偿的思路，取得了明显效果。该补偿算法需要在进行状态切换时有较高精度的外速度源，对于水下载体，高精度的外速度源难以获得。若系统有外速度源参考时，一般采用速度误差作为观测量采用信息融合和最优估计理论进行组合导航抑制系统误差。

由 6.1 节可知，系统加入阻尼网络后，回路的状态发生突变，这种突变在速度上表现最为明显。由于阻尼网络的实现实质上是根据阻尼网络求解二阶微分方程，利用求出的修正量改变速度。下面分析阻尼状态切换前后速度校正量的大小。

根据 6.2.2 小节，当阻尼网络为$G(s)=\dfrac{(s+\omega_1)(s+\omega_2)}{(s+\omega_3)(s+\omega_4)}$时，其速度修正方程为

$$\begin{cases}v_{\mathrm{d}}=v+v_1+v_2\\ \dot{v}_1=(\omega_2-\omega_4)v-\omega_4 v_1\\ \dot{v}_2=(\omega_1-\omega_3)(v+v_1)+\omega_3 v_2\end{cases} \tag{6.3.1}$$

设校正前时刻系统的解算速度为v_0^-，校正后的速度为v_0^+，阻尼切换时刻中间变量的初始值$v_{10}=v_{20}=0$，解算周期为Δt，将值代入式（6.3.1），利用一阶近似求解微分方程，可得校正后时刻的速度v_0^+为

$$v_0^+=v_0^-+\{(\omega_2-\omega_4)+(\omega_1-\omega_3)[1+(\omega_2-\omega_4)\Delta t]\}v_0^-\Delta t \tag{6.3.2}$$

因此阻尼时刻速度校正量δv_0为

$$\delta v_0=v_0^+-v_0^-=\{(\omega_2-\omega_4)+(\omega_1-\omega_3)[1+(\omega_2-\omega_4)\Delta t]\}v_0^-\Delta t \tag{6.3.3}$$

由式（6.3.3）可知，在进行系统阻尼状态切换时，其速度校正量大小与切换时刻的系统解算速度v_0^-，系统解算周期Δt以及阻尼网络参数ω_1、ω_2、ω_3、ω_4有关。对于实际系统中，其解算周期在程序设计时已经确定不易改变，而校正时刻的校正速度v_0^-与切换时刻的载体运动状态有关。因此，速度修正量与阻尼网络的参数直接相关，其阻尼网络参数的变化形式直接影响了速度超调的大小。

传统方法进行阻尼状态切换时，直接将阻尼网络接入回路，网络参数由零直接变为ω_1、ω_2、ω_3、ω_4，其δv_0的大小如式（6.3.3）所示。当系统的阻尼参数$\omega_1=\omega_3$，$\omega_2=\omega_4$时，$\delta v_0=0$，速度校正量最小，此时阻尼网络的传递函数为 1。考虑到无阻尼惯导系统实质为阻尼网络为 1 的系统，因此在进行阻尼状态切换时，可逐步改变系统的零点，使系统零点大小从ω_3和ω_4分别渐进增加至ω_1和ω_2。为保证系统的稳态误差，切换过程中应保证零点乘积与极点乘积相等。渐进过程的时间根据切换时刻的解算速度大小确定。

设系统渐进切换的时间为t_{sw}，系统解算周期为Δt，则总切换步数$N=t_{sw}/\Delta t$，令ω_1按线性方式递增，因此可求出其表达式为

$$\omega_{1i}=\omega_3+\frac{(\omega_1-\omega_3)}{N}\times i \quad (i=1,2,\cdots,N) \tag{6.3.4}$$

式中：i 为切换步数。

为满足切换过程中 $\omega_{1i}\omega_{2i}=\omega_3\omega_4$，有

$$\omega_{2i}=\frac{\omega_3\omega_4}{\omega_3+\dfrac{\omega_1-\omega_3}{N}\times i} \quad (i=1,2,\cdots,N) \tag{6.3.5}$$

式（6.3.5）表示在进行阻尼状态渐进切换时，另一个阻尼网络参数的变化。下面分析进行渐进切换时的速度的校正量。设切换后的第一个解算周期内分母参数为

$$\omega_{11}=\omega_3+\delta\omega_1 \tag{6.3.6}$$

$$\omega_{21}=\omega_4+\delta\omega_2 \tag{6.3.7}$$

根据式（6.3.4）有

$$\delta\omega_1=\frac{\omega_1-\omega_3}{N} \tag{6.3.8}$$

根据 $\omega_{11}\omega_{21}=\omega_3\omega_4$ 有

$$(\omega_3+\delta\omega_1)(\omega_4+\delta\omega_2)=\omega_3\omega_4 \tag{6.3.9}$$

将式（6.3.8）代入式（6.3.9），忽略二阶小量有

$$\delta\omega_2=\frac{\omega_4}{\omega_3}\delta\omega_1 \tag{6.3.10}$$

将式（6.3.8）和式（6.3.10）代入式（6.3.3）后，得进行渐进切换时速度校正量 $\delta v_0'$ 为

$$\delta v_0'=\left[\frac{\omega_4}{\omega_3}\delta\omega_1+\delta\omega_1\left(1+\frac{\omega_4}{\omega_3}\delta\omega_1\Delta t\right)\right]v_0^-\Delta t \tag{6.3.11}$$

由于网络参数为常数，为便于比较，令 $\omega_1-\omega_3=c$，$\omega_2-\omega_4=kc$，根据式（6.3.3）可得直接切换时的速度校正量可化为

$$\delta v_0=[kc+c(1+kc\Delta t)]v_0^-\Delta t \tag{6.3.12}$$

而渐进切换的校正量为

$$\delta v_0'=\left[\frac{\omega_4}{\omega_3}\frac{c}{N}+\frac{c}{N}\left(1+\frac{\omega_4}{\omega_3}\frac{c}{N}\Delta t\right)\right]v_0^-\Delta t \tag{6.3.13}$$

由此可见，随着切换步数的增加，其单位步长内的校正量线性递减，因此通过在一段时间内渐进改变网络参数，可以减小系统回路状态的突变量，从而抑制系统误差。

6.3.2 仿真

根据渐进切换的超调误差抑制算法，进行了单轴旋转惯导系统“无阻尼—阻尼”状态切换的仿真。仿真对象和条件同 6.2.3 小节，为验证对速度超调误差抑制的适应性，仿真中加入了强度为 0.1 m/s 速度随机噪声。系统在第 10 h 由无阻尼状态切换至阻尼状态，渐进切换时间 10 min。图 6.20 所示为直接切换时系统的速度误差曲线，图 6.21 所示为渐进切换时系统的速度误差曲线。

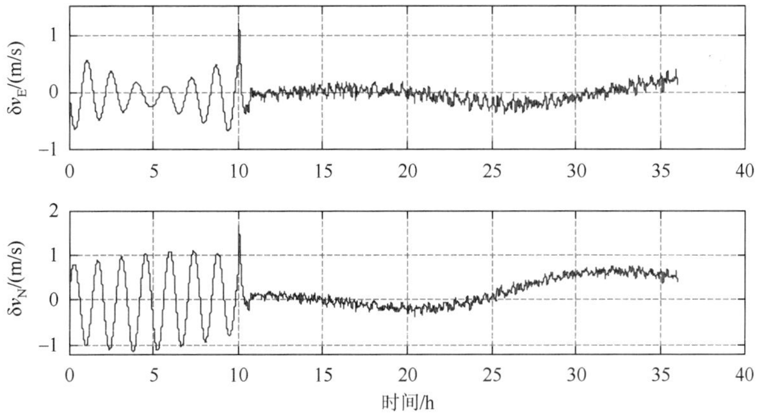

图 6.20　直接切换的速度误差

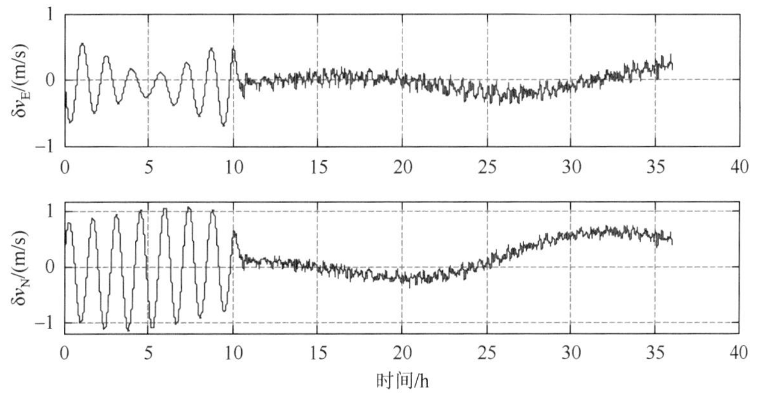

图 6.21　渐进切换的速度误差

为清楚显示，将不同切换方式在切换后的过渡过程的速度误差绘于图 6.22，过渡过程中（切换后 1 h）的速度误差均方根误差如表 6.1 所示。

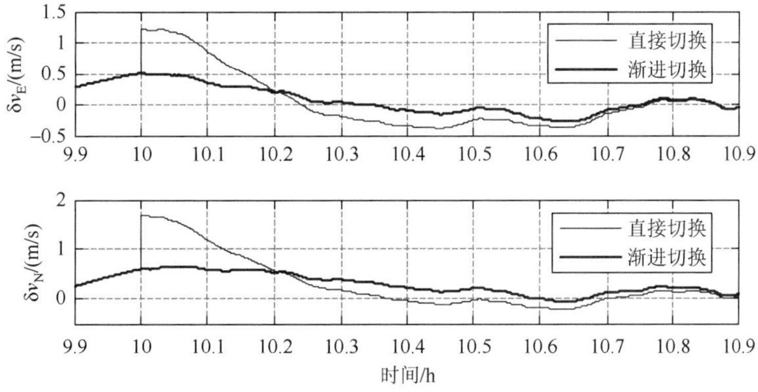

图 6.22　切换过渡过程的速度误差

表 6.1 不同状态切换的速度误差均方根

切换方式	东向速度/(m/s)	北向速度/(m/s)
直接切换	0.198 9	0.332 6
渐进切换	0.041 2	0.116 1

6.3.3 实测数据实验

为进一步检验渐进切换对于超调误差的抑制效果。利用海试试验采集的原始数据进行离线验证。取一组机动状态较小的数据，进行无阻尼惯导系统导航解算，在第 5 h，切换到阻尼工作状态，状态切换时间为 10 min，数据解算周期 0.01 s。图 6.23 所示为直接切换时系统的速度误差曲线，图 6.24 所示为渐进切换时系统的速度误差曲线。

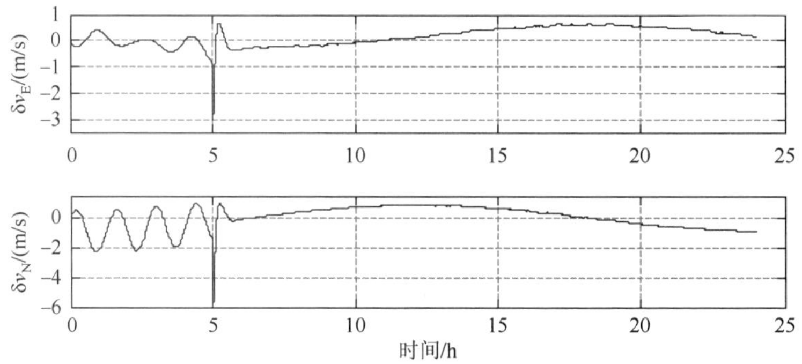

图 6.23 直接切换的速度误差曲线

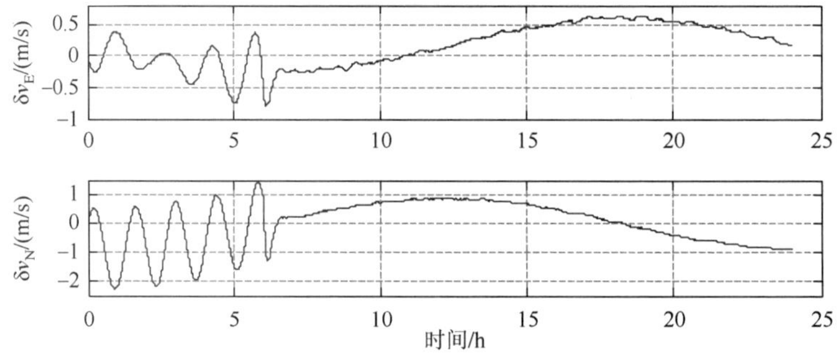

图 6.24 渐进切换的速度误差曲线

为清楚显示，将切换后过渡过程的速度误差绘于图 6.25。过渡过程中（切换后 1 h）的速度误差均方根误差如表 6.2 所示。

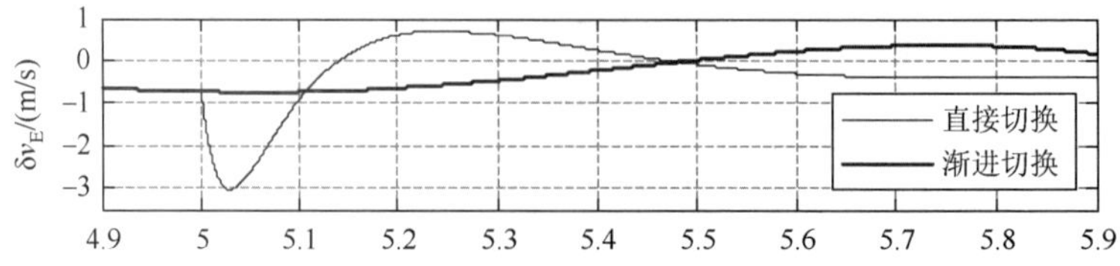

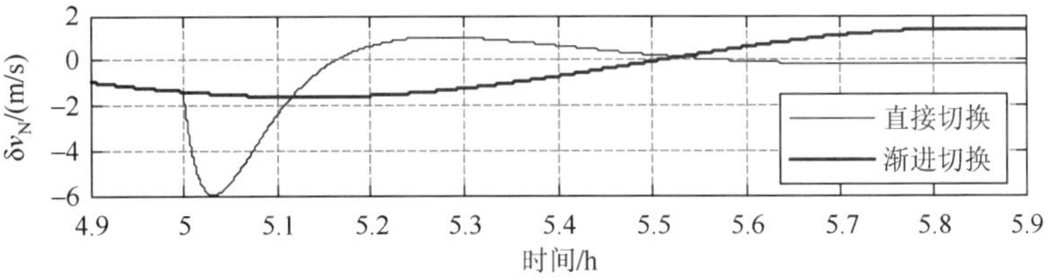

图 6.25 切换过渡过程的速度误差

表 6.2 不同状态切换的速度误差均方根

切换方式	东向速度/(m/s)	北向速度/(m/s)
直接切换	0.534	1.238
渐进切换	0.196	0.703

6.4 基于比例环节的阻尼校正算法

渐进改变网络参数的阻尼校正状态切换方法，有效抑制了超调误差，但是并没有改变传统阻尼网络的结构及形式。由 6.1 节阻尼校正对系统的影响分析可知，加入阻尼网络后，系统精度受载体加速度影响强烈。为减小这种影响，一般通过调整阻尼网络的参数以改变阻尼网络的阻尼比。传统阻尼结构复杂，且网络参数固定，当在载体机动状态发生改变需要调整网络结构或阻尼比时，需重新设计网络，其参数计算和结构调整复杂，适应性较差。

本节立足于简化网络结构，减少网络参数，将研究一种基于比例环节校正的水平阻尼方法，有效抑制系统误差，同时解决传统阻尼方法状态切换过程中的误差超调问题。此外，该方法易于调整和改变网络参数，可为后续根据载体加速度在线自适应调整系统阻尼状态提供重要的技术途径。

6.4.1 校正算法结构

在临界二阶系统中加入二阶校正网络后，系统特征方程变为高阶，其等效阻尼比计算麻烦，同时网络参数改变较为复杂。

由 6.2 节可知，阻尼网络通过求解二阶微分方程，改变输入速度和输出速度的关系来实现，实质是对系统速度进行了修正。基于此，本小节立足于简化网络结构，从载体输出的加速度进行坐标转换至导航坐标系后，增加一条导航系加速度计输出至姿态角速率误差节点的比例环节前向通道，通过调整比例系数 k 可以改变反馈前速度和反馈后速度的关系。从传递函数角度，比例反馈改变了系统的极点分布，改变了系统特征根，如图 6.26 所示，从而使系统具有阻尼性质。

加入上述比例环节后，系统的特征多项式为

$$s^2 + kgs + \frac{g}{R} \tag{6.4.1}$$

舒拉频率 $\omega_s = \sqrt{g/R}$，式（6.4.1）可化为

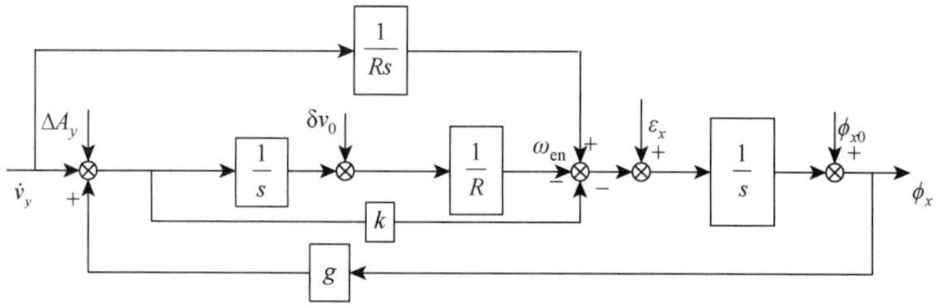

图 6.26 基于比例环节校正回路结构

$$s^2 + 2\xi\omega_s s + \omega_s^2 \tag{6.4.2}$$

式中：

$$\xi = \frac{kg}{2\omega_s} \tag{6.4.3}$$

从式（6.4.1）可知，比例系数k决定了系统特征多项式的根，因此选择合适的系数k，可使系统具有负实部的特征根，系统转为渐进稳定系统，使得系统在误差源作用下的振荡性误差得到阻尼。同时，通过调整反馈系数k，可有效改变其特征根的分布，从而简单有效地调整系统的阻尼比。

另外，当系统由无阻尼转化为阻尼状态时，系统在姿态角速率节点的状态也会发生改变，但由于比例系数k较小（当$\xi=1$时，$k=2.534\times10^{-4}$）且载体加速度也较小，因此引入比例环节的校正量远远小于由于阻尼网络改变的速度校正量，不会对系统误差带来太大影响，系统在状态切换过程中不会出现超调现象。

现分析加入比例环节后，各误差源在系统内的传播特性。根据梅森（Mason）增益公式可得，陀螺漂移至水平误差角的传递函数为

$$\phi_x(s) = \frac{s}{s^2 + kRs + g/R}\varepsilon_x(s) = \frac{s}{s^2 + 2\xi\omega_s s + \omega_s^2}\varepsilon_x(s) \tag{6.4.4}$$

同理，可得初始速度误差δv_0、加速度计零偏∇A_y至水平误差角的传递函数为

$$\phi_x(s) = \frac{s}{Rs^2 + kRgs + g}\delta v_0(s) = \frac{s/R}{s^2 + 2\xi\omega_s s + \omega_s^2}\delta v_0(s) \tag{6.4.5}$$

$$\phi_x(s) = \frac{1 + kRs}{Rs^2 + kRgs + g}\nabla A_y(s) = \frac{1/R + ks}{s^2 + 2\xi\omega_s s + \omega_s^2}\nabla A_y(s) \tag{6.4.6}$$

将式（6.4.4）、（6.4.5）、（6.4.6）与加入比例环节前的传递函数相比较可以看出，采用上述阻尼校正结构后，系统的水平误差角在各误差源的作用均受到阻尼作用，且没有改变各误差源的稳态误差。

6.4.2 仿真

进行单轴旋转惯导系统的误差仿真，验证加入比例环节对系统振荡误差的阻尼效果。仿真对象和仿真条件同 6.2.3 中的 1 节。设定系统阻尼比$\xi=0.5$，即比例系数$k=1.267\times10^{-4}$。图 6.27（a）、（b）、（c）所示分别为系统的速度、姿态和位置误差曲线，其中细线为无阻尼系统的误差曲线，粗线为加入阻尼网络后的误差曲线。

将图 6.12 与图 6.27 比较可知，基于比例环节的阻尼方法与传统二阶校正网络具有相当的阻尼效果，有效抑制了系统的舒拉振荡误差。

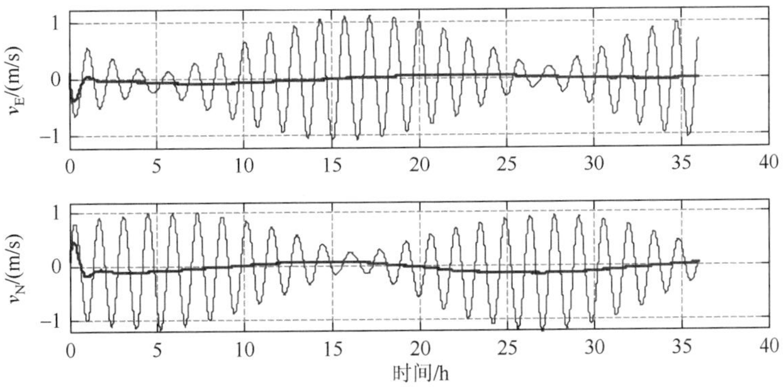

(a) 速度误差曲线

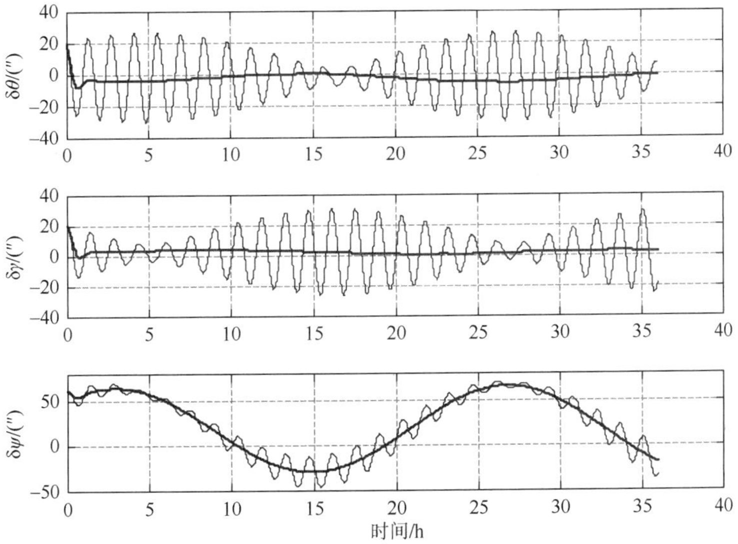

(b) 姿态误差曲线

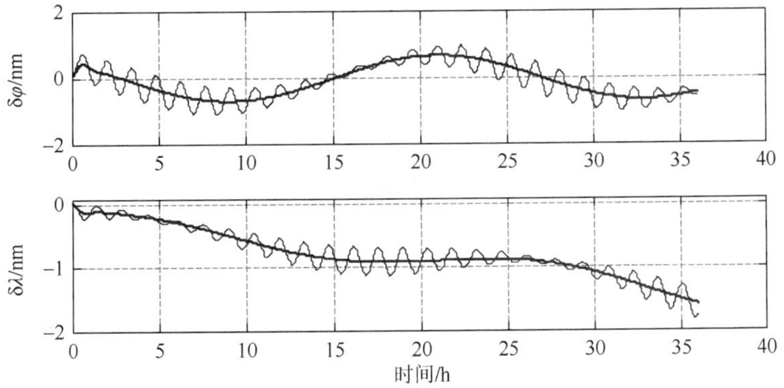

(c) 位置误差曲线

图 6.27 无阻尼系统与阻尼系统的误差输出

6.4.3 实测数据实验

利用 6.2 节同样的海上实验数据，进行比例环节阻尼校正的验证。

图 6.28 和图 6.29 所示为系统速度和位置误差曲线，图 6.30 所示为比例环节阻尼后的姿态

输出。将其与图 6.17 的无阻尼系统姿态输出作差得到误差如图 6.31 所示，由此可以看出比例环节有效地抑制了系统的振荡误差。

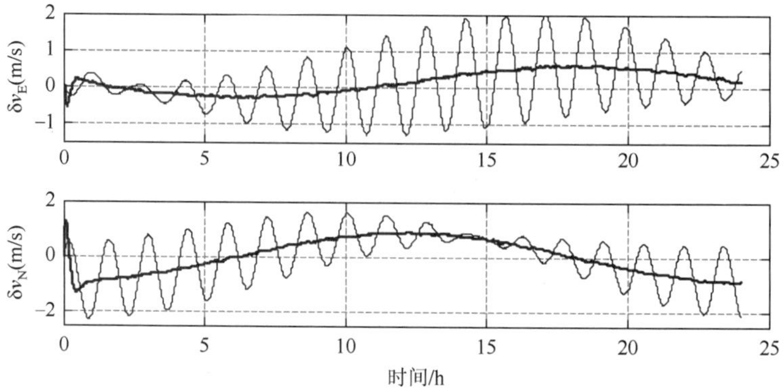

图 6.28　无阻尼系统与阻尼系统的速度误差

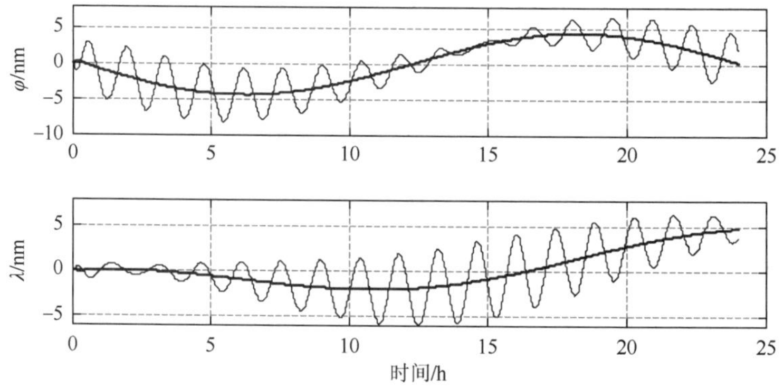

图 6.29　无阻尼系统与阻尼系统的位置误差

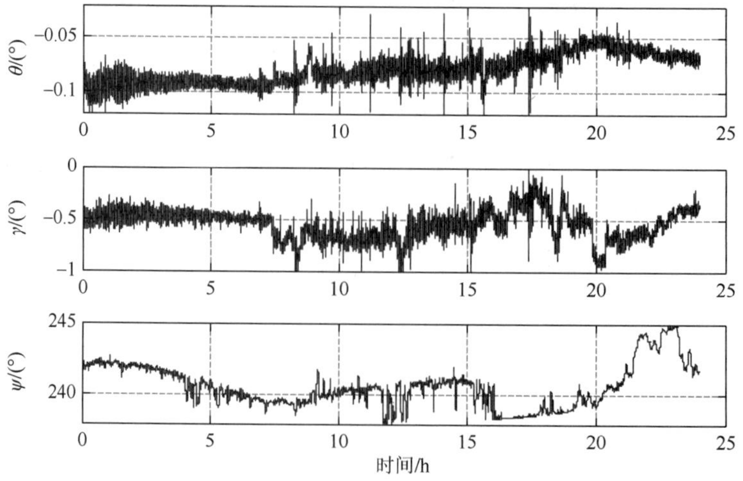

图 6.30　阻尼系统的姿态输出

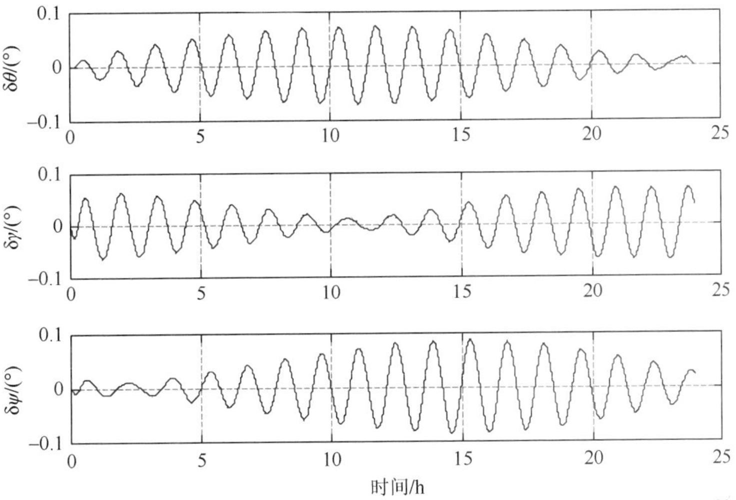

图 6.31　阻尼系统与无阻尼系统的姿态差

上述基于比例环节的阻尼校正方法能够有效抑制系统的振荡误差，具有与传统阻尼网络相当的阻尼效果。该方法结构简单，易于改变参数，以调整系统的阻尼状态。

根据 6.1 节分析，基于系统自身信息的内阻尼方法使得系统精度受载体加速度影响强烈。为有效减小这种影响，可通过对载体激动状态进行判断实时改变系统的阻尼比和状态。因此基于比例环节校正的阻尼方法结构简单，易于调整参数，为根据载体机动状态调整阻尼参数的模糊自适应校正技术提供了技术途径，这也是后续研究的重要方向。

参考文献 References

[1] TITTERTON D H，WESTON J L. Strapdown inertial navigation technology[M]. 2nd. London：Michael Faraday House，1980：26-33.

[2] 陈永冰，钟斌. 惯性导航原理[M]. 北京：国防工业出版社，2007：1-5.

[3] 秦永元. 惯性导航[M]. 北京：科学出版社，2005：1-10.

[4] 龙兴武，汤建勋，王宇，等. 船用激光陀螺惯导系统的研制：第六届学术年会论文集[C]. 宁波：学术年会组委会，2008：15-23.

[5] SAGNAC G. L'ether lumineux demontre par l'effet du vent relative d'ether dans un interferometer en rotation uniforme[J]. Comptes Rendus，1913，95（1）：708-710.

[6] 张桂才. 光纤陀螺原理与技术[M]. 北京：国防工业出版社，2008：1-3.

[7] 张维叙. 光纤陀螺及其应用[M]. 北京：国防工业出版社，2008：173-177.

[8] MACEK W M，DAVIS D T M. Rotation rate sensing with traveling-wave ring lasers[J]. Appllied Physics Letters，1963，2（3）：67-68.

[9] VALI V，SHORTHILL R W. Fiber ring interferometer[J]. Applied Optics，1976，15（5）：1099.

[10] PAVLATH G. Challenges in the development of the IFOG：Proceedings of the AIAA Guidance，navigation and control conference[C]. Texas：American Institute of Aeronautics and Astronautics，2003：11-14.

[11] MORROW R B，HECKMAN D W. High precision IFOG insertion into the strategic submarine navigation system：PLANS commitment，proceedings of the position location and navigation symposium[C]. California：Institute of Electrical and Electronics Engineers，1998：332-338.

[12] HECKMAN D W，BARETELA L M. Improved affordability of high precision submarine inertial navigation by insertion of rapidly developing fiber optic gyro technology：PLANS commitment，proceedings of the position location and navigation symposium[C]. California：Institute of Electrical and Electronics Engineers，2000：404-410.

[13] HECKMAN D W，BARETELA M. Interferometric fiber optic gyro technology（IFOG）[J]. IEEE Aerospace and Electronic Systems Magazine，2000，15（12）：23-28.

[14] HAYS K M，SCHMIDT R G，WILSON W A，et al. A submarine navigator for the 21st Century：PLANS commitment，proceedings of the position location and navigation symposium[C]. California：Institute of Electrical and Electronics Engineers，2002：179-188.

[15] SANDERS S J，STRANDJORD L K，MEAD D. Fiber optic gyro technology trends-a Honeywell perspective：OFS commitment，proceedings of the optical fiber sensors conference technical digest[C]. American：OFS

Technical Commitment，2002：5-8.

[16] SZAFRANIEC B，SANDERS G A. Theory of polarization evolution in interferometric fiber optic depolarized gyros[J]. Journal of Lightwave Technology，1999，17（4）：579-590.

[17] STRANDJORD L K，ADAMS G W，DICK A. System for suppression of relative intensity noise in a fiber optic gyroscope：6204921[P]. 1998-12-30[2021-9-28].

[18] STRANDJORD L K，ADAMS G W，SZAFRANIEC B. Bergh backscatter error reducer for intergerometric Fiber optic gyroscope：5781300[P]. 1998-12-30[2021-9-28].

[19] UDD E，LEFEVRE H，HOTATE K. Fiber optic gyros 20 Anniversary conference：SPIE commitment，proceedings of the fiber optic gyros 20 anniversary conference SPIE proceedings[C]. Denver：SPIE Congress，1996：33-34.

[20] LEFEVRE H. The fiber optic gyroscope[M]. Boston：Artech House，1993：52-85.

[21] GAIFFE T，SIMONPIETRI P，MORISSE J，et al. Wavelength stabilization of an erbium-doped-fiber source with a bragg grating for high-accuracy FOG[C]. SPIE Commitment，SPIE proceedings，Denver：SPIE congress，1996：375-380.

[22] LEFEVRE H. Fundamentals of the interferometric fiber-optic gyroscope[C]. SPIE Commitment，SPIE proceedings，Denver：SPIE congress，1996：2-17.

[23] 总装备部惯性技术专业组. 从光纤陀螺研发到惯性级惯导系统 Photonetics/Ixea 公司的发展历程[J]. 国外惯性技术信息，2007，10（46）：127-129.

[24] HU Z Y，ZHANG Y S，PAN Z W，et al. Digital closed-loop re-entrant fiber-optic rotation sensor with amplified Sagnac loop[J]. IEEE Photonics Technology Letters，2000，12（8）：1040-1042.

[25] ZHANG Y S，GAO F，WU X M，et al. Investigation ofthe re-entrant integrated optical rotation sensor[C]. Symposium of Gyro Technology. Stuttgart：University of Stuttgart，2000：4.0-4.10.

[26] 伍晓明，高峰，田伟，等. 再入式集成光学陀螺试验研究[J]. 光电子・激光，2001，12（7）：679-682.

[27] 章燕申，伍晓明，田伟，等. 循环干涉型光纤陀螺及其光源[J]. 中国惯性技术学报，2002，10（1）：45-50.

[28] 孙丽，王德钊. 光纤陀螺的最新进展[J]. 航天控制，2003，21（3）：75-80.

[29] HIBBARD R，WYLIE B，LEVISON E. Sperry Marine MK-49，the world's best ring laser gyro ship's inertial navigation system：JSDE proceedings，proceedings of the 1991 national technical meeting of the institute of navigation[C]. Orlando：FL，1996.

[30] TUCKER T，LEVISON E. The AN/WSN-7B marine gyrocompass/navigator[C]. ION NTM 2000，Proceedings of the 2000 National Technical Meeting of the Institute of Navigation，Anaheim：ION NTM，2000：348-357.

[31] LEVINSON E，GIOVANNI C S. Laser gyro potential for long endurance marine navigation[C]. PLANS Commitment，Proceedings of the Position Location and Navigation Symposium，Winston：IEEE，1980：115-129.

[32] LEVINSON E，MAJURE R. Accuracy enhancement techniques applied to the marine ring laser inertial navigator（MARLIN）[J]. Journal of the Institute of Navigation，1987，34（1）：64-86.

[33] LEVISON E，TER HORST J，WILLCOCKS M. The next generation marine inertial navigator is here now[C]. PLANS Commitment，Proceedings of the Position Location and Navigation Symposium，Winston：IEEE，1994：121-127.

[34] LAHHAM J I，WIGENT D J，COLEMAN A L. Tuned support structure for structure-borne noise reduction of inertial navigator with dithered ring laser gyros（RLG）：PLANS commitment，proceedings of the position location and navigation symposium[C]. California：Institute of Electrical and Electronics Engineers，2000：419-428.

[35] LAHHAM J I，BRAZELL J R. Acoustic noise reduction in the mk 49 ship's inertial navigation system（SINS）：PLANS commitment，proceedings of the position location and navigation symposium[C]. California：Institute of Electrical and Electronics Engineers，1992：32-39.

[36] BOWEN M F. Ultimate ocean depth packaging for a digital ring laser gyroscope：DTIC commitment，the proceedings of woods hole oceanographic institution[C]. Massachusetts：DTIC Commitment，1998：32-39.
[37] ADAMS G，BARNETT N，INSLEY L，et al. Evolutionof precision IFOG：ION NTM 2001，proceedings of the ION 57th annual meeting/CIGTF 20th biennial test symposium，albuquerque[C]. New Mexico：ION NTM，2001：200-204.
[38] BARNETT N，MAY M，RINGLEIN C M. Next generation strategic submarine navigator[C]. AIAA commitment，Proceedings of the AIAA Missile Science Conference，Washington DC：AIAA，2000：1-3.
[39] ADAMS G W，GOKHALE M. Fiber optic gyro basedprecision navigation for submarin：AIAA commitment，proceedings of the AIAA guidance，navigation，and control conference[C]. Texas：American Institute of Aeronautics and Astronautics，2000：100-102.
[40] HECKMAN D W，BARETELA L M. Improved affordability of high precision submarine inertial navigation by insertion of rapidly developing fiber optic gyro technology[C]. IEEE commitment，Position Location and Navigation Symposium，Winston：IEEE，2000：404-410.
[41] 以光衡. 惯性导航原理[M]. 北京：航空工业出版社，1987：1-18.
[42] 张桂才，杨清生. 干涉式光纤陀螺的温度特性研究[J]. 光电子技术与信息，2001，14（1）：17-22.
[43] 刘建锋，江勇，丁传红，等. 基于内模的光纤陀螺温控系统设计[J]. 仪器仪表学报，2007，28（4）：187-192.
[44] 姚琼，刘阳，宋章启，等. 光纤陀螺光源数字温控技术[J]. 激光杂志，2004，25（2）：17-24.
[45] 刘大伟. 精密温控在光纤陀螺仪中的研究与应用[D]. 哈尔滨：哈尔滨工程大学，2003.
[46] HAYS K M，SCHMIDT R G，WILSON W A，et al. A submarine navigator for the 21st century：PLANS commitment，proceedings of position location and navigation symposium[C]. California：Institute of Electrical and Electronics Engineers，2002：179-188.
[47] HECKMAN D W，BARETELA L M. Improved affordability of high precision submarine inertial navigation by insertion of rapidly developing fiber optic gyro technology：IEEE commitment，proceedings of the position location and navigation symposium[C]. California：Institute of Electrical and Electronics Engineers，2000：404-410.
[48] MORROW R B，HECKMAN D W. High precision IFOG insertion into the strategic submarine navigation system：IEEE commitment，proceedings of the position location and navigation symposium[C]. California：Institute of Electrical and Electronics Engineers，1998：332-338.
[49] KILLIAN K. High performance fiber optic gyroscope with noise reduction：SPIE Commitment，SPIE proceedings[C]. Denver：SPIE Congress，1994：255-263.
[50] DOMARATZKY B A，KILLIAN K M. Development of a strategic grade fiber optic gyro：AIAA GNC，proceedings of the AFM and MST conference and exhibit[C]. Texas：American Institute of Aeronautics and Astronautics，1997：255-259.
[51] 吴衍记，于昌龙，张红线. 采用马尔可夫链的光纤陀螺温度建模与补偿[J]. 中国惯性技术学报，2008. 16（4）：470-474.
[52] 金靖，王峥，张忠钢，等. 基于多元线性回归模型的光纤陀螺温度误差建模[J]. 宇航学报，2008，29（6）：1912-1916，
[53] 王海. 光纤陀螺温度影响与误差补偿[J]. 北京航空航天大学学报，2007，33（5）：549-551，584.
[54] 金靖，张忠钢，王峥，等. 基于 RBF 神经网络的数字闭环光纤陀螺温度误差补偿光学[J]. 光学精密工程，2008，16（2）：235-240.
[55] 赖际舟，刘建业，盛守照. 用于干涉型光纤陀螺温度漂移辨识的 RBF 神经网络改进算法[J]. 东南大学学报（自然科学版），2006，36（4）：537-541.
[56] 李家垒，许化龙，何婧. 光纤陀螺静态温度漂移的小波网络建模[J]. 中国激光，2010，37（12）：2980-2985.
[57] 李家垒，许化龙，何婧. 基于小波网络的光纤陀螺启动漂移温度补偿[J]. 光学学报，2011，31（5）：1-6.
[58] TEHRANI M. Ring laser gyro sata-analysis with cluster sample technique：SPIE commitment，proceeding of

the SPIE the international society for optial engineering[C]. United States：International Society for Optical Engineering，1983：207-220.

[59] GREENHALL C A，HOWE D A，PERCIVAL D B. Total variance：An estimater of long_term frenquency stability[J]. IEEE Transaction on Ultrasonic Ferroelectrics and Frequency Control，1999，46（5）：1183-1191.

[60] HOWE D A，TASSET T N. Theol：Characterization of very long-term frequency stability：Proceeding of the 18th European frequency and time forum[C]. Guildford：Univercity of Surrey，2004：581-587.

[61] 闾晓琴，张桂才. 采用分段法估算 Allan 方差中的各噪声系数[J]. 压电与声光，2009，31（2）：166-167.

[62] 张梅，张文. 激光陀螺随机漂移的研究方法（一）[J]. 中国惯性技术学报，2009，17（2）：210-213.

[63] 张梅，张文. 激光陀螺随机漂移的研究方法（二）[J]. 中国惯性技术学报，2009，17（3）：350-355.

[64] 杨晓霞，黄一. 激光陀螺捷联惯导系统的一种系统级标定方法[J]. 中国惯性技术学报，2008，16（1）：1-7.

[65] 肖龙旭，魏诗卉，孙文胜. 惯测组合快速高精度标定方法研究[J]. 宇航学报，2008，29（1）：172-177.

[66] 余凯，郑新，纪志农，等. 捷联惯性测量组合的不指北标定方法研究[J]. 战术导弹控制技术，2005（3）：59-63.

[67] 刘百奇，房建成. 一种改进的 IMU 无定向动静混合高精度标定方法[J]. 仪器仪表学报，2008，29（6）：1250-1254.

[68] 蔚国强，杨建业，张合新. 激光陀螺捷联惯组的无定向快速标定技术研究[J]. 中国惯性技术学报，2011，19（1）：21-27.

[69] 范胜林，孙永荣，袁信. 捷联系统陀螺静态漂移参数标定[J]. 中国惯性技术学报，2000，8（1）：42-46，66.

[70] 翁海娜，陆全聪，黄昆，等. 旋转式光纤陀螺捷联惯导系统的旋转方案设计[J]. 中国惯性技术学报，2009，17（1）：8-14.

[71] 李仁，陈希军，曾庆双. 旋转式捷联惯导系统误差分析[J]. 哈尔滨工业大学学报，2010，42（3）：368-372.

[72] CHANG G B，XU J N，LI A，et al. Error analysis and simulation of the dual-axis rotation-dwell autocompensating strapdown inertial navigation system：IEEE commitment，international conference on measuring technology and mechatronics automation[C]. California：Institute of Electrical and Electronics Engineers，2010：124-127.

[73] 陆志东，王晓斌. 系统级双轴旋转调制捷联惯导系统误差分析及标校[J]. 中国惯性技术学报，2010，18（2）：135-141.

[74] 练军想，陈建国，吴美平，等. 线性时变模型的求解及其在惯导系统误差旋转抑制中的应用[J]. 中国惯性技术学报，2010，18（3）：296-301，306.

[75] 于旭东，王宇，张鹏飞，等. 单轴旋转对惯导系统误差特性的影响补偿[J]. 中国惯性技术学报，2008，16（6）：643-648.

[76] 袁宝伦. 四频激光陀螺旋转式惯导系统研究[D]. 长沙：国防科学技术大学，2007.

[77] 雷渊超. 惯导系统[M]. 哈尔滨：哈尔滨船舶工程学院出版社，1978：3-12.

[78] 赵汪洋，杨功流，庄良杰，等. 双惯导系统水平阻尼技术研究[J]. 系统仿真学报，2007，19（5）：1109-1111.

[79] 刘为任，庄良杰. 惯性导航系统水平阻尼网络的适应式混合智能控制[J]. 哈尔滨工业大学学报，2005，37（11）：1586-1588.

[80] 刘为任，庄良杰. 惯性导航系统水平阻尼网络的自适应控制[J]. 天津大学学报，2005，38（2）：146-149.

[81] 程建华，赵琳，宋君才，等. 自动补偿技术在平台惯导系统状态切换中的应用研究[J]. 哈尔滨工程大学学报，2005，26（6）：744-748，757.

[82] 程建华，时俊宇，荣文婷，等. 多阻尼系数的全阻尼惯导系统的设计与实现[J]. 哈尔滨工程大学学报，2011，32（6）：786-791.

[83] 杜亚玲，刘建业，刘瑞华，等. 捷联惯性航姿系统中的模糊内阻尼算法研究[J]. 南京航空航天大学学报，2005，37（3）：274-278.

[84] 杜亚玲，刘建业，姜涌. 一种面向捷联航姿系统的模糊全阻尼算法[J]. 应用科学学报，2006，24（3）：283-287.

[85] DU Y L，LIU J Y，LIU R H，et al. Fuzzy damped algorithm in strapdown attitude heading reference system[J]. Journal of Nanjing University of Aeronautics &Astronautic，2005，37（3）：274-276.
[86] 刘建业，杜亚玲，祝燕华，等. 航姿系统内阻尼的模糊自适应滤波算法[J]. 南京航空航天大学学报，2007，39（2）：137-142.
[87] 查峰，高敬东，许江宁，等. 光学陀螺捷联惯性系统的发展与展望[J]. 激光与光电子学进展，2011，48（7）：33-40.
[88] ZHA F，GUO S L，LI F. An improved nonlinear filter based on adaptive fading factor Applied in alignment of SINS[J]. Optik，2019（184）：165-176.
[89] CHANG L B，QIN F J，ZHA F. Pseudo open-loop unscented quaternion estimator for attitude estimation[J]. IEEE Sensors Journal，2016，16（11）：4460-4469.
[90] HE H Y，ZHU B，ZHA F. Particle swarm optimization based gyro drift estimation method for inertial navigation system[J]. IEEE Access，2019，4（7）：55788-55796.
[91] ZHA F，XU J N，LI J S. IUKF neural network modeling for FOG temperature drift[J]. Journal of System Engineering and Electronics，2013，24（5）：838-844.
[92] ZHA F，HU B Q，LI JIA. Prediction of gyro motor's state based on grey model and BP neural network：Itelligent computing technology and automation[C]. Changsha：IEEE computer society，2009：87-90
[93] 陈永冰，查峰，刘勇. 光纤陀螺随机误差的重叠分段 Allan 分析方法[J]. 中国惯性技术学报，2016，24（2）：235-241.
[94] ZHA F，XU J N，XU C. A analytic coarse alignment method for SINS based on two-step recursive least squares[C]. Wuhan：Chinese Automation Congress，2015.
[95] 樊勇华，查峰，许江宁. 基于 CPLD + DSP 的嵌入式光纤陀螺数据采集系统[J]. 舰船电子工程，2012，35（12）：135-137.
[96] ZHU B，CHANG L B，XU J N，et al. Huber-based adaptive unscented Kalman filter with non-gaussian measurement noise[J]. Circuits Systems and Signal processing，2018，37（12）：345-353.
[97] CHANG L B，ZHA F，QIN F J. Indirect Kalman filtering based attitude estimation for low-cost attitude and heading reference systems[J]. IEEE/ASME Transactions on Mechatronics，2017，22（4）：1850-1858.
[98] ZHA F，CHANG L B，HE H Y. Comprehensive error compensation for dual-axis rotational inertial navigation system[J]. IEEE Sensors Journal，2020，20（7）：3788-3802.
[99] ZHA F，XU J N，QIN F J. Rotating INS consisted by fiber optic gyros with error compensation of the rotating axis[J]. Optoelectronics Letter，2012，2：146-149.
[100] ZHA F，XU J N，HU B Q. Cascade compensation algorithm for strapdown inertial navigation system[J]. Advanced Materials Research，2011（179-180）：989-999.
[101] 查峰，许江宁，覃方君. 一种高精度的光纤陀螺 IMU 转停标定方法[J]. 中国惯性技术学报，2010，19（4）：387-392.
[102] 查峰，许江宁，覃方君. 基于 LebVIEW 的惯导数据监测及精度评定系统[C]//中国惯性技术学会：中国惯性技术学会年会论文集. 苏州：年会组委会，2010：154-159.
[103] ZHA F，XU J N，QIN F J. Error analysis for SINS with different IMU rotation scheme：International Aisa conference on imformatics in control，automation and robotics[C]. Wuhan：2010：422-426.
[104] 李京书，许江宁，查峰. 捷联惯导系统旋转调制技术发展综述：中国惯性技术学会年会[C]. 苏州：年会组委会，2011：9.
[105] 查峰，覃方君，李京书，等. 三轴旋转惯导系统的旋转控制建模研究[J]. 兵工学报，2017，38(8)：1610-1618.
[106] 查峰，许江宁，黄寨华，等. 单轴旋转惯导系统旋转性误差分析与补偿[J]. 中国惯性技术学报，2012，20（1）：11-17.
[107] 查峰，许江宁，覃方君. IMU 旋转方案对捷联惯导系统误差特性的影响分析[J]. 电光与控制，2012，19（3）：47-50，64.

[108] 查峰，许江宁，覃方君. 旋转惯导系统仿真算法[J]. 系统仿真学报，2013，3（25）：499-503.
[109] 钟斌，陈广学，查峰. 基于 PWCS 理论的单轴旋转惯导系统初始对准的可观测性分析[J]. 海军工程大学学报，2012，24（6）：11-15.
[110] 查峰，刘佳，王文雅. 一种捷联惯导系统的快速粗对准方法：中国惯性技术学会年会[C]. 武汉：年会组委会，2015：147-151.
[111] 何泓洋，许江宁，李京书，等. 捷联惯导系统改进回溯快速对准方法[J]. 中国惯性技术学报，2015，23（2）：179-183.
[112] GUO S L，WU M，XU J N，et al. B-frame velocity aided coarse alignment method for dynamic SINS[J]. IET Radar Sonar & Navigation，2018，12（8）：1231-1235.
[113] 江赛，佟林，查峰，等. 惯导系统双轴旋转方案误差分析与仿真[J]. 舰船电子工程，2018，38（7）：41-47.
[114] LI F，XU J N，ZHA F，et al. A fast damping algorithm for INS with external velocity reference：2017 International Conference on Computer System[C]. Electronics and Control，2017.
[115] 许江宁，查峰，李京书. 单轴旋转惯导系统的“航向耦合效应”抑制算法[J]. 中国惯性技术学报，2013，1（21）：26-30.
[116] 樊勇华，查峰，李京书. 舰船综合导航系统多通道数据测试及精度评定系统[J]. 舰船电子工程，2012，32（9）：135-137，143.
[117] 黄春福，查峰. 基于 LabVIEW 的激光惯导显示控制系统[J]. 舰船电子工程，2017，37（9）：33-36.
[118] 查峰，覃方君，谌剑. 水下地形匹配导航技术的发展与展望：中国惯性技术学会年会[C]. 杭州：年会组委会，2017：4.
[119] HE H Y，XU J N，QIN F J，et al. Research on generalized inertial navigation system damping technology based on dual-model mean[J]. Proceedings of the Institution of Mechanical Engineers，2016，230（8）：1518-1527.
[120] 覃方君，李安，许江宁，等. 阻尼参数连续可调的惯导水平内阻尼方法[J]. 中国惯性技术学报，2011，19（3）：290-292，301.
[121] 查峰，许江宁，覃方君，等. 舰船捷联惯导系统内水平阻尼网络设计[J]. 兵工学报，2011，32（8）：996-1001.
[122] 查峰，覃方君，李峰，等. 基于外速度的惯导系统快速外阻尼算法[J]. 武汉大学学报（信息科学版），2018，46（3）：365-371.
[123] 查峰，许江宁，李京书，等. 一类捷联惯导系统模糊内阻尼算法的改进[J]. 武汉大学学报（信息科学版），2013，38（6）：705-709.
[124] SHUPE D M. Thermally induced nonreciprocity in the fiber-optic interferometer[J]. Applied Optics，1980，19（5）：654-655.
[125] TUCKNESS M. Analysis of optical navigation error during mass enery applied mathematics and computation[J]. Journal of Photogrammetry and Remote Sensing. 2004，80（1）：1-22.
[126] CHENG B，TITTERINGTON D M. Neural networks：A review from a statistical perspective[J]. Statistical Science，1994，9（1）：2-25.
[127] 翟宜峰，李鸿雁，刘寒冰，等. 用遗传算法优化神经网络初始权重的方法[J]. 吉林大学学报（工学报），2003，33（2）：45-50.
[128] 高大启，杨根兴. 改进的 RBF 神经网络模式分类方法理论研究[J]. 华东理工大学学报（自然科学版），2001，27（6）：667-654.
[129] FASSHAUER G E. Dual bases and discrete reproducing kernels：A unified framework for RBF and MLS approximation[J]. Engineering Analysis with Boundary Elements，2005，29（4）：313-325.
[130] 黄冬民. 基于比例 UKF 的神经网络及其应用[J]. 计算机工程与应用，2007，43（24）：69-71.
[131] 张海涛. 基于 Kalman 滤波器算法的径向基神经网络训练算法研究[D]. 北京：北京化工大学，2007.
[132] 李江，杨慧中. 一种基于扩展 Kalman 滤波器的神经网络学习算法[J]. 东南大学学报（自然科学版），2004，34（增刊）：230-234.
[133] CANDY J V. Bayesian signal processing[M]. Hoboken：Wiley，2009：123-145.

[134] JULIER S J，UHLMANN J K. A new extension of the Kalman filter to nonlinear systems：Aerospace/defense sensing[C]. Orlando：Department of Engineering Science. 1997，182-193.

[135] LEFEBVRE T，BRUYNINCKX H，DE SCHUTTER J. Comment on“A new method for the nonlinear transformation of means and covariances in filters and estimators”[J]. IEEE Transactions on Automatic Control，2002，47（8）：1406-1409.

[136] VAN DER MERWE R. Sigma-point Kalman filters for probabilistic inference in dynamic state-space models[D]. Portland：University of Stellenbosch，2004.

[137] BELL B M，CATHEY F W. The iterated Kalman filter update as a Gauss-Newton method[J]. IEEE Transactions on Automatic Control，1993，38（2）：294-297.

[138] SIBLEY G，SUKHATME G，MATTHIES L. The iterated sigma point Kalman filter with applications to long range stereo：PRSS commitment，proceeding of robotics：science and systems[C]. Philadelphia：Institute of Electrical and Electronics Engineers，2006：145-153.

[139] ZHAN R H，WAN J W. Iterated unscented Kalman filter for passive target tracking[J]. IEEE Transactions on Aerospace and Electronic Systems，2007，43（3）：1155-1163.

[140] 黄凤荣，孙伟强，翁海娜. 基于 UKF 的旋转式 SINS 大方位失准角初始对准方法[J]. 中国惯性技术学报，2010，18（5）：513-517.

[141] 刘大鹏，马晓川，朱昀，等. 基于混合迭代 UKF 的捷联惯导对准算法设计[J]. 系统仿真学报，2010，22（10）：2404-2406.

[142] 张俊根，姬红兵. IMM 迭代扩展卡尔曼粒子滤波跟踪算法[J]. 电子与信息学报，2010，32（5）：1116-1120.

[143] 程水英，毛云祥. 迭代无味卡尔曼滤波器[J]. 数据采集与处理，2009，24（5）：43-48.

[144] 常国宾，许江宁，李安，等. 迭代无味卡尔曼滤波的目标跟踪算法[J]. 西安交通大学学报，2011，45（12）：70-74.

[145] 常国宾. 非线性 Kalman 滤波算法及其在姿态估计问题中的应用研究[D]. 武汉：海军工程大学，2010.

[146] 李颖，陈兴林，宋申民. 光纤陀螺漂移误差动态 Allan 方差分析[J]. 光电子激光，2008，19（2）：182-186.

[147] IEEE Std 647—2006. IEEE standard specification format guide and test procedure for single-axis laser gyros[S]. New York：IEEE Aero Space and Electronic Systems Society，2006.

[148] 高伯龙，王关根. 陀螺数据的数学处理[J]. 国防科学技术大学学报，1979（1）：91-106.

[149] 高钟毓. 静电陀螺仪技术书[M]. 北京：清华大学出版社，2004：173-174.

[150] ROGERS R M. Velocity-plus-rate matching for improved tactical weapon rapid transfer alignment：Navigation and control conference[C]. New Orleans：American Institute of Aeronautics and Astronautics，1991：1580-1588.

[151] 付强文. 光纤陀螺捷联惯导系统中的误差分析与补偿[D]. 西安：西北工业大学，2005.

[152] 刘金琨. 先进 PID 控制及其 Matlab 仿真[M]. 北京：电子工业出版社，2003：45-67.

[153] 李发海，王岩. 电机与拖动基础[M]. 3 版. 北京：清华大学出版社，2005：45-58.

[154] 孙恒，陈作模，葛文杰. 机械原理[M]. 7 版. 北京：高等教育出版社，2006：158-162.

[155] 程鹏. 自动控制原理[M]. 北京：高等教育出版社，2003：12-48.

[156] 刘向群. 自动控制元件[M]. 北京：北京航空航天大学出版社，2001：150-188.

[157] 陈伯时. 自动控制系统[M]. 北京：机械工业出版社，1981：57-63.

[158] 黄宜庆. PID 控制器参数整定及其应用研究[D]. 淮南：安徽理工大学，2009.

[159] 何芝强. PID 控制器参数整定方法及其应用研究[D]. 杭州：浙江大学，2005.

[160] ASTROM K J，HANG C C，PERSSON P，et al. Towards intelligent PID control[J]. Automatica，1992，28（1）：1-9.

[161] HO W K，LIM K W，XU W. Optimal gain and phase margin tuning for PID controllers[J]. Automation，1998，34（8）：1009-1014.

[162] 汪洋. 工业过程控制器的智能化参数整定研究[D]. 杭州：浙江大学，1998.

[163] 徐海刚. 旋转调制式捷联惯导系统研究[D]. 北京：北京航空航天大学. 2009.

[164] ZADEH L A. Fuzzy sets[J]. Information and Control，1965（8）：338-353.

[165] MAMDANI E H. Application of fuzzy algorithms for control of simpledynamic plant[J]. Proceedings of the Institution of Electrical Engineers，1974，121（12）：1585-1588.

[166] 胡包钢，应浩. 模糊 PID 控制技术研究发展回顾及其面临的若干重要问题[J]. 自动化学报，2001，27（4）：567-584.

[167] 王立新. 模糊系统与模糊控制教程[M]. 北京：清华大学出版社，2003：233-269.

[168] GUPTA M M，RAO D H. On the principles of fuzzy neural networks[J]. Fuzzy Sets and Systems，1994，68（1）：1-8.

[169] 张国良，曾静，柯熙政，等. 模糊控制及其 MATLAB 应用[M]. 西安：西安交通大学出版社，2002：12-153.

[170] 冯冬青，谢宋和. 模糊智能控制[M]. 北京：化学工业出版社，1998：98-104.

[171] 廉小青. 模糊控制技术[M]. 北京：中国电力出版社，2003：1-15.

[172] 胡寿松. 自动控制原理[M]. 5 版. 北京：科学出版社，2007：12-198.